国家重点基础研究发展计划（973计划）项目（2006CB403401）资助

"十二五"国家重点图书出版规划项目

海河流域水循环演变机理与水资源高效利用丛书

海河流域土壤水监测数据集成与土壤水效用评价

刘家宏 高学睿 刘 淼 秦 韬 栾清华 等 著

科学出版社

北 京

内 容 简 介

本书从区域土壤水监测方法、土壤水运动模拟及土壤水资源利用等方面系统梳理国内外土壤水领域研究的重要成果和进展。从广义水资源的概念和属性出发，提出土壤水的效用评价理论方法，并结合农田水循环模型工具和多指标综合评价方法建立土壤水效用定量评价的方法体系。本书同时结合国家重点基础研究发展计划（"973"）项目"海河流域水循环演变机理与水资源高效利用"取得的相关实验成果，在典型农田尺度上，对田间土壤水的运动规律进行定量观测和分析；在区域大尺度上，揭示海河流域不同深度层土壤湿度的空间分布规律，并根据观测成果对典型区域的土壤水库特性参数进行了测算，本研究成果可为开展海河流域土壤水的开发和高效利用提供重要参考。

本书可作为大专院校和科研单位的专家学者及研究生的参考资料，也可为水资源管理、农田水利及抗旱节水等领域的技术人员提供参考。

图书在版编目(CIP)数据

海河流域土壤水监测数据集成与土壤水效用评价／刘家宏等著．—北京：科学出版社，2015.6

（海河流域水循环演变机理与水资源高效利用丛书）

"十二五"国家重点图书出版规划项目

ISBN 978-7-03-044823-1

Ⅰ．海… Ⅱ．刘… Ⅲ．海河–流域–土壤水–研究 Ⅳ．S159.221

中国版本图书馆 CIP 数据核字（2015）第 124405 号

责任编辑：李 敏 吕彩霞／责任校对：邹慧卿
责任印制：肖 兴／封面设计：王 浩

科学出版社 出版
北京东黄城根北街 16 号
邮政编码：100717
http://www.sciencep.com

中国科学院印刷厂 印刷
科学出版社发行 各地新华书店经销

*

2015 年 6 月第 一 版　开本：787×1092 1/16
2015 年 6 月第一次印刷　印张：11 1/4 插页：2
字数：500 000

定价：100.00 元
（如有印装质量问题，我社负责调换）

总　　序

　　流域水循环是水资源形成、演化的客观基础，也是水环境与生态系统演化的主导驱动因子。水资源问题不论其表现形式如何，都可以归结为流域水循环分项过程或其伴生过程演变导致的失衡问题；为解决水资源问题开展的各类水事活动，本质上均是针对流域"自然–社会"二元水循环分项或其伴生过程实施的基于目标导向的人工调控行为。现代环境下，受人类活动和气候变化的综合作用与影响，流域水循环朝着更加剧烈和复杂的方向演变，致使许多国家和地区面临着更加突出的水短缺、水污染和生态退化问题。揭示变化环境下的流域水循环演变机理并发现演变规律，寻找以水资源高效利用为核心的水循环多维均衡调控路径，是解决复杂水资源问题的科学基础，也是当前水文、水资源领域重大的前沿基础科学命题。

　　受人口规模、经济社会发展压力和水资源本底条件的影响，中国是世界上水循环演变最剧烈、水资源问题最突出的国家之一，其中又以海河流域最为严重和典型。海河流域人均径流性水资源居全国十大一级流域之末，流域内人口稠密、生产发达，经济社会需水模数居全国前列，流域水资源衰减问题十分突出，不同行业用水竞争激烈，环境容量与排污量矛盾尖锐，水资源短缺、水环境污染和水生态退化问题极其严重。为建立人类活动干扰下的流域水循环演化基础认知模式，揭示流域水循环及其伴生过程演变机理与规律，从而为流域治水和生态环境保护实践提供基础科技支撑，2006年科学技术部批准设立了国家重点基础研究发展计划（973计划）项目"海河流域水循环演变机理与水资源高效利用"（编号：2006CB403400）。项目下设8个课题，力图建立起人类活动密集缺水区流域二元水循环演化的基础理论，认知流域水循环及其伴生的水化学、水生态过程演化的机理，构建流域水循环及其伴生过程的综合模型系统，揭示流域水资源、水生态与水环境演变的客观规律，继而在科学评价流域资源利用效率的基础上，提出城市和农业水资源高效利用与流域水循环整体调控的标准与模式，为强人类活动严重缺水流域的水循环演变认知与调控奠定科学基础，增强中国缺水地区水安全保障的基础科学支持能力。

　　通过5年的联合攻关，项目取得了6方面的主要成果：一是揭示了强人类活动影响下的流域水循环与水资源演变机理；二是辨析了与水循环伴生的流域水化学与生态过程演化的原理和驱动机制；三是创新形成了流域"自然–社会"二元水循环及其伴生过程的综合模拟与预测技术；四是发现了变化环境下的海河流域水资源与生态环境演化规律；五是明晰了海河流域多尺度城市与农业高效用水的机理与路径；六是构建了海河流域水循环多维临界整体调控理论、阈值与模式。项目在2010年顺利通过科学技术部的验收，且在同批验收的资源环境领域973计划项目中位居前列。目前该项目的部分成果已获得了多项省部级科技进步一等奖。总体来看，在项目实施过程中和项目完成后的近一年时间内，许多成果已经在国家和地方重大治水实践中得到了很好的应用，为流域水资源管理与生态环境治理提供了基础支撑，所蕴藏的生态环境和经济社会效益开始逐步显露；同时项目的实施在促进中国水循环模拟与调控基础研究的发展以及提升中国水科学研究的国际地位等方面也发挥了重要的作用和积极的影响。

本项目部分研究成果已通过科技论文的形式进行了一定程度的传播，为将项目研究成果进行全面、系统和集中展示，项目专家组决定以各个课题为单元，将取得的主要成果集结成为丛书，陆续出版，以更好地实现研究成果和科学知识的社会共享，同时也期望能够得到来自各方的指正和交流。

最后特别要说的是，本项目从设立到实施，得到了科学技术部、水利部等有关部门以及众多不同领域专家的悉心关怀和大力支持，项目所取得的每一点进展、每一项成果与之都是密不可分的，借此机会向给予我们诸多帮助的部门和专家表达最诚挚的感谢。

是为序。

海河973计划项目首席科学家
流域水循环模拟与调控国家重点实验室主任
中国工程院院士

2011年10月10日

序

土壤水是流域水循环过程中一种重要赋存形式，是调节和分配流域地表、地下水量的关键变量，是影响流域实际蒸散发的主要因素。对于农业及生态系统来说，土壤水尤为重要，因为一切形式的水都要转变成土壤水才能被农作物或其他地表植被所吸收，其时空分布、数量无不影响着农作物的产量以及生态系统的功能。除此之外，土壤水还是气候系统中的一个关键变量，控制着众多地球物理过程和反馈循环回路。在水资源供需矛盾突出的地区，土壤水由于其在一定时空尺度内具有相对稳定性且能够被农作物或其他地表植被所直接利用而具备了一定的资源属性；特别是在资源性缺水地区，越来越多的研究人员和水资源管理者逐渐认识到土壤水因子和土壤水过程调控在区域水资源管理和优化配置中起到的巨大影响作用。

海河流域是我国当前水资源矛盾最为突出的地区，其人口、经济总量和粮食产量分别占全国的10%、15%和10%，而水资源量仅占全国的1%，水资源开发利用率长期超过100%，是我国水资源开发利用程度最高、人类活动影响最剧烈的流域。在这样的背景下，充分挖掘和发挥土壤水因子对水资源优化配置和高效利用的支撑潜力是海河流域必要且有效的途径。本书以海河流域为研究区域，就区域土壤水监测数据集成和效用评价方面开展研究，选题对拓展土壤水理论以及指导流域水资源管理实践都具有重要意义。

本书以国家重大基础研究发展计划（973计划）项目"海河流域水循环演变机理与水资源高效利用"及一系列国家自然科学基金项目为依托，遵循"基础理论—数据收集和试验监测—模型构建—区域验证"的研究思路和技术路线，归纳总结并系统展示了著者及其研究团队在海河流域土壤水效用评价的理论方法、试验监测和模拟应用分析上取得的成果。具体地，在理论成果层面提出了土壤水效用的概念和内涵，并构建了一套土壤水效用定量评价的技术方法；在试验成果层面，介绍了海河流域典型田块尺度土壤水过程转化试验和海河流域大尺度土壤岩性采样与土壤湿度观测试验的相关数据成果；在应用成果层面，初步分析了海河流域典型区域土壤水库的特征参数，并以邯郸市为例展示了土壤水效用定量评价的实践应用。

特别指出，上述成果在大尺度土壤水试验监测和模型开发上极具原创性。首先，针对当前流域尺度土壤水研究多集中在站点尺度，缺少大尺度土壤岩性和土壤墒情基础数据等薄弱环节，投入大量物力和人力开展了海河流域土壤水研究基础数据的大范围采集工作。数据采集工作非常扎实，采样试验共布设试验点318个，获取1.5m深度下的分层土壤岩性和土壤墒情数据，采样区域总覆盖面积10.16万 km²，约为海河流域总面积的1/3，且基本涵盖海河流域主要的自然地理类型、土壤类型、土地利用类型和农业种植结构类型等，积累了一批具有重要价值的土壤特性基础研究数据。其次，基于试验研究及 MODCYCLE 模型，初步提出了海河流域土壤水资源效用评价的框架理论和水资源效用定量化计算方法，完善了土壤水资源研究体系，拓展了土壤水的研究思路。研究结果表明，海河流域农田土壤水综合效用指数在不同水平年为 0.62~0.74，其中平水年土壤水综合效用指数最高，丰水年其次，枯水年最低，这一定量评估成果对土壤水研究具有重要参考价值。应用成果也从一个侧面验证了 MODCYCLE 模型在强人类活动流域水循环模拟和水资源评价中的适用性和科学价值。

  本书理论基础扎实、研究思路清晰、应用成果丰富，为海河流域大尺度土壤水规律研究提供了重要的数据基础和模型支撑；为强人类活动影响的缺水流域土壤水开发与流域水资源管理提供了重要的参考依据。同时，对于从事相关领域和相关区域工作的科研人员和水资源管理人员而言，也是一本很好的参考书籍。

中国工程院院士
中国农业大学教授
2015 年 6 月 16 日

前　言

土壤水是作物生长最直接的水源，其他形式的水一般要转化为土壤水才能被作物有效吸收，参与光合作用并产生干物质。因此土壤水对于农业生产十分重要、不可或缺。然而土壤水是极不稳定的，在作物的根系层土壤水分含量的日变化量十分明显，尤其在一些半湿润、半干旱地区，10天以上持续不降雨，土壤就会从湿润转化为干旱。正是由于土壤水的这一特征，常规的以月尺度、年尺度为主的水资源评价方法都无法适用，亟需研究提出新的土壤水评价方法。本研究从土壤水对农业生产的有效性指标考虑，提出了基于土壤水监测的全时空效用评价理论和技术方法，以海河流域典型区为例，开展了技术应用实践。

海河流域是华北地区的粮仓，以占全国1%的水资源承担了10%的粮食生产任务，其中土壤水发挥了不可替代的作用。然而，对土壤水的资源属性长期以来备受学术界的争议，对于土壤水的资源和效用评价也是众说纷纭。2006~2010年由王浩院士主持立项的国家"973"项目"海河流域水循环演变机理与水资源高效利用"对土壤水开展了专题研究。在海河流域6个地市布设318个观测点对土壤水分、土壤质地和机械组成进行了分层测验，获得了较为系统的土壤水特征数据，为海河流域土壤水研究积累了宝贵的第一手资料。基于土壤水及其相关物理特性观测数据，本研究模拟构建了海河流域典型区域的土壤湿度场。考虑到土壤湿度场的时空演变特性和农作物生长期对土壤水分的需求节律，从土壤水有效性理论出发，开展了区域土壤水的效用评价。相关成果可为土壤水的全时空高效调控提供科技支撑。

本书系统汇聚了"海河流域土壤水监测与土壤水效用评价"研究和实践中取得的主要成果，共分9章，主要包括四个部分：第一部分为绪论，即第1章，简述土壤水研究的基本概念、研究内容与技术路线；第二部分为理论部分，包括第2~4章，系统梳理本领域的国内外研究进展，提出农田土壤水效用评价与全时空高效调控理论，介绍土壤水监测的主要方法和原理；第三部分为实践应用部分，包括第5~8章，开展不同空间尺度土壤水监测，构建典型区域土壤湿度场，并进行土壤水效用评价；第四部分为结论与展望，即第9章，总结研究成果，并提出土壤水高效调控的方向和未来研究重点。

本书是在国家"973"项目"海河流域水循环演变机理与水资源高效利用"（2006CB403400）、国家自然科学基金面上项目（51279208）、国家自然科学青年基金（51109222、51209170、51409275、51409078 和 51309245）以及国家国际科技合作专项资助（2013DFG70990）的共同资助下，由中国水利水电科学研究院、西北农林科技大学、河北工程大学等单位的研究人员共同编写完成，具体完成人员如下：

第1章　高学睿，刘家宏，张海行，栾清华，付潇然；
第2章　刘家宏，陈似蓝，高学睿，秦韬，栾清华；
第3章　高学睿，刘家宏，陈向东，栾清华，付潇然；
第4章　刘淼，高学睿，刘家宏，陈似蓝，张海行；
第5章　刘家宏，李玮，王润东，付潇然，曹阳；
第6章　刘淼，刘家宏，张海行，陈似蓝，栾勇；
第7章　栾清华，秦韬，刘家宏，高学睿，陈向东；
第8章　高学睿，刘淼，陈向东，张海行，徐丹；
第9章　秦韬，高学睿，刘家宏，刘淼。

特别指出，中国工程院王浩院士、中国水利水电科学研究院秦大庸教授、河北省农林科学院李科江教授以及河北省水文局刘克岩教授在本书编著和课题研究过程中，多次亲临现场并给予耐心指导；中国水利水电科学研究院陆垂裕教授在 MODCYCLE 模型的开发和完善过程中，做了大量的开创性工作，杨贵羽教授为本书成稿提供了许多宝贵意见和建议。同时，张俊俄、郭迎新、葛怀凤、陈根发、陈强、于赢东、卢路、叶睿、胡剑、苟思、侯卓等克服许多艰辛、不畏严寒、不辞劳苦，与有关编著成员齐心协力完成了流域内 10.16 万 km² 的野外土壤墒情试验以及相关实地调研和踏勘。野外试验和调研期间得到了河北省水利厅、河北省农林科学院、河北省水文局、邯郸市水利局等部门及其下属单位领导、专家和工作人员的指导和帮助，在此一并致谢。

限于笔者水平和编写仓促，书中不足之处在所难免，敬请广大读者不吝批评赐教。

作　者
2015 年 3 月于北京

目 录

总序
序
前言

第1章 绪论 ·· 1
    1.1 土壤水的概念及其表征 ·· 1
    1.2 土壤水资源的研究意义与研究重点 ·· 3
    1.3 主要内容及技术路线 ··· 5
        1.3.1 主要内容 ··· 5
        1.3.2 技术路线 ··· 6
    1.4 本章小结 ·· 7

第2章 国内外土壤水研究进展 ··· 8
    2.1 土壤水监测方法的研究进展 ··· 8
    2.2 土壤水运动机理与模拟研究进展概述 ··· 10
        2.2.1 土壤水运动理论研究及发展 ··· 10
        2.2.2 土壤水运动过程模拟研究进展 ··· 11
    2.3 土壤水资源评价与作物高效利用研究进展 ··· 13
        2.3.1 土壤水资源的认识 ··· 13
        2.3.2 土壤水资源评价研究 ·· 14
        2.3.3 作物对土壤水高效利用研究 ··· 16
    2.4 本章小结 ·· 17

第3章 土壤水效用评价与高效利用调控理论方法 ··· 18
    3.1 土壤水效用评价理论 ·· 18
    3.2 土壤水效用评价指标体系与计算方法 ·· 20
        3.2.1 农田土壤水库及其特征库容 ··· 20
        3.2.2 基于土壤水库的土壤水效用评价指标及计算方法 ·························· 21
    3.3 土壤水效用评价方法与工具 ··· 25

3.3.1　农田土壤水运动模拟 ·· 25
　　3.3.2　基于层次分析法的土壤水效用多指标综合评价 ···································· 41
3.4　土壤水高效利用调控理论 ·· 44
　　3.4.1　土壤水调控的意义 ·· 44
　　3.4.2　土壤水全时空调控的概念理论 ··· 45
　　3.4.3　土壤水全时空调控的方法准则 ··· 46
3.5　本章小结 ·· 47

第4章　土壤水监测方法与基本原理 ··· 48

4.1　点尺度土壤水分监测的主要方法 ·· 48
　　4.1.1　烘干称重法 ·· 48
　　4.1.2　负压式土壤湿度计测定法 ·· 49
　　4.1.3　中子法 ··· 51
　　4.1.4　电磁法 ··· 51
4.2　农田单元水分运移系统监测方案 ·· 52
　　4.2.1　水平衡法 ·· 53
　　4.2.2　大气湍流特征监测法 ··· 53
4.3　区域大尺度土壤水监测原理和方法 ··· 55
　　4.3.1　基于多元校验的分布式水文模型模拟法 ·· 56
　　4.3.2　光学遥感方法 ··· 57
　　4.3.3　微波遥感方法 ··· 59
4.4　本章小结 ·· 62

第5章　海河流域典型农田单元土壤水监测研究 ··· 63

5.1　典型单元试验介绍 ·· 63
　　5.1.1　试验区简介 ·· 63
　　5.1.2　试验观测 ·· 64
　　5.1.3　部分观测数据 ··· 67
5.2　土壤水转换模型的构建 ··· 70
5.3　模拟结果验证 ··· 71
　　5.3.1　埋深2m以上土壤含水率对比验证 ··· 71
　　5.3.2　土壤剖面分层含水率对比验证 ··· 72
　　5.3.3　叶面积指数和株高对比验证 ··· 72
5.4　典型单元土壤水转换规律研究 ··· 73
　　5.4.1　MODCYCLE 模拟研究 ··· 73

5.4.2　水平衡法 ET 研究 ·· 79
　5.5　本章小结 ·· 83

第 6 章　海河流域大尺度土壤水特征参数监测研究 ·· 84
　6.1　海河流域大尺度土壤采样试验概况 ··· 85
　　6.1.1　研究区域 ··· 85
　　6.1.2　采样点布设 ··· 85
　　6.1.3　观测方案 ··· 89
　6.2　海河流域典型单元特征时段土壤湿度场分布图 ·· 92
　　6.2.1　南部平原小麦返青期土壤湿度场特征 ·· 92
　　6.2.2　山前平原春季灌溉前土壤湿度场特征 ·· 92
　　6.2.3　沿海低平原灌溉间隔期土壤湿度场特征 ·· 95
　　6.2.4　滦河流域小麦成熟期土壤湿度场特征 ·· 97
　　6.2.5　北部起伏区高植被覆盖期土壤湿度场特征 ·· 98
　　6.2.6　黑龙港平原玉米成熟期土壤湿度场特征 ··· 100
　6.3　海河流域典型单元土壤水库特性分析 ·· 104
　　6.3.1　海河流域典型单元土壤水库特征参数估算方法 ··· 104
　　6.3.2　海河流域典型单元土壤水库特征参数估算结果 ··· 105
　6.4　本章小结 ··· 109

第 7 章　邯郸市农田土壤连续湿度场的模拟与构建 ··· 110
　7.1　研究区概况 ··· 110
　　7.1.1　地理区位 ·· 110
　　7.1.2　气候水文 ·· 111
　　7.1.3　社会经济与农业生产 ·· 113
　7.2　研究区土壤湿度场的模拟与插值 ·· 113
　7.3　基础数据准备与模型构建 ·· 114
　　7.3.1　基础数据需求 ·· 114
　　7.3.2　研究区子流域划分及模拟河道定义 ·· 115
　　7.3.3　土壤类型、土地利用及农业种植管理 ·· 117
　　7.3.4　农田土壤分层与土壤属性数据 ··· 120
　　7.3.5　基本模拟单元的建立 ·· 121
　　7.3.6　模型采用的主要数据 ·· 122
　7.4　参数率定结果验证 ·· 126
　　7.4.1　水量平衡验证 ·· 127

- 7.4.2 出境水量验证 ·············· 128
- 7.4.3 土壤湿度验证 ·············· 130
- 7.5 土壤墒情连续场的生成 ·············· 138
- 7.6 本章小结 ·············· 139

第8章 邯郸市农田土壤水效用评价 ·············· 140

- 8.1 邯郸市土壤水效用评价结果 ·············· 140
  - 8.1.1 评价指标 ·············· 140
  - 8.1.2 基于层次分析法的指标权重计算 ·············· 141
- 8.2 邯郸市农田土壤水效用评价结果 ·············· 143
  - 8.2.1 对比情景的设置 ·············· 143
  - 8.2.2 平水年全市农田土壤水效用评价 ·············· 143
  - 8.2.3 丰水年及枯水年全市农田土壤水效用评价 ·············· 147
- 8.3 邯郸市农田土壤水全时空调控的方法与措施 ·············· 152
  - 8.3.1 农业水资源分区测算与种植结构调整 ·············· 152
  - 8.3.2 提高土壤储水能力 ·············· 153
  - 8.3.3 实施区域测墒灌溉管理制度 ·············· 153
  - 8.3.4 大力普及节水农业技术 ·············· 153
- 8.4 本章小结 ·············· 153

第9章 结论与展望 ·············· 154

- 9.1 结论 ·············· 154
  - 9.1.1 理论方法层面 ·············· 154
  - 9.1.2 试验研究层面 ·············· 155
  - 9.1.3 成果应用层面 ·············· 156
- 9.2 研究展望 ·············· 158

参考文献 ·············· 160

索引 ·············· 166

第1章 绪 论

受气候变化和人类活动的共同影响，我国径流水资源日益匮乏，其中以海河流域、黄河流域及西北内陆河流域最为严重（杨贵羽等，2014）。在水资源供需矛盾十分突出的大背景下，城市工业、生活取用水挤占了农业和生态的正常用水需求，带来生态环境恶化、农业干旱风险加大等问题。

土壤水对农业和生态系统的作用属性在很长一段时间内被水资源研究领域所忽视。传统的狭义水资源只涉及"看得见"的地表水和地下水资源，对易于散失并难以调控的土壤水缺乏足够的重视和研究。为应对当前水资源短缺的形势，结合已有先进的土壤水监测手段和模拟技术，加强土壤水的调控和利用不仅变得可能，而且非常必要。为此，本书以我国水资源最为紧缺的海河流域为例，采取点面结合的方式，运用观测和模拟手段，构建了研究区土壤湿度场，揭示研究区土壤湿度的时空变化规律。从土壤水资源的功能和属性出发，提出了区域土壤水效用理论与评价方法，并在河北省邯郸市进行了应用和验证。本研究在农田水循环全过程模拟解析的基础上，立足于土壤水的全时空调控管理，实现土壤水资源的有效开发和高效利用，这是未来我国北方缺水地区农业和生态发展的重要策略和管理方向。

1.1 土壤水的概念及其表征

土壤是地球表面风化的散碎岩石，是一种由大小不同的固体颗粒集合而成的具有孔隙或空隙的散粒体，是自然界极为常见的多孔介质（朱建强，2008）。土壤水是赋存于土壤多孔空隙介质中的液体。地球表面的土壤层是一个巨大的土壤蓄水库，蓄水容量据估计可以达到 16 500 km^3，是地球上河川径流量的 8 倍之多（芮孝芳，2004）。在水文循环过程中，土壤起着十分重要的调节和分配水量的作用。因此，土壤水是全球水文循环系统、生态系统及气候系统中的一个关键变量，控制众多地球物理过程和反馈循环回路。对农业系统来说，由于一切形式的水都要转变成土壤水才能被农作物所吸收，农田土壤水循环过程，以及土壤的时空分布、形态、数量与农作物的高产稳产具有十分重要的关系。

根据《辞海》的定义，土壤水是指在水循环过程中存在于地表以下，存储和运移在土壤岩石空隙、裂隙等介质中的水分。由于在生产实践中不同研究领域的侧重点不同，提出的土壤水的概念也不尽相同。在土壤学中，土壤水是指在一个大气压下，在105℃的条件下能从土壤中分离出来的水分。从本质上说，土壤学从土颗粒的水吸力角度定义了不同土壤水类型。土壤水分主要受到土壤颗粒的分子力、土壤孔隙毛管力及地球重力的作用。土壤颗粒表面对水分子的吸引力称为分子力，受到土壤分子力而固持的土壤水称为束缚水。

束缚水分为两类：吸湿水和膜状水。吸湿水是被干燥土粒表面分子引力强烈吸附的水分，由于水分子被土粒表面强烈吸引，分子之间的距离小于液态水分子之间的距离，因此吸湿水表现出来的是固态水的性质。吸湿水不能移动，对农作物的生长几乎没有任何作用。膜状水是排列在吸湿水包裹的土体颗粒外围的水膜。由于膜状水是由土体颗粒表面形成吸湿水层后的剩余分子力引起的，因此它受到的分子引力较小，性质与液态水相似，可以部分为农作物所用。土壤孔隙是一条条相互连通的很细的毛管，可以对孔隙中的水产生毛管力，由于毛管力的作用而固持在土壤中的水分称为毛管水。毛管水根据其与地下水之间的互动关系可以分为毛管上升水和毛管悬着水。地下水可以凭借毛管作用上升进入土壤孔隙中，这种沿着毛管上升的水分称为毛管上升水；降雨或灌溉后凭借毛管作用力保持在土壤表层的水分，称为毛管悬着水，它与地下水无直接水力关系。当土壤水分含量超过毛管的持水能力时，土壤水将在重力作用下向下移动，称为重力水。重力水向下移动时，如果中途不遇到任何障碍一直进入地下含水层，这部分水叫做渗透重力水；如果重力水在向下运动过程中遇到不透水层，重力水的下渗会受到阻碍从而形成滞水，这部分水称为支持重力水。

土壤中各种类型的水分都可以用一个典型的土壤湿度来表征，该数值对于特定条件和特定质地的土壤通常保持相对稳定，将其称为土壤水分常数。它一般可分为以下几种。

1）吸湿系数。当空气中的水汽达到饱和时，干燥土壤的吸湿水达到最大数量时的土壤含水量称为最大吸湿量，亦称之为吸湿系数。由于吸湿水不能被植物根系所吸收，被认为是无效水。

2）凋萎系数。当土壤含水量下降到一定程度时，作物根系由于无法吸水而产生永久凋萎，此时的土壤含水量称为凋萎系数。凋萎系数是一个重要的土壤水分常数，它是作物承受干旱的下限，对表征农业干旱具有十分重要的意义。

3）最大分子持水量。膜状水和吸湿水达到最大量时的土壤含水率称为最大分子持水量。由于膜状水受到的分子力远远小于吸湿水，因此一部分的膜状水可以被植物根系吸收。

4）毛管断裂含水量。当土壤中的悬着毛管水减少到一定程度时，其连续程度会遭到破坏而断裂，从而停止悬着毛管水的运动，此时的土壤含水率称为毛管断裂含水量。毛管断裂含水量对作物的生长具有十分重要的意义，它可以作为人工灌水的下限。

5）田间持水量。从数量上来讲，田间持水量是指土壤中悬着毛管水达到最大量时的土壤含水量，它包括全部的吸湿水、膜状水和毛管悬着水。田间持水量是土壤在不受地下水影响的情况下所能保持水分的最大数量，当土壤含水量超过田间持水量时，由于受到重力的作用，水分将向下运动不能固持在土壤孔隙中，因此，田间持水量被认为是田间土壤水有效利用的上限，也是田间灌水量的确定依据。

6）饱和含水量。当土壤中的毛管孔隙都充满水分时，土壤的含水率称为土壤全持水量。土壤全持水量在数量上等于土壤的孔隙度，是衡量土壤水分饱和状态的一个重要标准。

根据以上论述，土壤水分常数与土壤水分类型之间的关系可由图1-1来表示。

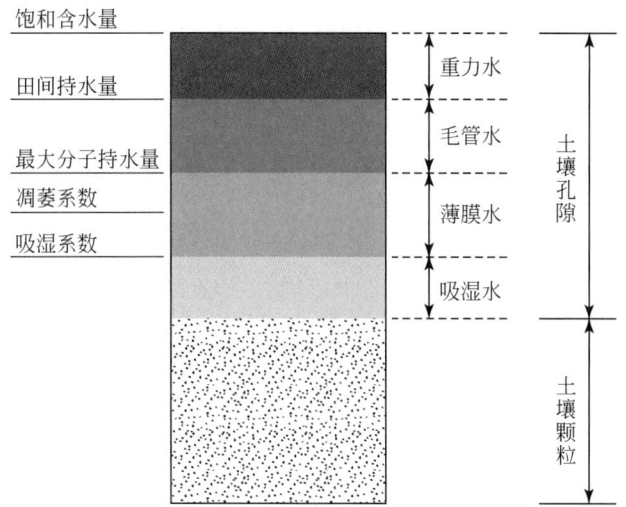

图 1-1 土壤水分常数与土壤水分类型关系示意图

1.2 土壤水资源的研究意义与研究重点

土壤水是农业和生态系统中各种生物生长和活动的必需要素，任何形式的水资源只有转化为土壤水才能被作物或植物吸收，土壤水的数量和质量直接影响作物或植物的生长发育。从水循环角度来看，土壤水也是水文过程中最活跃的要素之一，其补给和排泄过程十分频繁，是流域"三水"（大气水、地表水和地下水）转化的纽带，在水资源的形成、转化和消耗过程中具有不可替代的重要作用。因此，土壤水为作物生长提供有效供水的特性是被普遍公认的，土壤水的资源属性也是显而易见的。

"土壤水资源"的概念自首次由苏联水文学家利沃维奇（M. Nputotulu）提出之后，在国内外就一直被广泛地讨论和研究。水文学家施成熙等（1984）认为：土壤水被调蓄到起后备水源的作用，形成可以向根系层补给土壤水分的土壤水库，但还不是浅层潜水的组成部分时，也可以按水资源论；刘昌明院士也对土壤水资源的概念作了详细论述，并提出了区域多年平均土壤水评价的计算公式。然而，该公式仅笼统地将土壤水蓄变量作为土壤水资源（刘昌明，2004）。目前，绝大多数研究者对土壤水资源的研究主要从农业角度出发，认为土壤水资源是指可被作物根系吸收利用的浅层土壤孔隙中的水。但是土壤水到底能否被称为水资源？该问题可以从水资源本身的行为和特性方面进行分析。目前，水资源的本质特征已经在学界基本达成了共识，即有效性、可控性和可再生性。水资源的有效性是指，只有对人类生存和发展及自然生态系统具有效用的水分才可以看做水资源，换句话说，就是对生产、生活和生态提供有效供水的那部分水量。可控性是指，在对自然和社会具有效用的那部分水资源中，人们只有通过工程、管理等措施可以开发利用和调控的那部分水分才能称为水资源；可再生性是指，水资源在流域水循环过程中形成和转化，其数量和质量在一定程度上保持稳定的再生性和持续性（王浩等，2004）。

以水资源的定义和标准来衡量土壤水，其行为和特征基本满足水资源的一切特性。首先，土壤水对国民经济和生态系统的效用是显而易见的。土壤水对农业生产的作用非常重要，它是维系作物生长发育的最主要的水分源泉，一切形式的水资源只有转化为土壤水才能被作物吸收和利用，土壤水的数量和质量直接影响到作物的生长发育。土壤水同时又是流域生态水文过程中的关键因子，是整个生态系统持续稳定的核心要素之一。其次，虽然土壤水不像地表水和地下水那样可以通过修建工程来进行有效的调控和调度，但是可以通过调整种植结构、提高区域耕作工艺水平、采用合理的灌溉和栽培技术等措施优化土壤水的时空分布规律，提高土壤水的利用效率。再次，土壤水的循环再生性是显而易见的。土壤水是区域水文过程中最为活跃的要素之一，直接参与区域水循环。观测资料表明，土壤水的补给、稳定和排泄过程呈现出大大小小的多周期单位，这种现象受到大尺度气候因子、年尺度气象因子、次降雨过程及作物耕作等管理行为的影响。从一个水文年份来看，汛期一般是土壤水的补给阶段，汛期末到第二年春季是土壤水的稳定平衡阶段，从第二年春季开始到汛期到来之前正值作物生长旺盛的高需水阶段，也是土壤水高强度排泄阶段。通过上述补给和排泄过程的循环往复，土壤水资源可以得到永续利用，为国民经济和生态系统健康发展服务。

当前，全球气候变化和高强度人类活动对地表径流性水资源的时空格局影响十分明显，传统的狭义水资源衰减趋势显著，保障自然、社会多用户的用水需求，保持经济增长，提高粮食安全等都是摆在水资源管理人员面前的难题。因此，拓展传统水资源管理的视野和路径，开展广义水资源的开发和高效利用研究，评估全口径水资源的利用效率，是应对当前水资源供需矛盾的重要措施。

毋庸置疑，土壤水资源在保障农业生产和维持生态系统平衡中地位突出，不仅可以支撑国民经济命脉——农业的生产，还为自然生态系统健康持续提供充足的水源保障。尽管人们对土壤水资源的认识已经逐渐加深，但在土壤水资源的储量计算、土壤水的利用效率评价及土壤水高效利用调控手段等方面还存在很多不足。概括起来，当前土壤水资源领域的主要研究热点如下。

1）区域土壤水特性与土壤水资源数量评价。由于长期以来土壤水资源并没有像径流性水资源那样得到充分的重视，开展土壤水数量评价的相关研究还不多，还未形成相对成熟的土壤水资源数量评价理论与方法体系。开展土壤水资源的数量评价的首要前提是要对研究区的土壤湿度进行较长时期的连续观测，同时要对农田土壤根系活动层的土壤属性和关键参数进行有效采集和分析。然而，不同于雨情和水情的监测站网体系，目前我国的土壤墒情监测站网建设还不完善，尚缺乏大尺度区域土壤湿度时空变化的连续观测成果。受到资金和技术的限制，农田土壤层特征参数的获取和分析也存在困难，很大程度上阻滞了土壤水资源评价理论和技术的发展进步。今后，应大力开发新的土壤水监测技术，结合遥感技术、计算机模拟技术、数据同化技术等高新技术，开展全国土壤墒情监测站网的业务化运行，建立区域土壤属性数据库，为土壤水资源的评价和计算提供基础数据支持。

2）土壤水利用效率与效用评价。追求水资源的高效利用是水资源管理者的永恒目标。对传统的径流性水资源来说，一般使用投入单位水量产生的效益和价值来衡量水资源的使用效率。由于径流性水资源的可调控性好，该计算方法一般可以得出确定的结果。但是，土壤水运动特性十分复杂，大气降水、地下水潜水蒸发补给及人工灌溉均会影响土壤水循环，其补给和排泄过程受到多个自然和人工要素的叠加影响。因此，在土壤水资源效率评价中，准确计算评价期内参与生产的土壤水数量具有一定的难度，也是关键所在。今后应加强农田土壤水运移过程的观测和实验研究，开发土壤水循环模拟模型，开展细时间尺度土壤湿度的模拟与监测。

3）土壤水高效利用的调控方法与措施研究。土壤水广泛存在于土壤介质当中，不可集中提取又很难人工运输，同时又极易发生耗散，这些特征为土壤水的调控带来很大的难度。土壤水虽然不能像传统的径流性水资源那样通过修建工程措施进行优化配置和合理调度，但是可以通过改进农艺措施，制定合理的灌溉制度，促使土壤水的时空分布与农田作物需水的时空规律相吻合，实现供需相抵，提高土壤水的有效利用程度。近些年，学界围绕农田土壤水高效调控做了大量研究和实践，其中靳孟贵等（2006）提出农田土壤水全时空调控的理论和技术方法是实现土壤水高效利用的重要手段。今后应继续拓展应用范围，在不同区域开展农田土壤全时空调控理论与措施的应用和验证分析，继续完善相关理论和方法。

1.3 主要内容及技术路线

针对当前我国土壤水资源的研究现状和存在的问题，本书结合实测手段和模拟技术，分析了大尺度农田土壤水特征参数的分布规律，提出了区域农田土壤水利用效率的评价理论与方法，并选取典型区进行应用和验证，对区域农田土壤水全时空调控措施的制定提供科学的数据支撑。

1.3.1 主要内容

面对当前海河流域水资源供需矛盾十分突出的基本问题，本研究通过全流域农田土壤湿度及土壤岩性采样分析，揭示了研究区农田土壤的储水能力和土壤湿度的空间分布规律。同时，在农田水循环模拟的基础上，尝试性地提出了区域尺度土壤水资源效用评价的理论方法，并在邯郸市进行了初步应用。

在理论上，本书从土壤水蓄量的时空效用和土壤水通量的利用效率出发尝试性地提出了农田土壤水效用的概念和评价方法。建立的土壤水效用评价指标从作物根层土壤水库储水能力、作物根区土壤水实际储量及年内变化规律、土壤水供给与作物需水的时空协调程度，以及土壤水的补给和有效利用效率四个方面综合反映农田土壤水效用的大小。

在方法上，本书利用改进的 MODCYCLE 模型（高学睿，2013）模拟构建了研究区农田土壤湿度场，为土壤水的效用评价提供了数据支撑。同时，通过大面积土壤岩性采样数据和多站点墒情观测数据的集成分析有效提高了模型的模拟精度和模拟效果。经验证，改进的 MODCYCLE 模型是进行农田水循环模拟与土壤水效用评价工作的有力工具。

在应用实践上，本书通过大量的取样实测工作分析了海河流域土壤水的关键参数，为研究区土壤连续湿度场的模拟提供了参数支持。同时，以邯郸市为例，在土壤湿度连续场模拟的基础上，定量计算了农田土壤水效用的各项表征指标，并揭示了研究区土壤水效用的时空分异规律，对研究区制定土壤水高效利用调控措施等具有重要的指导价值。

1.3.2 技术路线

本书的技术路线如图 1-2 所示。

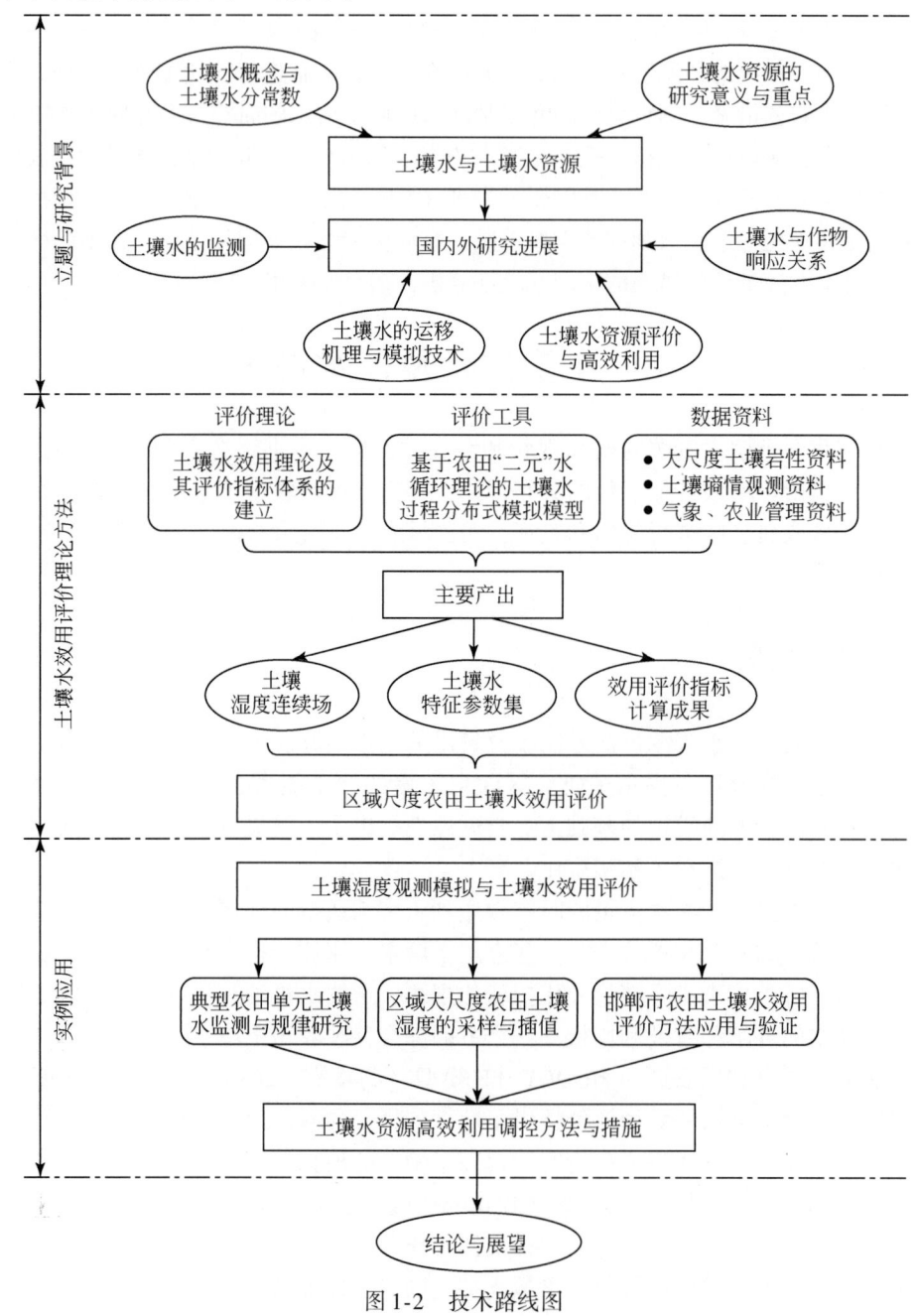

图 1-2 技术路线图

1.4 本章小结

首先，本章简单介绍了土壤水的基本概念和表征方法，给出不同土壤水分类型及其土壤水分的表征常数。其次，结合土壤水资源在国民经济和生态系统中的作用阐述了土壤水资源的研究意义，归纳了当前水资源研究的重点方向，概述了本书的研究内容和研究路线。

第 2 章　国内外土壤水研究进展

土壤水是农业和生态系统维系健康的关键因子之一，也是流域/区域水循环过程中最活跃的水文要素，对气候、气象、农业、生态等方面都具有重要的影响。人们对土壤水的认识可以追溯到 19 世纪末，当时限于已有理论和技术条件的落后，土壤水研究只停留在定性的观测和经验的描述方面，土壤水研究的主流思想是土壤水的形态学观点。20 世纪初，Buckingham 提出了毛管势理论（Buckingham，1907），后来 Richards 导出了土壤水运动的非饱和流方程（Richards，1931），开启了利用能态学观点研究土壤水的新纪元。能态学理论的发展，为土壤水运动研究提供了有力的工具，大大深化了学界对土壤水的认识。此后，土壤水的研究在土壤水监测、土壤水运动过程模拟及土壤水高效利用等方面取得了很大进展。

2.1　土壤水监测方法的研究进展

人们对土壤水的研究最早来源于对土壤含水率的测定和认识。土壤含水率的测定方法基本上可以分为两大类：一类是接触式的直接测定方法；另一类是非接触式的遥感反演方法。

最早出现的土壤湿度测定方法是取样烘干法（王振龙和高建峰，2006）。取样烘干法是将取得的土样称重后放入烘箱，在 105~110℃ 的高温下持续烘烤 8h 以上，冷却后再进行称重，通过前后两次土壤样本的质量变化来确定土壤含水量。农田测墒实践中，为了操作简单，也可以将酒精倒入土壤样品中，利用酒精燃烧去除土壤中的水分并称重测定土壤样品中的含水量。取样烘干法操作简单，成本低廉，物理机理明确，测定精度高，易于操作，也是目前认为最精准的土壤湿度测定方法。许多新出现的土壤湿度测定方法都要与烘干法的测定结果进行比对以确定其测定精度。当前，土壤湿度接触式的直接测定方法很多，主要有：基于土壤湿度与土壤水势之间具有稳定函数关系的张力仪法，亦称负压计法；基于核物理原理的中子仪法和 γ 射线法；基于电磁学原理的时域反射仪法（time domain reflectometry）和频域反射仪方法。另外，电解质水分传感器、高分子水分传感器等手段也是测定土壤水含量的有效方法。

土壤湿度的非接触式遥感方法随着信息技术、遥感技术和计算机技术的发展，在过去三四十年逐渐成熟起来。Wang 和 Choudhury（1981）在裸地应用 1.4GHz 的频率遥感监测土壤水分含量。该方法基于辐射传输模型进行计算，他们对一个裸地的土壤水分含量进行了讨论，并应用到有限的数据基础。Gillies 和 Carlson（1995）利用结合气候模型的热红外遥感监测有部分植被覆盖的表层土壤的含水量。Njoku 和 Entekhabi（1996）研究了土壤水分的被动微波遥感，微波测量基本上不受云层和太阳光照可变表面的影响。徐军等（2012）利用便携式傅里叶变换红外光谱辐射仪，通过室内条件下对不同含水量的土壤样本进行发射率光谱测量，阐释土壤水分含量的热红外辐射特征，通过对获取的发射率光谱数据进行微分、差分及标准比值化变换，建立了基于热红外辐射特征的土壤水分含量估算模型。赵玉金（1994）讨论了用极轨气象卫星资料监测表层土壤湿度的方法。其中考虑了气候条件、植被状况差异的影响并给出了简单的订正方法。裴浩和乌日娜（1997）进一步分析和探讨了原有湿度监测指数存在的问题和主要干扰因子，找到了各主要干扰因子的量化表达式。乌日娜等（2006）利用极轨气象卫星 NOAA-16 白天夜间两个时次测得的遥感监测数据，计算出反映地表热特性的土壤热惯量，制作出土壤湿度遥感监测产品图。邹春辉等（2005）利用遥感与 GIS 集成土壤湿度监测服务系统运行于 Windows 平台，基于遥感与 GIS 集成技术，利用热惯量法、植被缺水指数法、植被温度条件指数法和单时相资料回归法等多种模式计算土壤含水量。

概括来看，当前遥感方法监测土壤湿度可以分为以下几类。

1）可见光与近红外方法。该方法监测土壤湿度主要依据对植被指数的观测结果，而植被指数与植被下土壤湿度具有很好的相关性（冉琼，2005）。需要指出的是，通过监测植被指数来反映区域土壤湿度的方法适用于植被覆盖区域，并且在夏秋季节具有较好的监测精度，因此该方法不适用于裸地区域，并受到季节限制。

2）热红外方法。热红外监测土壤湿度主要是通过遥感图像来获取地表温度，由于地表温度和土壤湿度具有较好的相关性，进而间接反演监测区域的土壤湿度（刘春国等，2011）。热惯量法简便易行，遥感数据来源广，计算成本低，适合对裸地及低植被覆盖区的土壤湿度进行监测（李亚春和王志华，1999）。

3）微波遥感。微波具有穿透云层、雾层的能力，并且微波测量不受太阳辐射的影响，因此微波对地观测具有全天候、高精度的工作能力（郭英等，2011）。

遥感监测土壤湿度技术的出现，极大地提高了土壤湿度观测的效率，能轻松获取大尺度土壤湿度的空间分布规律。然而，遥感手段的最大缺陷是监测结果的时空分辨率难以满足生产实践要求。遥感反演土壤墒情数据的时间分辨率取决于遥感数据平台的回归周期，一般来说，遥感平台的回归周期都较长，如 Landsat 卫星搭载的 TM 影像遥感平台回归周期为 16 天，而土壤墒情监测周期一般以旬为单位（10 天），显然遥感监测的时间分辨率很难满足墒情监测的要求；遥感监测结果的空间分辨率取决于遥感数据的象元尺寸，得到的土壤湿度结果是遥感像元范围内上的平均值，掩盖了亚像元尺度的土壤湿度空间变异性（Ulaby et al.，1996）。另外，遥感监测土壤墒情只能准确反映浅表土壤（一般是 100mm 深度的土层）的水分含量，而在农业干旱监测中，需要了解作物根系土壤层（一般埋深在 10~1000mm）的水分状况（张红梅和沙晋明，2005）。总的来看，不同的土壤水含量监测方法具有不同的优缺点，在土壤湿度监测实践中，应该充分对比，根据研究区的特点、精度要求和经济成本选择最适用的监测方法。

2.2 土壤水运动机理与模拟研究进展概述

2.2.1 土壤水运动理论研究及发展

从土壤水运动机理研究的发展历史来看，可以分为土壤水形态学和能态学研究两个阶段。18世纪末，土壤水研究主要坚持形态学观点，由于受到理论认识和方法的局限，土壤水研究的主要形式是定性的推理和实验。19世纪初，Buckingham（1907）致力于研究土壤水分的应用，成为现代土壤物理学的基础部分之一。他在1907年提出了土壤水毛管势理论，提出了利用能态学观点研究土壤水的初步想法。1931年，Richards（1931）提出非饱和水流连续性运动方程，进一步深化了人们对土壤水分性质及其运动机理的认识，标志着土壤水能态学理论基本建立。非饱和水流连续性运动方程在实质上论证了达西定律在非饱和带中的适用性，认为土壤水运动的根本动力是土壤水本身所具有的各种势能。将能量概念引入土壤水的研究当中，水分在不同土壤介质及植物根系中的运动都可以看做土水势驱动作用的结果，从而对水分在不同土壤基质中运动的过程都可以利用土水势变化的连续方程来表达，深刻地揭示了土壤水运动的物理实质，拓展了定量求解复杂边界条件下土壤水运动的适用范围。Klute（1952）建立了求解流动方程中水不饱和物质的一种数值解法，即提出了扩散方程。Gardner（1958）提出了非饱和水流运动方程的稳态解。这些研究有力促进了土壤水研究的发展进步，土壤水的研究逐渐由静止转变为动态，由经验性观测转变为机理性模拟。

随着土壤水能态理论的发展，土壤水研究逐渐从包气带向整个作物的生长系统扩展。Philip（1966）提出了SPAC（Soil-Plant-Atmosphere Continuum），该理论认为土壤水分运动循环过程是土壤−植物−大气的连续体，水分由土壤进入植物体，再由植物体向大气扩散，其驱动力为水势梯度。该理论引入了新的数学物理方法，为土壤水研究提供了一个新的思路，逐步从单纯的土壤水运动研究向土壤水的利用及高效调控方面转变。

1972年出版的由Nielsen等编著的《土壤水》一书，较系统地介绍了用能态学观点研究土壤水，类比物理研究上的重力势，将水在土壤中各位置上的势能定义为水势。《土壤和水的物理定律及过程》（Hillel，1971）、《土壤物理学的应用》（Hillel，1980）、《土壤水动力学的计算模拟》（Hillel，1977）等在20世纪70～80年代陆续发表，将物理数学方法在土壤水研究中的应用进一步推进。90年代《土壤水文学》（Kutilek and Nielsen，1994）的出版，定义了水文学的一个重要分支——土壤水文学。

我国土壤水的研究基本开始于20世纪50年代，主要围绕着农业发展（对作物或产量的探讨）和土壤普查等研究开展。随着苏联的土壤学理论被全面、系统地介绍到中国，以Pome为代表的形态学水分研究者的观点和方法开始支配中国的土壤水分研究，对之后的研究工作产生了深远的影响，一些术语、概念和方法一直沿用到今天（庄季屏，1989）。70年代末期，随着我国改革开放以来学术研究再次发展，各学科研究逐渐推进。在土壤水研究方面，最具有代表性的是在第一次全国土壤物理学术讲座（1977年12月在杭州举行）上，土壤水分的能量观点首次被介绍到国内，引入了新的研究方向。从 80 年代开始，我国科技工作者在吸取国际学术界各种有益的学术观点基础上，相继开展了土壤水的理论与试验研究（雷志栋等，1999）。90 年代以后，我国土壤水研究进入高峰，与其他学科的结合更加紧密，无论是土壤水机理研究还是应用研究都有相当大的发展。

2.2.2 土壤水运动过程模拟研究进展

从土壤水模拟研究的方法来看，目前主要有土壤水随机模拟方法和土壤水动力学模拟方法两类。随机性方法从影响农田土壤水分动态变化的因素出发，考察气象、土壤、作物等因素的数理特征，从而建立起这些因素与土壤含水量之间的统计关系，并以此为依据预测土壤含水量的变化趋势和消涨规律。随机性方法不考虑土壤水运动的内在机理过程，通过总结历史监测数据的统计规律，并认为该规律可以有效地应用到对未来土壤水变化规律的预测模拟当中。目前，广泛应用的土壤湿度随机性方法有统计回归模型、消退指数模型及人工神经网络模型等（康绍忠等，1997；申慧娟等，2003）。随机性模型的形式一般比较简单，所需要的参数少，应用较为方便，但是，需要大量观测资料的支撑，缺乏土壤水运动的机理性描述，模型的移植性不好，从而限制了该类模型的大范围推广和应用。

土壤水动力学模拟方法从土壤水运动的物理机理出发，描述土壤水补给、运动和排泄的物理过程，建立了土壤水变化的动力学模型。目前，概念性的水量平衡模型和基于非饱和土壤水连续方程水分运动模型是土壤水动力学模型的两个重要分支。概念性水量平衡模型建立土壤水分的输入输出平衡方程，结合物理的、经验的及简化模型来计算平衡方程中的各个分项，进而求解土壤层中水分含量的消涨过程。李明星等（2010）运用 SWAT 模型对大区域土壤水的概念性模拟方法，计算了陕西省土壤湿度空间分布；郝芳华等（2004）选取内蒙古河套灌区为研究对象，从引水、用水、排水等水循环方面切入，以地表水、土壤水和地下水之间的水量平衡理论为基础，研究灌区水循环特征对土壤水运移的影响。

基于非饱和土壤水连续方程，水分运动模型将势能理论引入土壤水运动中，建立土水势和土壤含水率的关系方程，同时引入扩散度和容水度的概念求解土壤含水量或者土壤水势方程。基于势能理论的土壤水运动模型建立在达西定律和质量守恒的连续性方程理论之上，在直角坐标系中土壤水运动的表达式见式（2-1）。

$$\frac{\partial \theta}{\partial t}=\frac{\partial\left[k(\theta) \cdot \frac{\partial H}{\partial x}\right]}{\partial x}+\frac{\partial\left[k(\theta) \cdot \frac{\partial H}{\partial y}\right]}{\partial y}+\frac{\partial\left[k(\theta) \cdot \frac{\partial H}{\partial z}\right]}{\partial z} \quad (2-1)$$

式中，θ 为土壤含水率；$k(\theta)$ 为土壤水力传导度，它是关于土壤含水率的函数(mm/s)；H 为土水势（mm）；t 为时间（s）。

裸土地的降雨或灌溉入渗过程是典型的土壤水运动过程之一。降雨或灌溉条件下的入渗过程和初始土壤剖面上水分分布和地下水位条件有关，其定解条件包括以下两个情形。

（1）初始条件

入渗过程的初始条件一般为初始剖面含水率分布或者土水势的分布情况，其表达式如下。

$$\begin{cases} \theta(z, 0) = \theta_i(z) & t = 0, z > 0 \\ h(z, 0) = h_i(z) & t = 0, z > 0 \end{cases} \quad (2\text{-}2)$$

(2) 边界条件

边界条件一般分为计算土体的上表面（地表）和下表面（地下水位）。上表面的边界条件又分为以下三种情况。

1) 降雨或者灌溉使得地表湿润，但不形成积水，表土几乎达到了土壤饱和含水率的情景，那么，土表处的边界条件为

$$\theta(0, t) = \theta_0, \ t > 0, \ z = 0 \quad (2\text{-}3)$$

2) 土地表面有强度已知的降雨或者灌溉量，并且灌溉量不超过土壤的入渗能力，地表没有形成积水，边界条件为

$$-k(\theta) \cdot \left(\frac{\partial h}{\partial z} + 1 \right) = R(t), \ t > 0, \ z = 0 \quad (2\text{-}4)$$

式中，$R(t)$ 为降雨或者灌溉强度，它是关于时间 t 的函数（mm/h）。

3) 当降雨或者灌溉的强度已知，并且大于土壤的入渗能力时，地表产生了积水，土壤水入渗为有压入渗，其边界条件为

$$h(0, t) = H(t), \ t > 0, \ z = 0 \quad (2\text{-}5)$$

式中，$H(t)$ 为地表积水的水头，也可以认为是地表积水深度（m），它是关于时间 t 的函数。地表积水的水头确定需要和时段的来水、时段的下渗量和时段的径流量进行比较后才能确定。

下边界条件也分为以下三种情况。

1) 如果地下水位埋深较小，则以地下水位作为下边界。当地下水位变化很小或基本保持不变时，则地下水面处土壤含水率为饱和含水率，此时，其边界条件的表达式为

$$\begin{cases} \theta(d, t) = \theta_s & z = d, t > 0 \\ h(d, t) = 0 & z = d, t > 0 \end{cases} \quad (2\text{-}6)$$

式中，d 为地下水埋深（m）；θ_s 为土壤饱和含水率。当地下水面随时间而变化时，可认为地下水埋深 d 为时间 t 的函数，$d=d(t)$，其边界条件表达式为

$$\begin{cases} \theta(d(t), t) = \theta_s & z = d(t), t > 0 \\ h(d(t), t) = 0 & z = d(t), t > 0 \end{cases} \quad (2\text{-}7)$$

2) 如果地下水埋深较大，那么在计算范围内，可以认为下边界土壤剖面含水率始终保持初始含水率，那么其边界条件可以表示为

$$\theta(d, t) = \theta_i(d), \ z = d, \ t > 0 \quad (2\text{-}8)$$

式中，$\theta_i(d)$ 为土壤初始时刻含水率。

3) 不透水的下边界。在一些情况下，由于土壤下边界不透水，其流量等于零。该情况下，其边界条件的表达式为

$$q = -k(h) \cdot \left(\frac{\partial h}{\partial z} - 1 \right) = 0, \ \frac{\partial h}{\partial z} = 1, \ z = d, \ t > 0 \quad (2\text{-}9)$$

由此可见，降雨入渗过程是一个十分复杂的过程，在模型概化时需要分析入渗过程的

具体特点，设定合理的边界条件，才能得到准确的求解。

20世纪80年代以后，计算机模拟技术得到了长足的发展，促使基于非饱和土壤水连续方程水分运动模型得到了广泛的发展和应用，也是目前土壤水运动模拟过程中最主流的方法。1977年Hillel撰写了《土壤水分动态的计算机模拟》一书，主要探讨土壤水分的等温蒸发及滞后作用、土壤水分的非等温蒸发、坡地土壤水文过程、根系吸水过程。Feddes等（1988）研究了非饱和区的土壤水分动态的变化模拟，提出非饱和区土壤水流的模拟模型，给出了几个土壤水流问题的具体解。张志才和陈喜（2007）基于土壤水运动的物理过程，提出了土壤水数值模型，并分析了降雨、植被、大孔隙、地下水等因素对土壤水运动的影响。梁冰等（2009）根据饱和-非饱和土壤水分运移的混合型Darcy-Richards方程，建立了降雨入渗和再分布条件下非饱和边坡土壤水分运移模型，并采用有限差分方法对模型进行数值求解。袁锋明等（2000）以荷兰西部一个四种不同土壤组合的区域为例，得出土壤水动力学函数的区域化参数整合方案，其中，对SWAPS模型（SVAT模型）的两组模拟输出值——感热通量（SH）和潜热通量（LE）与该区域混合实测值进行统计比较分析。董勤各等（2013）采用高精度的有限差分法和有限体积法对一维Richards方程进行时空离散，构建基于四阶时空离散精度数值解法的畦灌一维土壤水动力学模型，并进行验证。杨诗秀等（1996）应用土壤水动力学原理，建立了林带—农田蒸散条件下的土壤水动力学模型，通过参数的测定与选用，模拟了土壤水分与地下水位的动态变化。刘新仁和杨海舰（2008）对平原水文模型如何充分、实际地运用土壤水动力学的理论和方法进行了探讨，用数值法求解一维垂向饱和非饱和里查兹方程来模拟垂向水流和土壤水及地下水动态；用稳定状态的近似解来计算潜水蒸发；用非线性水库概念模型来模拟地下水对河道的排水过程。董勤各等（2013）利用二阶时空离散精度的混合数值解法求解一维全水动力学模型，建立了一维畦灌地表水流-土壤水动力学耦合模型。该模型能有效模拟灌溉前后饱和-非饱和土壤水动态变化过程，为开展区域尺度地面灌溉系统性能评价提供了基础工具。

2.3 土壤水资源评价与作物高效利用研究进展

2.3.1 土壤水资源的认识

"土壤水资源"的概念最早由苏联水文学家利沃维奇（M. Nputotulu）提出，他认为土壤水是陆地水循环的重要环节，是影响大气圈、水圈和生物圈的重要因素之一（易秀和李现勇，2007）。此后到20世纪80年代，苏联学者达果夫斯基对土壤水资源做了全面的研究，他认为：土壤水资源在陆地水相互交换中具有积极作用，其蓄变量直接影响地表水和地下水的迁移和转换，另外，土壤水资源作为植被生长和发育的必要水分因素，是保证陆地生态系统正常活动的重要因素之一（Budagovskll and Busarova, 1991；靳孟贵等，1999）。我国对土壤水资源的研究始于20世纪80年代，研究的切入点以农业水资源研究与管理为主（雷志栋等，1999）。1978年出版的《土壤水资源利用》一书，主要介绍土壤水在农业生产上的应用，详细研究了土壤水过程与作物利用之间的关系（Feddes et al.,

1978)。1984年，我国著名水文学家施成熙指出"土壤水可以被调蓄起到后备水源的作用，形成可以向根系层补给土壤水分的土壤水库，但还不是浅层潜水的组成部分时，也可以水资源论"（施成熙和粟宗嵩，1984）。刘昌明和任鸿遵（1988）从土壤水的储量、土壤水域植物的生长关系和土壤水、地表水和地下水资源的转化关系上论述了土壤水的资源属性。夏自强（2001）阐述了土壤水资源的定义及研究的重要意义，并对区域的土壤水资源结构进行了分析，指出土壤蓄水量资源、多年平均可更新的土壤水资源，以及可以开发利用的土壤水资源的内涵及评价方法，深化了人们对土壤水资源的认识。孟春红（2005）系统地梳理了国内外土壤水资源的研究现状和进展，采用土壤水分运动的均衡法和水循环通量法对华北平原典型地区的土壤水资源的迁移演变规律进行了定量的研究，揭示了区域土壤水资源的巨大潜力。王浩等（2006）重新定义了土壤水资源，指出土壤水资源是指一个地区包气带内能被人类生产和生活直接和间接利用的土壤水含量，并提出了衡量土壤水资源量的四大指标，从而构建了一套完整的土壤水资源评价体系。沈荣开（2009）指出学术界对土壤水资源的传统认识存在一些问题，不同利用主体的土壤水资源的评价方法应该不同。以农业利用为主体的土壤水资源不仅受到区域的地理位置、气象、地形、土质等自然因素的影响，还取决于该地区的植被条件、农业开发水平、人工灌溉和地下水开发利用等人类活动的影响，因此笼统以地表蒸散发量作为土壤水资源量的评价方法显然不能用于评价强人类活动区域的农田土壤水资源量。

2.3.2 土壤水资源评价研究

长期以来，由于土壤水的不可见性和易耗散性等特征，一直被传统的水资源评价所忽略。随着径流性水资源的衰减与供需矛盾的日益突出，土壤水的资源属性已经逐渐得到学界的重视，土壤水作为水资源的一个重要组成部分的观点已经逐渐得到认同。土壤水资源可分为永久性蓄量资源、动态蓄量资源及可更新的土壤水资源。上述表征量对挖掘区域土壤水资源量、提高利用效率水平及开展农业干旱预警等实践都具有重要的参考作用。

土壤水资源量的时空分布不仅受到当地降雨影响，还受到地形地貌、土地利用及人类农艺管理等因素影响。同时，土壤水资源和径流性水资源相比，其过程监测和控制调度往往较为复杂，这些特点都为土壤水资源的评价带来较大难度。从20世纪80年代开始，国内外开展了许多土壤水资源的计算和评价研究。Greacen（1981）提出利用中子法进行水资源评价。Robinson和Hubbard（1990）建立了高平原土壤水资源评估模型，同时探讨利用土壤水分平衡模型确定土壤水分状况的可行性。研究认为，在提供可用的实时天气数据基础上，根据地势平坦状况可以精确地估计土壤水分条件。Falkenmark（1995）提出了绿水资源的概念。绿水资源被定义为蒸散流，即通过地表农田、湿地、水面、自然植被等以水汽的方式进入大气圈的水分流。虽然绿水资源的概念和土壤水资源有着较大差别，但是绿水资源的评价方法可以为土壤水资源的评价带来许多帮助和启示。Fontaine等（2002）在SWAT模型中添加了山区的降雪—融雪过程模块，评估农业大盆地区域土壤水资源变化过程。Easton等（2008）建立重新概念化的土壤和水评估工具（SWAT）模型，实现不同源区的土壤径流量预测。自 20 世纪 80 年代中期，我国在土壤水资源评价方面也做了大量研究。刘昌明（1986）从土壤水的储量、土壤水与植物的生长关系、土壤水与地表水及地下水的相关转化关系方面论证了土壤水的资源属性，提出根系层的土壤水资源评价方法，其计算方法如下。

$$W_n = P - R_s - F(w) \tag{2-10}$$

式中，W_n 为土壤水储量；$F(w)$ 为根系层或非饱和带下边界处的水分通量函数；P 为区域直接降落在土壤表面降雨量；R_s 为可更新的地表水资源量。和布达哥夫斯基的观点相比，上述方法更细致地刻画了地下水和土壤水之间的交换关系，当 $F(w)$ 为正值时，说明土壤水通过深层渗漏向地下水移动；当 $F(w)$ 为负值时，说明通过潜水补给的作用地下水对土壤水进行了补充。董艳慧等（2008）根据小尺度水文学原理，提出了基于有效降水量的土壤水资源计算模型，应用于平原区的土壤水资源计算，经验证具有良好的适用性。李国志和郑世泽（2009）指出土壤水资源分析能够调整农业结构，精确确定灌溉定额，进而减少地下水的抽取，提高节水效益，促进水资源的可持续利用。

由懋正和王会肖（1996）认为，土壤蓄水总量是指某一时刻一定深度土壤层实际蓄存的土壤水量，它是土壤含水量的函数，由土壤含水量在计算层上积分进行计算：

$$W = \int_0^L \theta(h) \mathrm{d}h \tag{2-11}$$

式中，W 为土壤总蓄水量；$\theta(h)$ 为土壤深度为 h 处的土壤含水量；L 为计算土壤层总深度。在天然状况下，多年平均可更新土壤水资源量由下式表示。

$$P - R_s - F(w) = E_T \tag{2-12}$$

式中，E_T 为多年平均可更新土壤水资源量。

王浩等（2006）认为最大可能被利用的土壤水资源量是对土壤水有效利用进行评价的定量指标，土壤水是以吸着水、薄膜水、毛管水和重力水四种形式存在于土壤孔隙中的，各种水的性质决定了土壤水并不能完全被利用，仅介于作物凋萎点和田间持水量的水分能够供给作物吸收。土壤水最大可利用量可由下式计算。

$$W_{\max} = \int_0^L [\theta_{fc}(h) - \theta_{wl}(h)] \mathrm{d}h \tag{2-13}$$

式中，$W_{\max}$ 为土壤水最大可利用量；$\theta_{fc}(h)$ 为土壤深度为 h 处的土壤达到田间持水度时的含水量；$\theta_{wl}(h)$ 为土壤深度为 h 处的土壤达到永久凋萎点时的含水量；L 为土壤层总深度。

靳孟贵等（1999）认为作物生长期土壤水资源可利用量由作物全生长期土壤水的补给量和作物播种时土壤水可利用量两部分组成，其表达式如下。

$$W_c = W_{cr} + W_a \tag{2-14}$$

其中，

$$W_{cr} = P + C - P_{int} - R_s - R_g \tag{2-15}$$

$$W_a = \int_0^L [\theta(z) - \theta_{wp}(z)] \mathrm{d}z \tag{2-16}$$

式中，W_c 为作物整个生长期水资源的可利用量；W_{cr} 为作物整个生长期土壤水的补给量；

W_a为作物播种时土壤水可利用量;P为评价期大气降水;C为凝结水;P_{int}为植被冠层截留;R_s为地表产流;R_g为降水对地下水的补给量;$\theta(z)$为作物根系层含水率分布函数;$\theta_{wp}(z)$为作物根系土壤达到凋萎含水量时的土壤水分布函数;L为作物对土壤水的利用深度。

2.3.3 作物对土壤水高效利用研究

作物对土壤水的高效利用研究一直是农田水利学和农业高效水管理的研究热点。作物对土壤水的高效利用研究主要集中在点尺度的土壤-根系-作物系统水分生产效率研究和区域农田尺度的水分利用效率研究。在点尺度方面，Denmead和Shaw（1962）通过研究土壤水分含量变化对植物的影响得出，土壤水分减少导致实际蒸腾作用减少，而潜在的蒸腾作用增加。Kramer（1969）撰写了《植物与土壤水》，在实验室内观测土壤水与植物根系生长的关系及对植物生长的影响。Nimah和Hanks（1973）建立了土壤水、植物水和大气水之间相互关系耦合模型，通过数值模拟研究作物对土壤水的利用效率。Federer（1979）建立了一个关于土壤水分蒸腾的可用性土壤-植物-大气模型。在这个模型中，根据不同的作物根密度和土壤水势将土壤划分为若干层。Sinclair和Ludlow（1986）研究了土壤水分供应对四种热带谷物豆类的植物生长和产量的影响。Ritchie（1998）研究了土壤水分平衡和植物水分胁迫问题。在面尺度水分利用方面，1977年国际灌排委员会（ICID）提出了田间灌溉效率的标准，将用于灌溉的水资源的利用效率分为三个部分：灌溉水输水效率、灌溉水配水效率和田间灌水效率（Marinus，1979）。其中，田间灌水效率是指进入田间作物主要根系活动层的水量与从农渠进入田间水量的比值，该指标可以描述灌溉水转化成土壤水的转化效率。之后，Hart等（1979）提出了田间储水效率的概念，其基本概念和田间灌水效率很接近，并考虑了作物根系土壤水对天然降雨量的利用效率，即储水效率是指转换成土壤水的水量与到达田间的灌溉水或降落到田间的天然降水之间的比值。我国对农业水利用效率评价的指标体系及主要计算方法形成于20世纪初，灌溉水利用系数是目前使用最广泛的指标，灌溉水利用系数主要受到灌溉渠系水利用系数和田间水利用系数的影响，其中，田间水利用系数和上文提到的田间灌水效率概念相似。需要指出的是，上述的水分利用效率的研究只考虑了土壤水在补给过程中的效率问题，没有考虑土壤水在排泄过程中的效率，即土壤水用作植物和作物蒸腾发并形成有效产量的比例。

20世纪80年代以来，学界开始对"有益消耗"和"无益消耗"，以及"生产性消耗"和"非生产性消耗"进行研究和界定（Willardson et al.，1994；李锡录，1999；Perry，2007）。Willardson等提出用"比例"的概念代替以往使用的田间灌水效率的概念，那么田间土壤水有益消耗的比例是指作物蒸腾发量与田间净灌溉水量的比例（Willardson et al.，1994）。Perry（2007）明确了用水和取水的概念，用水是指为了实现某种特定的目的而对水的使用，这个概念没有区分耗水性用水（如蒸腾发、深层渗漏等）和非耗水性用水（如通航、发电等）。取水是指为了实现特定的用途而从河道、地下和其他水体获得水量。消耗是取水的最大目的和结果，他们指出消耗水量可以分为有益消耗（如植物的蒸腾发消耗、冷却塔的蒸发消耗等）和无益消耗（如水面蒸发消耗、棵间蒸发消耗等）。因此，提高水的有效利用率，就要设法提高有益消耗在总消耗中所占的比例，降低无益消耗的比重。

国内在土壤水高效利用方面也做了许多相关的研究。水肥耦合技术是提高土壤水利用效率的关键。北京农业大学应用示踪技术研究不同土壤含水率下小麦对营养元素 N 和 P 的吸收规律（李锡录，1999），结论认为，在不同的生育期小麦对水分的敏感度有很大区别，同时对 N 和 P 元素的吸收利用率也有很大区别。因此，把握不同生育期对作物进行水肥耦合调控对节水增产具有十分重要的意义。另外，土壤水库的开发利用也是提高土壤水利用效率的有效方法。北京工业大学的研究表明，我国北方东小麦播种之前浇足底墒水，返青拔节期追浇一次水，小麦的产量即可以达到传统栽培的产量水平，同时节省了可观的水量。该项技术措施主要利用土壤水库的水分调蓄能力，对提高土壤水的有效利用水平、发展节水农业具有十分重要的意义（才杰，1995）。土壤水高效利用的全时空调控技术是我国土壤水资源高效利用研究中的重要成果。该方法由靳孟贵等（1998）率先提出，旨在从整个时间和空间上调控农田土壤水的时空分布，同时调整作物的种植结构和分布，使得土壤水的供水能力最大限度地和作物的需水规律相适应，达到土壤水分的最大利用效率，提高单位土壤水资源对农业生产的贡献力。

2.4 本章小结

本章从土壤水的监测方法、土壤水运动机理与模拟研究，以及土壤水资源高效利用三个方面综述了国内外土壤水领域的相关研究进展。土壤水监测方法中简要介绍了目前国内外常用的方法和手段，不同方法的原理将在本书第 4 章详细介绍。土壤水运动机理与模拟研究部分，主要论述了基于能态理论的土壤水动力学模拟方法。随着大尺度土壤水监测和模拟技术的发展，综合形态学和能态学观点的土壤水概念性模拟方法的运用越来越广泛。本章的最后，总结了土壤水资源评价及高效利用方面取得的重要成果，为进行后续的土壤水效用评价奠定了基础。

第3章 土壤水效用评价与高效利用调控理论方法

流域水资源的管理实践逐步从狭义水资源向广义水资源转变（郑连生，2009）。在水资源供需矛盾突出，农业和生态环境用水需求难以满足的形势下，土壤水的资源效用和功能属性逐渐得到相关研究的认可和重视。本章从水资源的有效性、可调控性和循环再生性准则审视土壤水的资源特性，提出土壤水的效用评价理论。同时，借用农田"土壤水库"的概念，从土壤水的调蓄能力、土壤水的补给和供给效率，以及土壤供水与作物需水的时空匹配程度三个维度构建表征农田土壤水效用程度的指标体系。此外，为实现区域尺度的土壤水效用定量评价的具体应用，还介绍用于土壤水效用评价的水文模型工具和多指标层次分析方法。最后，介绍农田土壤水高效利用的调控理论与方法措施。

3.1 土壤水效用评价理论

根据《辞海》的解释，"效用"是一个经济学名词，是指消费者通过消费某种资源而带来的某种效益或者获得的某种满足的度量。将土壤水作为一种消费资源来看，其直接的消费主体是农作物或者生态系统，间接的服务主体是人类经济社会。土壤水资源消费后获得的效益或者得到的某种满足就是服务于农作物生长并产生经济产量，以及服务于生态系统的健康并为人类社会提供良好的生存环境。由此分析，土壤水资源的效用是客观存在的，追求土壤水的效用最大化是水资源管理、农业和生态用水过程中的重要目标。

高效农业用水管理及节水灌溉技术一直致力于研究农作物或者生态系统中水分的高效利用问题（吴普特等，2011）。从水分的转移输送、灌溉和作物水分代谢形成有效产量的整个环节来看，人类为提高农业用水效率通常是通过渠道防渗工程、节水灌溉措施和节水农艺栽培等技术来实现的。这些工程技术措施正好对应着农业供用水过程的三个基本环节：第一是通过灌溉输配水系统将水从水源输送到田间；第二是通过合适的灌溉方式将水分转化为作物根系层的土壤水；第三是采用科学的农艺栽培技术促使作物充分吸收水分并通过自身的新陈代谢形成有效的产量。需要指出的是，通过第一环节提高水资源的利用率必须降低输配水过程中的水分耗散，这主要取决于工程措施，由于该环节水分输送过程简单，调控方法也较为容易，随着水利基础设施的建设完善，进一步提升水资源利用效率的空间已不大；通过第三个环节提高植物的水分利用效率，必须研究植物本身的生物机制，培育抗旱高产作物，从生物细胞水平提升植物的水分生产率，这主要是生物育种学科研究的任务。通过第二个环节提升农田或者生态系统的水分利用效率，正是土壤墒情监测和土壤水效用评价研究的意义所在。受到降雨和人类灌溉活动的共同影响，土壤水分运动过程及农田水循环路径非常复杂，水分在被作物利用过程中的无效损失很大，在此环节上提升水资源利用效率的空间也是很大的。农田土壤水是作物生长的最关键表征因子，因此，开展农田土壤水的效用评价对提高农业水资源利用效率十分重要。

农作物或植被对水分的摄取主要通过土壤中的根系完成，任何形式的水分都要转变为土壤水才能被作物有效吸收和利用，因此，田间水分运动过程中土壤水的核心作用不容忽视（靳孟贵，2006）。衡量农田土壤水有效利用程度的大小，需要考虑以下三方面因素：一是土壤水本身的可利用难易程度，主要取决于研究区土壤本身的物理性质。本书绪论中提到，并不是土壤中的一切水分都可以被作物直接利用，只有介于凋萎系数和田间持水率之间的土壤水分才可以被作物利用。因此，如果农田的土壤层较厚，田间持水率与凋萎系数之差较大，土壤水的调蓄能力强，那么该地区的土壤水可利用程度就高。二是土壤水的变化过程与植物的需水过程是否匹配，时空配置错位也是造成土壤水利用程度低下的重要原因。三是植物在利用土壤水过程中的效率问题，只有被植物吸收并转化为蒸腾耗散的那部分土壤水才是有效利用部分，通过棵间蒸发或者深层渗漏的部分都算作无效或低效耗损（郭庆荣和张秉刚，1995）。

根据以上论述，本书认为农田土壤水效用是指土壤水在开发利用过程的各个环节中，其资源可利用属性、时空过程属性及利用效率属性所处的综合定量状态（高学睿，2013）。其中，资源可利用属性主要体现在区域土壤水的调蓄能力上，与研究区土壤层属性密切相关。在特定的技术条件下资源能被获得、利用是其价值产生的基础，因此土壤水在开发利用过程中对其可利用程度进行评估是首要前提；时空过程属性主要体现在土壤水的时空分布与植物用水需求格局的匹配性上，和地表水资源开发利用一样，合理的土壤水资源的时空配置是保证其高效利用的重要途径；利用效率属性是指土壤水转化为植物有效蒸腾的效率程度，是衡量土壤水被作物利用环节的关键指标。

基于以上分析，土壤水效用可认为是一个状态目标函数，该函数可由式（3-1）表征。

$$U = F(A, R, E) \tag{3-1}$$

式中，U 为土壤水的效用状态函数，表示土壤水效用评价函数；A 为土壤水可利用属性参数；R 为土壤水时空过程属性参数；E 为土壤水被植物利用的效率属性参数。

总的来看，农田土壤水效用的概念从资源优化利用的角度出发，描述了土壤水开发利用的全过程的各个环节的科学性、合理性和高效性程度。在表征参数上，不光考虑土壤水分被作物有效利用的程度，还要考虑田间土壤水的可用性程度及土壤水的时空分布与作物需水时空格局的匹配程度。这样一来，可以更具体地识别农田土壤水开发利用存在的问题，采取更具针对性的措施指导农田灌溉管理实践，提高区域土壤水资源的开发利用水平。

3.2 土壤水效用评价指标体系与计算方法

土壤水的效用评价的概念性状态函数建立后，需要寻求合适的函数表达方法才能开展区域土壤水效用评价的定量研究。由于表征土壤水效用的三个参数具有不同的性质和量纲，很难构建一个科学合理的数学解析式对效用状态函数进行描述。为此，本书提出建立多指标土壤水效用评价体系，利用多指标综合评价方法对不同的指标进行赋权，最后得到表征土壤水效用的单一指标，从而实现对土壤水效用评价状态函数的表达。

3.2.1 农田土壤水库及其特征库容

本书将借助土壤水库的概念和模型，提出农田土壤水效用评价的指标体系，首先需要介绍一些土壤水库的基本知识。土壤能储存天然的降雨和其他形式的水分以供作物生长的水分需求，与传统水库供水功能十分相似，因此，可以将农田的深厚土层看做供给农田作物生长用水的专用水库——土壤水库（孟春红和夏军，2004）。用类比的观点来讲，土壤就像湖盆、水库和地下含水层一样，对水分具有储蓄调节作用。一般意义上的土壤水库从空间上来看，是指整个包气带的土层。本书从作物生长角度来看，土壤水库是指农田作物根系活动层。

土壤作为一个水库，应该同时具备两个条件：一是水源；二是库容。对于农田土壤水库来说，天然降雨和人工灌溉是其最重要的水分来源，同时，对于地下水位埋深较浅、蒸发强度较大的地方，潜水蒸发补给也是土壤水库的一个重要的水源。土壤层既然被称为水库，那么就具有水库的一些基本性质。土壤水库总库容由有效库容、重力水库容和无效库容（死库容）组成。农田土壤水库的总库容顾名思义就是指农田土壤根系层土壤可以蓄存的土壤水最大量。理论上，土壤水库的总库容就是土壤层的所有空隙充满水后的持水量，可用下式描述（郭凤台，1996）。

$$TW = \int_0^d \varphi(z)\,dz \tag{3-2}$$

式中，TW 为土壤水库的总库容（mm）；$\varphi(z)$ 为在农田地表以下 z 深度处的土壤田的孔隙度；d 为农田根系土壤层的厚度（m）。

土壤水库的无效库容亦称死库容，是指土壤水中不能被作物利用的部分。一般认为，当土壤含水量低于土壤凋萎点含水量时，作物根系由于不能继续从土壤中吸水使得作物产生永久凋萎的现象，因此，将低于土壤凋萎点含水量的土壤水认为是对农作物生长无效的土壤水，这部分水量的大小可以用土壤水库的无效库容刻画，其数学描述方法见下式。

$$W_n = \int_0^d \theta_{wp}(z)\,dz \tag{3-3}$$

式中，W_n 为土壤水库的无效库容大小（mm）；$\theta_{wp}(z)$ 为在农田地表以下 z 深度处的土壤凋萎点含水量（mm）；d 为农田根系土壤层的厚度（m）。

土壤水库的有效库容亦称兴利库容，是指土壤水库中可以被作物利用的最大水量的多少，也是评价土壤水系统调节能力的定量指标。其计算方法见下式（王健，2008）。

$$W_p = \int_0^d [FC(z) - \theta_{wp}(z)] dz \quad (3-4)$$

式中，W_p 为土壤水库的有效库容大小（mm）；FC（z）为在农田地表以下 z 深度处的土壤田间持水率；$\theta_{wp}(z)$ 为在农田地表以下 z 深度处的土壤凋萎点含水量（mm）；d 为农田根系活动层的厚度（m）。

土壤水库空库容是指在土壤水库运行中，总库容与实际库容之差，土壤水库空库容越小，说明土壤水库实际储水量越大，作物供水条件越好，其计算方法如下式。

$$W_v = TW - \int_0^d \theta(z) dz \quad (3-5)$$

式中，W_v 为土壤水库的空库容的大小（mm）；TW 为土壤水库的总库容的大小（mm）；$\theta(z)$ 为在农田地表以下 z 深度处的土壤实际含水率；d 为农田根系活动层的厚度（m）。

地表水库与土壤水库物理模型对比示意图见图 3-1。

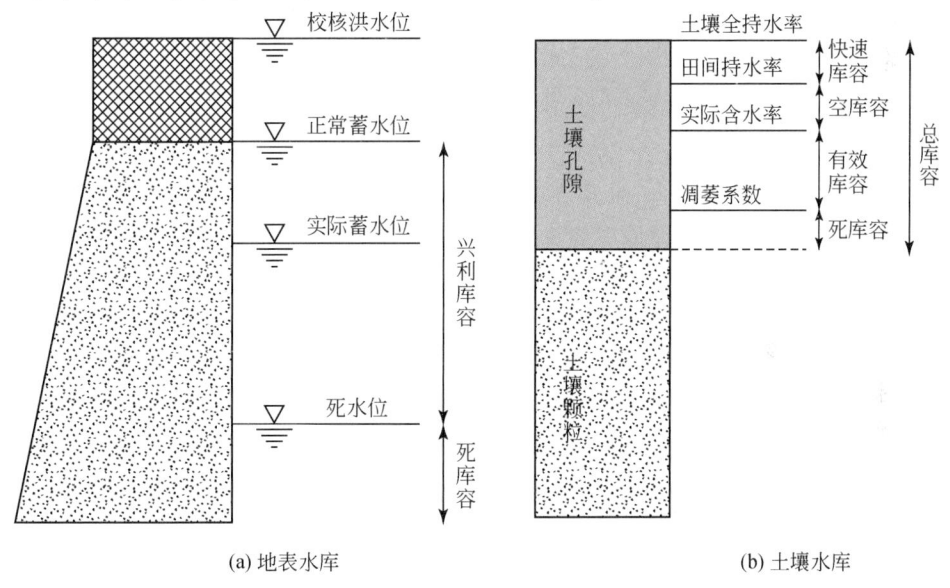

(a) 地表水库　　　　　　　　　　　(b) 土壤水库

图 3-1　地表水库和土壤水库物理模型对比示意图

3.2.2　基于土壤水库的土壤水效用评价指标及计算方法

土壤水库是农田土壤水运动的主要载体。结合上文介绍的土壤水库的特征库容，从土壤水的可利用程度、土壤水时空分布与作物需水格局的匹配程度及土壤水利用的效率三个方面提出了土壤水效用表征的一级指标 4 个，二级指标 7 个，建立的土壤水效用评价指标体系见表 3-1。

表 3-1　农田土壤水效用评价指标体系

类别	一级指标	二级指标	指标特征描述
土壤水可利用程度	根区土壤水调蓄能力	土壤水库有效库容	作物根区土壤水库最大的有效供水和调蓄能力，以 mm 计
	农田根区土壤水库空库容变化指标	空库容均值	表征年内土壤根区缺水程度的指标，以 mm 计
		空库容变差	表征年内土壤根区缺水量波动的大小，无量纲
土壤水时空分布与作物需水格局匹配程度	农田土壤水供需时空匹配度	时间匹配指数	表征作物需水量与土壤水供水量的时间协调程度
		空间匹配指数	表征作物需水与土壤水供水的空间协调程度
土壤水有效利用程度	土壤水库的运行效率	土壤水补给效率	表征其他水源转化为土壤水的效率的高低
		土壤水利用效率	表征土壤水被作物有效利用程度的高低

3.2.2.1　根区土壤水调蓄能力表征指标及计算方法

土壤水库的兴利库容亦称有效库容，是指土壤水库中可以被作物利用的最大水量的多少，是评价作物根系土壤层对土壤水调蓄能力的定量指标。参考表征土壤有效库容的表达式（式3-4），假设土壤根区评价层的分层数为 n，那么作物根区土壤层的土壤水调蓄能力的表达式如式（3-6）所示。

$$W_p = \sum_{i=1}^{n} [FC(i) - \theta_{wp}(i)] \cdot D_i \tag{3-6}$$

式中，W_p 为单位面积作物根系土壤层土壤水调蓄能力的大小，以调蓄水深计（mm）；$FC(i)$ 为土壤第 i 层的田间持水率，以体积含水率计；$\theta_{wp}(i)$ 为土壤第 i 层的凋萎点系数，以体积含水率计；D_i 为土壤第 i 层的厚度（mm）；n 为农田根区土壤的分层数。由式（3-6）可见，农田根区土壤层的土壤水调蓄能力主要受到土壤本身的物理特性的影响，包括土壤田间持水率、土壤凋萎点含水率及作物根区土壤层的分层状况。土壤层土壤水调蓄能力是进行区域土壤水有效利用评价的基础指标，该指标越大，说明作物根系层区土壤储存和调蓄水分的能力越大，土壤水资源的可利用性就越高。

3.2.2.2　农田根区土壤水库空库容变化指标及计算方法

作物根区土壤水库的空库容是指土壤水库的有效库容与某一时刻土壤水库的实际有效储水容量的差值。由于土壤的实际含水率是时刻变化的，因此作物根区土壤水库的空库容是时刻变化的，空库容越小则说明土壤水库的空置率越低，其实际储水量越大，能被作物利用的有效土壤水就会越多。基于此，利用土壤水库空库容的年内变化均值和年内变差指标共同表征作物根区土壤水的可用性程度。

作物根区土壤水库空库容的年内变化均值如式（3-7）所示。

$$\overline{W_e} = \left(\sum_{j=1}^{m}\sum_{i=1}^{n}\{[FC(i) - \theta_j(i)) \cdot D_i]\right)/m \qquad (3-7)$$

式中，$\overline{W_e}$ 为单位面积作物根区土壤水库空库容深度的年内平均值（mm）；$FC(i)$ 为在农田根区土壤第 i 层的土壤田间持水率；$\theta_j(i)$ 为年内第 j 天第 i 层的土壤的实际含水率；D_i 为农田根区土壤第 i 层的厚度（mm）；m 为该年的总天数；n 为农田根区土壤的分层数。

作物根区土壤水库空库容的年内变差由式（3-8）计算。

$$C_w = \sqrt{\frac{\sum_{j=1}^{m}\{\sum_{i=1}^{n}[FC(i) - \theta_j(i)] \cdot D_i - \overline{W_e}\}^2}{m}} / \overline{W_e} \qquad (3-8)$$

式中，C_w 为作物根区土壤水库空库容的年内变差系数；$FC(i)$ 为在农田根区土壤第 i 层的土壤田间持水率；$\theta_j(i)$ 为年内第 j 天第 i 层的土壤的实际含水率；$\overline{W_e}$ 为单位面积作物根区土壤水库空库容深度的年内平均值（mm）；D_i 为农田根区土壤第 i 层的厚度（mm）；m 为该年的总天数；n 为农田根区土壤的分层数。

土壤水库空库容变化指标从土壤水蓄存量的角度表征土壤水可供作物有效利用水量的多少。空库容越小，说明土壤水可供作物有效利用量越多；空库容年内变差系数表征土壤水库对农作物供水的可靠度和稳定度，变差系数越小，说明其供水可靠度和稳定度越高。

3.2.2.3 农田土壤水供需时空匹配度指标及计算方法

最理想的土壤水供给条件不仅要保证在作物生长期内根系层水分在总量上能满足作物的需水要求，同时也要使土壤水分在时间分布上与作物需水规律相协调。本章引入农田土壤水供需时间匹配指数来定量表征土壤水分在时间分布上与作物需水规律的协调程度。需要指出的是，土壤水供需时间匹配指数是描述无灌溉条件的自然状态下农田土壤水供给对作物需水的满足程度，因此，在利用农田水循环模拟结果对土壤水供需时间匹配指数进行计算时，作物根系层的可供水量需要扣除对应时段内作物根系层的灌溉补水量后再与作物需水强度进行比较，土壤水供需时间匹配指数的具体计算如式（3-9）式（3-10）所示。

$$m_{ti} = \begin{cases} e^{\frac{RC_i - DE_i - IR_i}{DE_i}} & \text{当} RC_i - DE_i - IR_i < 0 \\ 1 & \text{当} RC_i - DE_i - IR_i \geq 0 \end{cases} \qquad (3-9)$$

$$m_t = \frac{\sum_{i=1}^{n} m_{ti}}{n} \qquad (3-10)$$

式中，m_{ti} 为生长期内第 i 月土壤水供需时间匹配指数，取值为 0~1；m_t 为年平均土壤水供需的时间匹配指数；DE_i 为生长期内第 i 月农作物的需水强度（mm）；IR_i 为生长期内第 i 月人工灌溉对土壤水的补充量（mm）；RC_i 为生长期内第 i 月作物根系层的可供水量（mm）；i 为生长期内月序数；n 为在某套种植结构下作物生长期的总月份。式（3-9）中，当 $RC_i - DE_i - IR_i \geq 0$ 时，说明作物根系层的可供水量满足这个阶段的作物的需水量，可以认为土壤水供需时间匹配度为 1。需要指出的是，作物需水强度 DE_i 由作物的生理特性决定，参考已有灌溉试验资料确定不同生育阶段作物的需水强度值；作物根系层的可供水量主要由两部分组成，分别是月内植被的实际蒸腾蒸发量和月末土壤中剩余的有效水量。

为了刻画农田土壤水供给与作物需水的空间匹配程度，引进土壤水供需空间匹配指数，它是指在一个给定的区域范围内，农田土壤水库在一个完整的作物生长周期内的可供水量与作物的总需水量之间的协调程度。空间匹配指数的计算以研究区内的子流域为基本计算单元，同样需要指出，空间匹配指数也是描述无灌溉条件的自然状态下农田土壤水总供给量对作物总需水的满足程度，因此，在计算空间匹配指数时，作物根系层的可供水总量需要扣除作物根系层的灌溉补水量后再与作物总需水量进行比较。具体计算如式(3-11)和式（3-12）所示。

$$m_{sj} = \begin{cases} e^{\frac{RC_j - DE_j - IR_j}{DE_j}} & \text{当} RC_j - DE_j - IR_j < 0 \\ 1 & \text{当} RC_j - DE_j - IR_j \geq 0 \end{cases} \quad (3-11)$$

$$m_s = \frac{\sum_{j=1}^{n} m_{sj} \cdot A_j}{A} \quad (3-12)$$

式中，m_{sj}为研究区第j个子流域土壤水供需空间匹配指数，取值为0~1；m_s为整个研究区范围内土壤水供需空间匹配指数，取值为0~1；A_j为区域内第j个子流域的面积（km²）；A为全区域的总面积（km²）；DE_j为研究区第j个子流域作物在整个生长周期的总需水量（mm）；RC_j为研究区第j个子流域作物在整个生长周期内农田土壤水的可供给总量（mm）；IR_j为研究区第j个子流域作物在整个生长周期内的灌溉补水量（mm）；n为研究区域内划分的子流域的个数。和计算土壤水供需时间匹配指数一样，作物整个生长周期内土壤水的可供给总量主要由两部分组成，分别是整个生长周期内作物的实际蒸腾发量和期末土壤水的有效剩余量。

3.2.2.4 农田土壤水补给和有效利用效率指标及计算方法

农田土壤水库补给效率指标是表征作物根区土壤对补给水源（降雨、灌溉水和地下水）的水分转化效率，在数值上等于计算时段内进入作物根系层的有效土壤水量与降水量、灌溉水量及侧向补给地下水的潜水蒸发量之和的比值；土壤水库有效利用效率指标是表征土壤水被作物有效利用的效率，在数值上等于计算时段内土壤水被用于植被生长蒸腾的排泄量与总土壤水排泄量的比值。

土壤水补给效率指标的计算在空间上以水文响应单元（HRU）为单位进行，最后利用面积加权平均的方法得到子区域的平均值；在时间上以日为单位，按照土壤水补给和排泄项的平衡关系，计算农田作物根区土壤水的日补给效率指标。年土壤水补给指标值定义为日土壤水补给效率的算术平均值，土壤水日补给效率和年补给效率指标的计算方法如式（3-13)和式（3-14）所示。

$$E_{ct} = \frac{\sum_{i=1}^{n} [\theta_i(t+1) - \theta_i(t)] \cdot TH_i + ET(t) + ES(t) + R(t)}{NP(t) + I(t) + \mu \cdot \varepsilon(t)} \quad (3-13)$$

$$E_c = \frac{\sum_{t=1}^{T} E_{ct}}{T} \tag{3-14}$$

式中，E_{ct} 为某一 HRU 单元作物根层第 t 天的土壤水日补给效率；$\theta_i(t+1)$ 为第 t 天末作物根系层第 i 层的土壤含水量（mm）；$\theta_i(t)$ 为第 t 天初作物根系层第 i 层的土壤含水量（mm）；$ET(t)$ 为第 t 天作物根层土壤水由于植被蒸腾量消耗的水量（mm）；$ES(t)$ 为第 t 天作物根层土壤水由于棵间蒸发消耗的水量（mm）；$R(t)$ 为第 t 天作物根层土壤水由于深层渗漏而损失的水量（mm）；$NP(t)$ 为第 t 天降雨扣除截留后达到农田表面的净雨量（mm）；$I(t)$ 为第 t 天进入农田的灌溉水量（mm）；$\varepsilon(t)$ 为第 t 天由于潜水蒸发进入作物根系层的水量（mm）；μ 为潜水蒸发量中来自侧向补给地下水的比例，一般情况下，山区和远离山区的平原地区可以认为该值为 0，山前地区该值稍大；TH_i 为作物根层第 i 层土壤的平均厚度（mm）；E_c 为某一 HRU 单元年均土壤水补给效率指标；T 为年内土壤根系层补给过程发生的天数。

土壤水有效利用效率指标的计算在空间上同样以 HRU 为单位进行，最后利用面积加权平均的方法得到区域的平均值；在时间上也是以日为单位进行计算，年土壤水有效利用效率指标值由日土壤水有效利用效率算术平均值求得，计算方法如式（3-15）和式（3-16）所示。

$$E_{dt} = \frac{ET(t)}{ET(t) + ES(t) + R(t)} \tag{3-15}$$

$$E_d = \frac{\sum_{t=1}^{n} E_{dt}}{n} \tag{3-16}$$

式中，E_{dt} 为某一 HRU 单元作物根层第 t 天的土壤水日有效利用效率；E_d 为某一 HRU 单元年均土壤水有效利用效率；n 为年内的天数，一般取 365 或 366；其他符号的意义参考式（3-13）和式（3-14）。

3.3 土壤水效用评价方法与工具

根据上述介绍，土壤水效用评价过程中需要重点解决两个技术难题：一是从农田土壤水运动的各个环节入手，通过模拟农田土壤水库的补给和排泄过程来计算表征土壤水效用的不同指标的具体数值；二是建立土壤水效用状态函数的求解方法。本书运用多指标综合评价方法，对表征土壤水效用的七大指标进行综合评价和赋权，获得土壤水效用表征的单一综合指标，用该指标作为土壤水效用状态函数的求解结果。本节重点介绍用于本研究的农田土壤水过程模拟工具——MODCYCLE 分布式水文模型的主要原理，以及利用层次分析法对土壤水效用状态函数进行求解的基本过程。

3.3.1 农田土壤水运动模拟

农田水分的迁移转化涉及多个水循环过程。从农田水分的存在形式来看，农田水分循环过程主要包括地表水循环、土壤水循环和地下水循环。其中,土壤水循环是最重要的农田水循环形式之一,它是联系地下水和地表水的纽带,是与作物生长关系最密切的水文过程。

从农业种植的角度来看,农田土壤水分循环主要体现在作物根层水分收支的动态关系上。作物根系层主要的水分收入项包括降水(P)、人工灌溉(I)和深层水分向上以潜水蒸发形式的补给(GE)等;水分的消耗项主要包括蒸腾蒸发量(ET)、土表损失量(R)及土壤根系层剖面底部的渗漏量(IF)。农田根系层水分循环的基本方程可由式(3-17)表示。

$$\Delta W = W_2 - W_1 = P + I + GE - ET - IF - R \tag{3-17}$$

式中,ΔW 为计算时段始末农田根系层土壤含水量之差(mm);W_2 为计算时段末农田根系层土壤水量(mm);W_1 为计算时段初农田根系层土壤含水量(mm);P 为计算时段内根系层土壤接收的降雨量(mm);I 为计算时段内根系层土壤接收的人工灌溉水量(mm);GE 为计算时段内根系层由深层潜水蒸发形式补充的土壤水量(mm);ET 为计算时段始末农田根系层土壤由于土壤蒸发和作物蒸腾而消耗的水量(mm);IF 为计算时段始末作物根层底部由于深层渗漏而损失的水量(mm);R 为计算时段始末农田土表损失的水量,包括地表产流、填洼、冠层截留等部分(mm)。

在自然条件下,农田系统水分补给的主要形式是降雨,水分消耗的主要形式是蒸散发。人类活动的影响加剧后,从水分补给角度看,人工灌溉成为农田系统一个重要的水分来源。同时,人类的耕作活动改变了农田的微地貌、农田土壤的性质和结构等,这些都影响了土壤的入渗特性和下渗规律,从而改变了农田的水分循环过程;从水分排泄角度看,复杂的种植制度、地表覆盖技术、不同的耕作制度等都会对农田蒸散发产生影响。总的来看,强人类活动影响下,现代农田水循环的特点表现在以下几个方面。

1)农田植被覆盖、微地貌的改变使得产汇流特性发生改变。和天然条件不同,农业耕种系统采用精细耕作方式,农田植被覆盖呈规律性变化,地表洼蓄量显著增大,土壤渗透性增强,地表产流减少,降雨和灌溉水的利用效率增大。

2)频繁的灌溉行为和高强度的耗水结构使得农田水分循环速度加大。从耗水和作物产量的形成机理来看,作物产量和作物水分蒸腾量具有密切的关系。为了保证农业的高产稳产,农田土壤水分的耗散通量和耗散速度势必增大。

3)农田土壤水的补给和耗散特性发生变化。天然条件下,土壤水的补给水源主要是天然降雨,降雨的随机性导致土壤对水分的利用效率很低。耕种行为和科学管理可有效提高农田土壤水的补给效率和有效利用效率。例如,测墒灌溉管理选取作物最为缺水的时机进行灌溉,不仅可以使作物受到水分胁迫增加抗旱性能,同时也使得作物根系层能充分吸收灌溉水,减少深层渗漏等水分损失,提高了土壤水的补给效率;在栽培措施方面,海河流域山前平原冬小麦通过缩行播种、秸秆覆盖等措施可增加苗期冠层覆盖度而减少棵间蒸发,使得更多的土壤水分消耗在作物的有益蒸腾过程中,提高土壤水有效利用效率。总的来看,农业耕作等人类活动对农田水文循环的影响作用不容忽视。频繁灌溉行为、复杂的种植制度和耕作活动对农田下垫面特性的改变都在一定程度上增加了水文循环模拟计算的复杂性和不确定性,为农田土壤水运动和土壤湿度的模拟计算增加了难度。

3.3.1.1 农田一维土柱模型

土壤水赋存于土壤层的非饱和带中,土壤水一般在土壤基质势的作用下被紧紧吸附在土壤孔隙中。根据土壤水势能理论,土壤水移动的动力是移动路径两点之间的土壤水势能差。在农田水分运动模拟过程中,基质势和重力势被认为是最主要的土壤水势能分量,在土壤水溶质迁移的运动模拟中,还需要考虑溶质势等土壤水势分量。基于此,在仅考虑土壤水分数量涨落的模拟过程中,土壤水的垂直向运动是最主要的,其运动过程的描述可以采用一维土柱模型。

现代农田的显著特点是土壤类型、作物种植结构及农田管理操作丰富而且复杂。对不同土壤类型、作物种类及农田管理操作的农田,其水文过程和水文要素的变化规律存在很大的差别。为了刻画这种差异,需要对农田水循环模拟的单元进行细分。一维土柱模型模拟农田土壤水运动过程,首要步骤是对农田的模拟单元进行空间离散和细分,细分后的农田单元称为基础的模拟单元或HRU,见图3-2(a)。

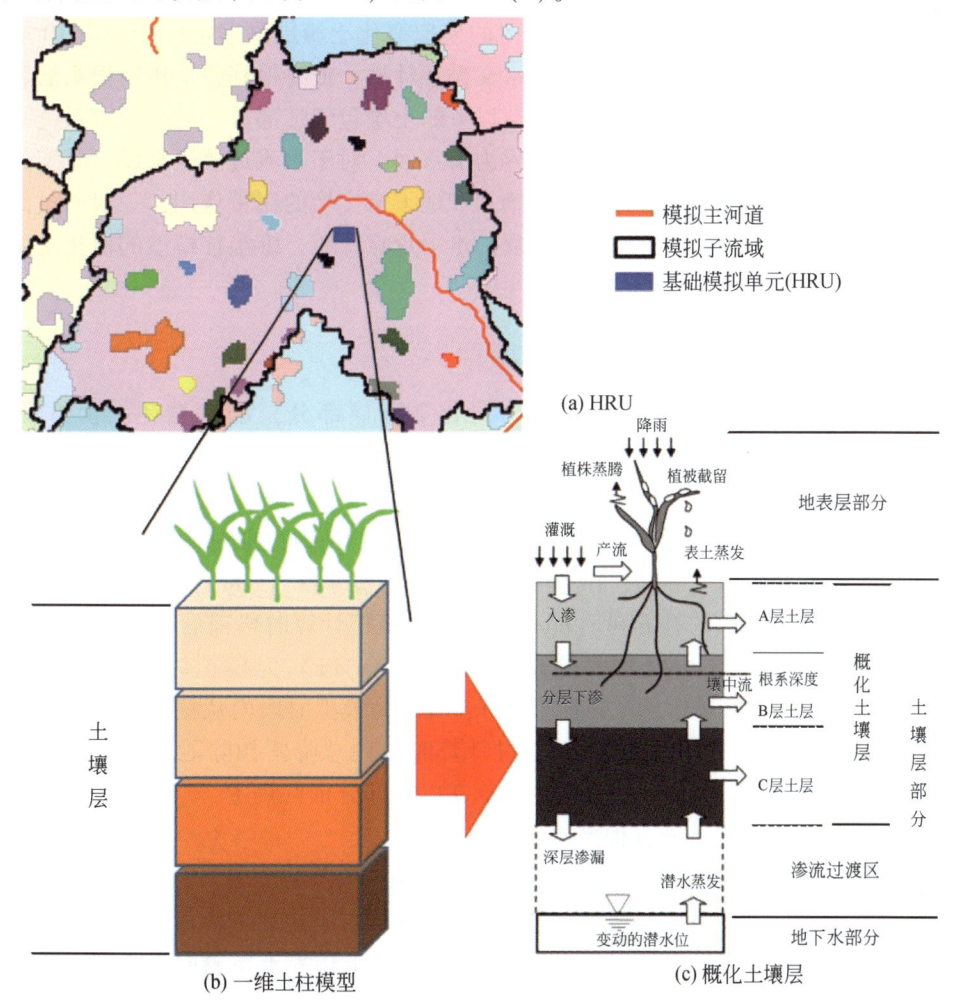

图3-2 农田土壤水运动基本模拟单元HRU示意图及一维土柱模型概化图

根据我国农田种植管理的现状，一般来说，作物种植和农田管理都是以田块（parcel）为基本单位的，在田块尺度内，作物种植的结构、土壤特性及农业耕作管理措施是基本一致的，可以看做一个基础模拟单元。需要指出的是，在田块尺度下，利用一维土柱模型模拟农田水文过程，虽然掩盖了亚田块尺度的土壤水分的空间变异性，但对研究农田土壤湿度和土壤墒情，评价土壤水的效用程度来说，这样的概化是有效的，具有足够的计算精度。

如图3-2（b）和3-2（c）所示，一维土柱模型将水文过程在垂直方向上分为两部分：地表层部分和土壤层部分。地表层部分的水文过程主要包括大气降水、灌溉来水、冠层植被截留、地表产流、表土蒸发和植被蒸发等过程；土壤层部分的水文过程描述是计算的重点。根据一维土柱模型，土壤层被分为两大部分，分别是概化土壤层部分和渗流过渡区部分。一般认为，概化土壤层是土壤层中水文循环最为活跃的区域，对于农田系统来说，概化土壤层可以认为是作物根区活动层，一般将作物根系活动层定义为地表以下3m深的土壤层。由于概化土壤层的水文循环很活跃，水文要素的空间异质性较大，因此需要对该部分的土壤层进一步细分，一维土柱模型支持的模拟概化土壤层最多可以细分为10层。在计算中，逐层完成概化土壤层的每一层的水文循环计算，最终得到整个作物根系活动层剖面的水分分布。渗流过渡区是指概化土壤层以下的土壤包气带部分，对于农田系统来说它的上边界为作物根系活动层的底部，下边界为潜水面。对于渗流过渡区来说，模型认为该部分的水文循环不是很活跃，它只起到土壤水和地下水交换的纽带作用，一般通过储流函数的方法计算渗流过渡区土壤水的循环过程。本书重点介绍一维土柱模型的概化土壤层关键水文过程的计算方法。

3.3.1.2 土壤水运动关键过程计算方法

在一维土柱模型中，模拟单元柱体（概化土壤层部分）的水循环平衡方程可由式（3-18）来表征。

$$\Delta SW = R + IR + GEV - SF - \Delta LF - PEV - SEV - SEP \tag{3-18}$$

式中，ΔSW为模拟时段内土壤含水量的蓄变量（mm）；R为模拟时段内模拟单元接收的扣除冠层截留后的净雨量（mm）；IR为模拟时段内灌溉水深（mm）；GEV为模拟时段内地下水潜水蒸发对土壤水的补充量（mm）；ΔLF为模型计算时段前后地表积水的蓄变量（mm）；SF为模拟时间步长内地表的产流量（mm）；PEV为模拟时段内植被蒸腾量（mm）；SEV为模拟时段内土壤蒸发量（mm）；SEP为模拟时段内从柱体下边界深层渗漏的水量（mm）。在实际计算中，R可以通过计算时段内总降雨扣除冠层截留后得到，IR直接从输入文件中获取。其他水文分量的计算在以下部分重点叙述。

（1）单元体上下边界水文过程模拟

上文提到，概化土壤层是农田土壤层中水文循环最活跃的区域，也是模型进行土壤水文过程模拟的主要对象。概化土壤层上边界为土体表面，下边界为渗流过渡区的顶板。对于上边界来说，其主要的水文过程为产流-入渗过程。上边界土体表面在模拟时间步长内的产流量由式（3-19）计算。

$$\begin{cases} \text{SF} = \text{Pnd}_i - \text{Pnd}_{mx} & \text{当Pnd}_i > \text{Pnd}_{mx} \\ \text{SF} = 0 & \text{当Pnd}_i \leq \text{Pnd}_{mx} \end{cases} \quad (3-19)$$

式中，SF 为计算时段末土体表面的产流量（mm）；Pnd_{mx} 为地表洼地最大蓄水深度；Pnd_i 为计算时段末最大可能的积水量（mm），其计算可参考式（3-20）。

$$\text{Pnd}_i = \text{Pnd}_{i-1} + R + \text{IR} - F - E_{\text{sur}} \quad (3-20)$$

式中，R 和 IR 的意义和式（3-19）相同；Pnd_{i-1} 为上一计算时段末地表最大可能的积水量（mm）；F 为模拟时段内入渗到土壤的水深（mm），是模拟单元体上边界最为关键的水文变量，采用改进的 Green-Ampt 模型计算该值；E_{sur} 为模拟时段内地表积水的蒸发量（mm）。

由式（3-19）和式（3-20）可以推求出式（3-18）中的 ΔLF 表达式。

$$\begin{cases} \Delta\text{LF} = \text{Pnd}_{mx} - \text{Pnd}_{i-1} & \text{当Pnd}_i > \text{Pnd}_{mx} \\ \Delta\text{LF} = \text{Pnd}_i - \text{Pnd}_{i-1} & \text{当Pnd}_i \leq \text{Pnd}_{mx} \end{cases} \quad (3-21)$$

式中各项意义参考式（3-18）~式（3-20）。

对于模拟单元体下边界来说，其主要的水文过程为潜水蒸发补给土壤水和土体水分的深层渗漏。模型采用阿维力扬诺夫斯基公式计算潜水蒸发量，见式（3-22）。

$$\text{GEV} = K \cdot E_0 \cdot \left(1 - \frac{D_{\text{sh}}}{D_{\text{mx}}}\right)^p \quad (3-22)$$

式中，GEV 和式（3-18）中的意义相同；K 为潜水蒸发修正系数；E_0 为模拟时段内参考作物腾发量（mm）；D_{sh} 为模拟时段内的平均地下水埋深（m）；D_{mx} 为潜水蒸发极限埋深（m）；p 为潜水蒸发指数，一般取值为 1~3。

（2）土壤分层下渗

进入土壤剖面的水分在重力作用下向下运动。首先将概化土壤层划分为若干层，然后由上至下依次计算每一土壤层的土壤水下渗过程。土壤水的下渗过程由该层土壤的田间持水量来控制，当该土壤层的含水率超过田间持水量时，水分则开始向下一层土壤下渗。对于第 ly 层土壤，最大可能下渗水量由式（3-23）计算。

$$\begin{cases} \text{SE}_{\text{ly}} = \text{SW}_{\text{ly}} - \text{FC}_{\text{ly}} & \text{当SW}_{\text{ly}} > \text{FC}_{\text{ly}} \\ \text{SE}_{\text{ly}} = 0 & \text{当SW}_{\text{ly}} \leq \text{FC}_{\text{ly}} \end{cases} \quad (3-23)$$

式中，SE_{ly} 为模拟时段内第 ly 层可下渗的水量（mm）；SW_{ly} 为第 ly 层模拟初始时刻的实际土壤含水量（mm）；FC_{ly} 为第 ly 层土壤的田间持水量（mm）。

最大可能下渗水量是每一土壤层模拟时间步长内下渗排水量的上限。在最大下渗水量的控制下，模型逐层计算每一土壤层的实际排水量。需要指出，模型将实际下渗过程分为两个阶段：第一阶段为强迫排水阶段，即上一层土层的重力水形成对本层的静水压力，本层土壤在上层滞水的情况下进行排水；第二个阶段为自身排水阶段，即计算土层的上层没有滞水，水量在自身重力作用下进行排水。当模型计算到概化土壤层最底层时，该层土壤的下渗量就是模拟单元体下边界的深层渗漏量。

（3）土壤分层蒸散发

发生在模拟土体单元上的蒸散发大致分为以下 5 类：冠层截留蒸发、积雪升华、地表积水蒸发、土壤蒸发和植被蒸腾发。根据蒸发过程的物理机理，计算中对这5类蒸散发设置了优先次序。首先，计算参考作物蒸腾发量作为当前计算时段内可能最大的蒸散量，即蒸发能力，它作为实际蒸散发总量的上限。其次，根据蒸腾发过程的优先次序对冠层截留雨量蒸发（存在积雪时需考虑积雪升量）、土壤积水蒸发、土壤蒸发和植被蒸腾逐一进行计算，并与蒸发能力进行比较进而确定实际蒸发量。

利用 Penman-Monteith 公式计算参考作物蒸腾发量作为模拟时段内的蒸发能力。参考作物蒸腾发量计算需要拟定参考作物，假设参考作物为40cm高的紫花苜蓿。参考作物蒸腾发量的计算公式见式（3-24）。

$$E_0 = \frac{\Delta \cdot (H_{net} - G) + \gamma \cdot K_1 \cdot \left(0.622 \cdot \lambda \cdot \frac{\rho_{air}}{P}\right) \cdot (e_z^0 - e_z)/(114/u_z)}{\lambda \cdot [\Delta + \gamma(1 + 0.43 u_z)]} \quad (3-24)$$

式中，E_0 为模拟时间段内的参考作物蒸腾发量（mm）；Δ 为饱和气压-温度曲线的斜率（kPa/℃）；H_{net} 为蒸散发界面接收的净辐射（MJ·m²/d）；G 为地中热通量（MJ·m²/d）；γ 为湿度表常数（kPa/℃）；ρ_{air} 为空气密度（kg/m³）；K_1 为单位转换系数，取值 8.64×10^4；λ 为潜热蒸发系数（MJ/kg）；P 为蒸散发表面的大气压（kPa）；e_z^0 为蒸散发界面高度为 z 处的饱和水汽压（kPa）；e_z 为高度 z 处的实际水汽压（kPa）；u_z 为高度 z 处的风速（m/s）。

蒸发能力获得后，将计算发生在土体单元上的实际蒸散发量。首先，计算冠层植被截留雨量，当冠层植被截留雨量大于模拟时间段内的蒸发能力时，则认为模拟时段内的实际蒸散发量全部从冠层截留雨量中获得，蒸散发量大小等于蒸发能力；当冠层植被截留雨量小于模拟时间段内的蒸发能力时，冠层截留雨量将全部被蒸发掉，剩余的蒸发能力将用来消耗土壤洼地积水量 E_{sur}（如果存在积雪，也将以升华的方式消耗积雪量），如果消耗完地表积水量及积雪量后蒸发能力还有剩余，将通过土壤蒸发（SEV）和植被蒸腾（PEV）的形式消耗储存在土壤包气带中的水分。在式（3-18）中，土壤蒸发和植被蒸腾是重要的求解项，按照蒸散发过程的优先顺序，逐项推求五类蒸发量，最终求得实际土壤蒸发和植被蒸腾。这样一来，式（3-18）中各个未知项均得到求解。

需要指出，对于坡度较大、土壤表层渗透性强的区域，土壤水的侧向流动不容忽视，这部分水量被称为壤中流。壤中流主要发生在坡度较大的山坡单元上，对于平坦的平原地区来说可以忽略不计。

3.3.1.3 农田土壤水运动模拟模型——MODCYCLE1.5

MODCYCLE 模型的全称为 an object oriented modularized model for basin scale water cycle simulation，是由中国水利水电科学研究院陆垂裕等经过近5年的研究开发而成的分布式水文模型（张俊娥等，2011）。模型的构建基于"二元"水循环概念，适用于模拟强人类活动地区的水分循环过程。模型的主体采用 C++语言编写，输入输出基于 ACCESS 数据库平台。目前，MODCYCLE1.3 模型版本是 MODCYCLE 模型使用最广泛的版本，该版本可完整模拟区域水循环的各个环节，能有效模拟人工和自然二元力共同影响下区域水循环的基本规律。本书为了研究的需要，对 MODCYCLE1.3 模型版本进行了改进，下面将详述利用改进的 MODCYCLE1.5 模型版本进行区域土壤水运动过程研究。

（1）模型组成结构与水循环模拟路径

MODCYCLE 模型的空间计算尺度为基础模拟单元（HRU），时间计算尺度为日，可以模拟年内土壤湿度逐日的变化过程，也可以计算多年连续的土壤水分涨落过程。从模型模拟的对象上来看，可以将 MODCYCLE 模型分成两大部分：一是子流域内部水循环过程的模拟部分；二是河网系统水流演进的模拟部分，见图 3-3。

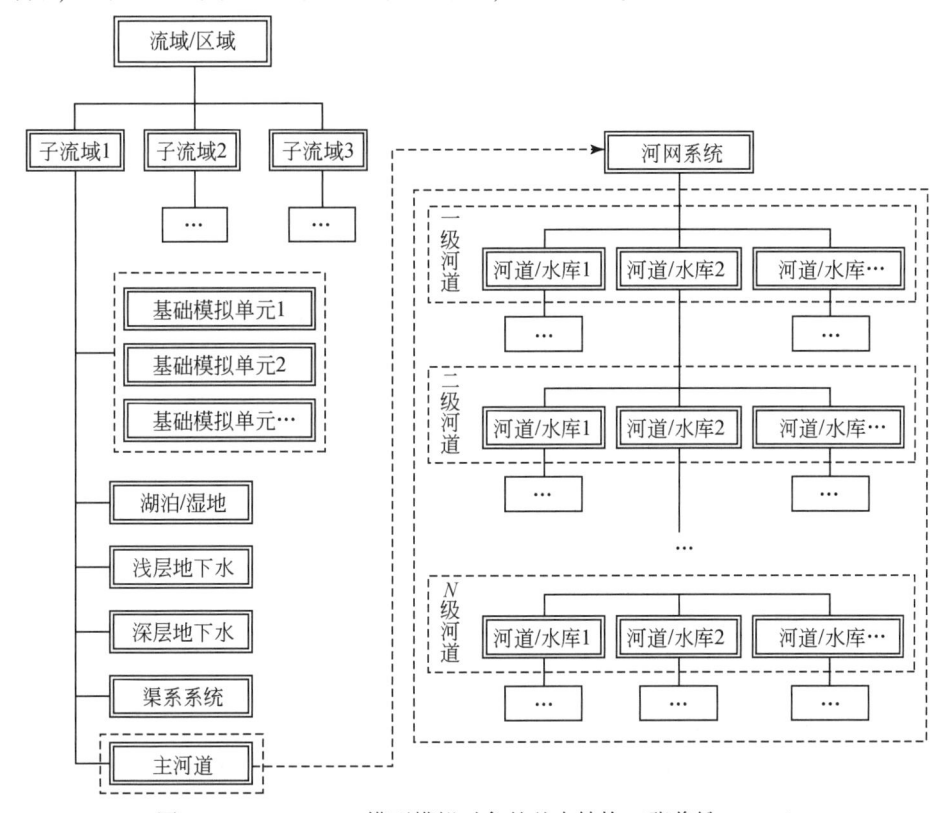

图 3-3 MODCYCLE 模型模拟对象的基本结构（张俊娥，2011）

如图 3-3 所示，MODCYCLE 模型首先对整个研究区进行划分，按照地形将整个区域划分成若干个子流域，每一个子流域对应一条子流域主河道，主河道之间具有表示位置关系的拓扑信息，模型依靠拓扑信息计算主河道的水流演进过程。子流域内部的模拟对象可以分为 6 个部分，即基础模拟单元，主要是指农田系统、湖泊/湿地单元、浅层地下水单元、深层地下水单元、渠系系统和主河道系统。模拟过程基本上可以分为两个阶段：第一阶段进行子流域内部水循环过程模拟，包括降雨入渗产流过程、蒸散发过程、土壤水运动过程、湖泊/湿地水文过程、地下水运动过程、渠系渗漏过程等；第二阶段进行区域内河网汇流过程计算。模型按照事先给定的河道拓扑关系从上游至下游逐段计算河道的流量，直至流域出口，遇到水库等水利工程时按照其运行规则进行相应的处理。在强人类活动区，上述这些过程的每一个环节都会受到人工干预，如水库人工控制下泄、地下水开采、跨区域调水等人类活动，这些人工行为模型都设置了相应的操作表和计算模块对其水循环过程进行了细致的考虑。

MODCYCLE 模型中模拟的水循环路径见图 3-4，该图详细表达了流域/区域范围内水循环的陆面过程与河网系统之间的水文水力联系，完整刻画了区域水文循环过程。图中列出的水循环的每一分项都可以通过模型得到较精确的数值结果，从而实现研究区域整个水文过程的定量描述。值得指出的是，MODCYCLE 模型丰富了农田系统和城镇区域等强人类活动区域的水文过程的模拟方法，详细考虑了人类生产活动对区域的水文过程的影响，是进行流域/区域"自然—人工"二元水循环过程模拟的有力工具。

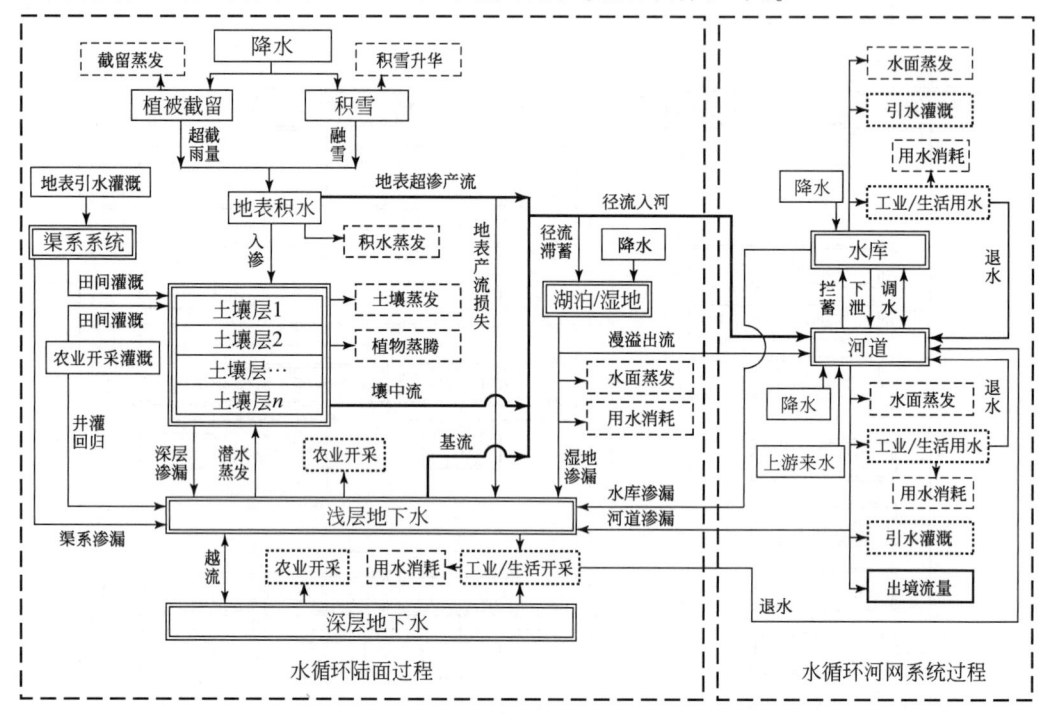

图 3-4 MODCYCLE 模型内部水循环路径图（张俊娥，2011）

（2）模型输入输出结构

输入输出管理平台是模型与人重要的交互窗口，也是模型初学者最重要的切入点。MODCYCLE1.5 模型采用 ACCESS 数据库平台统一进行数据管理，输入数据和输出数据可以明确地分成数据表组，便于使用者区分。由于 ACCESS 数据库的每一个字段数据都能方便查询其代表的意义，从而极大地提高了输入和输出数据的易读性和易懂性。同时，数据库还具有检索和统计功能，可以快速查询和修改输入参数，并对输出结果进行相关计算和统计。MODCYCLE1.5 版本对于水循环过程模拟部分的输入输出数据表共 57 个，分为 4 组，如图 3-4 所示。

在图 3-5 中，模型使用的气象数据表单独分为一组，主要包括风速站参数表和风速站数据表、辐射站参数表和辐射站数据表、气温站参数表和气温站数据表、湿度站参数表和湿度站数据表、雨量站参数表和雨量站数据表，共 10 个；对区域地下水数值模拟的输入

图 3-5 MODCYCLE1.5 版本输入输出数据表

数据单独分为一组,包括地下水单元格属性表、地下水含水层属性表、地下水流量边界数据表、地下水数值模拟控制参数表、地下水水头边界数据表、地下水网格间距信息表和地下水网格与子流域对应表,共 7 个;模型的其他输入数据分为一组,包括城市区数据表、池塘和湿地参数表、多年平均流量点源数据、河道水库调水数据、流域汇流系统信息表、流域模拟参数控制表、年流量点源数据、日流量点源数据、湿地补水参数数据表、湿地补水操作数据表、输入输出控制选项表、水库参数表、水库用水数据表、水库月出流数据表、水文响应单元管理参数表、水文响应单元管理操作表、水文响应单元属性数据表、水文响应单元土壤参数表、土壤含水量控制点定义表、月流量点源数据、植物生长数据表、主河道参数表、子流域地下水参数表、子流域属性数据表、子流域用水数据表,共 25 个;模型的输出数据分为一组,包括池塘模拟结果输出表、地下水模拟结果输出表、地下水数值模拟单元结果输出表、地下水数值模拟含水层结果输出表、地下水数值模拟全区结果输出表、地下水网格单元有效性输出表、全流域模拟结果输出表、湿地模拟结果输出表、水库模拟结果输出表、水文响应单元模拟灌溉信息输出表、水文响应单元模拟结果输出表、水文响应单元作物产量信息输出表、土壤含水量观测点输出表、主河道模拟结果输出表、子流域模拟结果输出表,共 15 个。需要指出,MODCYCLE 模型对区域水分循环模拟的过程十分详细,输出结果内容超过 150 项,涵盖蒸散发、地表产流、地表入渗、土壤水运动、地下水运动、植物水分循环、城市区用水、水库调水、人工灌溉等水循环的各个环节。同时,由于土壤水效用定量评价模块是新加的模块单元,其输入输出数据没能嵌入 ACCESS 数据库统一平台,而是通过 TXT 文件进行输入输出操作的。

（3）模型主要计算原理

农田是模型最为重要的模拟对象之一，也是本书重点研究的对象。农田涉及的水循环过程复杂，模型中涉及对农田水分运动模拟的主要过程有：降水过程的计算、冠层截留计算、积雪/融雪过程计算、产流/入渗过程计算、蒸发蒸腾过程计算、土壤水分层下渗过程和壤中流计算等 7 个部分。

1）降水过程。降雨/降雪统称为降水过程，是水分进入陆面水循环过程的主要方式。虽然降水数据是作为一种输入数据为模型所使用的，但由于产流/入渗过程需要时间步长更小的降水过程数据，故需要模型对输入的日降水数据在日尺度内进行展布。根据 Green-Ampt 计算方法的要求，模型借助双指数函数的方法按 0.5h 的时间步长对日尺度的降水数据在日内进行随机展布。双指数函数认为降雨强度随时间指数增长到峰值，然后再随时间指数降落。对于一场降雨，展布到日内以 0.5h 为尺度的雨强的过程如式（3-25）所示。

$$i(T) = \begin{cases} i_{mx} \cdot \exp\left(\dfrac{T - T_{peak}}{\delta_1}\right) & 0 \leq T \leq T_{peak} \\ i_{mx} \cdot \exp\left(\dfrac{T_{peak} - T}{\delta_2}\right) & T_{peak} < T < T_{dur} \end{cases} \quad (3\text{-}25)$$

式中，$i(T)$ 为日内第 T 时刻的降雨强度（mm/h）；i_{mx} 为降雨强度的峰值（mm/h）；T_{peak} 为降雨达到峰值的时长（h）；T_{dur} 为降雨的持续时间；δ_1 和 δ_2 为双曲指数函数方程的因子（h）。

2）冠层截留过程。对于农田来说，降水在落到地面之前会被农田的作物叶面截获一部分水分，称之为冠层截留，冠层截留与植被的密度和种类等因素有着密切的关系。MODCYCLE 模型中首先设置最大冠层截留量参数，该参数以日为时间间隔动态发生变化，计算采用式（3-26）。

$$can_{day} = can_{mx} - \dfrac{LAI}{LAI_{mx}} \quad (3\text{-}26)$$

式中，can_{day} 为第 day 天田间作物最大冠层截留量（mm）；can_{mx} 为作物生长期内最大冠层截留量（mm）；LAI 为第 day 天田间作物的叶面积指数；LAI_{mx} 为作物田间作物生长期内的最大叶面积指数。

3）积雪/融雪过程。降水的形式（降雨或降雪）对水循环过程的影响是十分明显的，因此，模型模拟过程中需要识别降水的形式。MODCYCLE 模型通过当天的日平均气温来判断降水的形式是降雨或者降雪。模型事先需要获得降雪判断温度阈值，如果当天的平均气温低于降雪温度阈值，则模型认为当天的降水形式是降雪，否则认为当天的降水形式是降雨。

模型认为，降雪降落在农田表面以积雪的形式堆积，积雪所包含的水量称为积雪当量。降雪发生时，积雪当量增加；当积雪融化或升华时积雪当量减少。农田表面雪量的平衡关系由式（3-27）表示。

$$SNO_{day} = SNO_{day-1} + R_{day} - E_{sub} - SNO_{mlt} \quad (3\text{-}27)$$

式中，SNO_{day} 为第 day 天农田的积雪量（mm）；SNO_{day-1} 为第 day–1 天农田的积雪量

(mm)；R_{day} 为第 day 天农田的降雪量（mm）；E_{sub} 为当天农田的积雪升华量（mm）；SNO_{mlt} 为当天农田的融雪量（mm）。

模型认为融雪过程是在一日 24h 之内平均进行的，融雪量是气温、融雪速率和积雪覆盖度的函数。融雪量的计算由式（3-28）表示。

$$SNO_{mlt} = b_{mlt} \cdot SNO_{cov} \cdot \left(\frac{T_{snow} + T_{mx}}{2} - T_{mlt} \right) \tag{3-28}$$

式中，SNO_{mlt} 为当天农田的融雪量（mm）；b_{mlt} 为当天的融雪因子（mm/℃）；SNO_{cov} 为积雪覆盖度；T_{snow} 为当天积雪的温度（℃）；T_{mx} 为当天最高气温（℃）；T_{mlt} 为融雪的基温（℃）。需要指出的是，融雪因子 b_{mlt} 可根据夏至和冬至的最大值进行季节变化，见式（3-29）。

$$b_{mlt} = \frac{(b_{mlt6} + b_{mlt12})}{2} + \frac{(b_{mlt6} - b_{mlt12})}{2} \cdot \sin\left[\frac{2\pi}{365} \cdot (d_n - 81) \right] \tag{3-29}$$

式中，b_{mlt6} 为 6 月 21 日夏至日的融雪因子（mm/℃）；b_{mlt12} 为 12 月 21 日冬至日的融雪因子（mm/℃）；d_n 为当天的日序数。

4）产流/入渗过程。MODCYCLE 模型利用 Green-Ampt 方程对农田产流/入渗过程进行模拟，同时，根据我国农田频繁的灌溉和耕作管理的特性对 Green-Ampt 模型进行了改进，加入了地表积水对产流/入渗的影响过程。

Green-Ampt 方程用来模拟农田表面存在超渗雨量时的入渗过程。假设土壤为均质，而且土壤前期的水分均匀分散在土壤剖面中。当水分从土壤上表面入渗时，Green-Ampt 模型认为湿润峰以上的土壤达到饱和状态，并且湿润峰上下的土壤含水率是截然不同的。水分入渗速率定义为

$$f_{inf,t} = K_e \cdot \frac{F_{inf,t} + \Psi_{wf} \cdot \Delta \theta_v}{F_{inf,t}} \tag{3-30}$$

式中，$f_{inf,t}$ 为 t 时刻的水分入渗率；K_e 为土壤水力传导度（mm/h）；Ψ_{wf} 为土体湿润峰处的土壤水负压（mm）；$\Delta \theta_v$ 为湿润峰两端的土壤含水率差值（mm/mm）；$F_{inf,t}$ 为 t 时刻累积的入渗量（mm）。

当降雨强度大于土壤的入渗速率时，则该时段的入渗量即为土壤的入渗速率，过程比较简单。当降雨强度小于入渗速率时，则表示该段时间内所有的净雨量都入渗到土壤中，累积的入渗量计算如式（3-31）所示。

$$F_{inf,t} = F_{inf,t-1} + R_{\Delta t} \tag{3-31}$$

式中，$F_{inf,t}$ 为当前时刻的累计入渗量（mm）；$F_{inf,t-1}$ 为前一时刻的累计入渗量（mm）；$R_{\Delta t}$ 为时段内的净雨量。在实际计算中，结合式（3-30）和式（3-31）可以得到累积入渗量的表达式：

$$F_{inf,t} = F_{inf,t-1} + K_g \cdot \Delta t + \psi_{wf} \cdot \Delta \theta_v \ln\left(\frac{F_{inf,t} + \psi_{wf} \cdot \Delta \theta_v}{F_{inf,t-1} \psi_{wf} \cdot \Delta \theta_v} \right) \tag{3-32}$$

$$F_{inf,t} = F_{inf,t-1} + K_e \cdot \Delta t + \psi_{wf} \cdot \Delta \theta_v \ln\left(\frac{F_{inf,t} + \psi_{wf} \cdot \Delta \theta_v}{F_{inf,t-1} \psi_{wf} \cdot \Delta \theta_v} \right) \tag{3-33}$$

上式中各项的意义可以参考式（3-30）和式（3-31），由于上述方程两端都具有未知

数 $F_{inf,t}$，因此需要通过迭代求解方法进行计算。

值得说明的是，模型在求解 Green-Ampt 方程时在每个计算时间步长内都计算其累积入渗量。在一日内，实际净雨量和灌溉量与累积入渗量之差即认为当天的地表产流量。当天地表产流量的计算公式如式（3-33）所示。

$$R_{day} = Pcp_{day} + Irri_{day} - F_{inf,day} \tag{3-34}$$

式中，R_{day} 为第 day 天的地表产流量（mm）；Pcp_{day} 为第 day 天的净雨量（mm）；$Irri_{day}$ 表示第 day 天的灌溉量（mm）；$F_{inf,day}$ 为第 day 天的地表入渗量（mm）。

以上计算过程并未考虑地表积水对农田产流量的影响。在现实条件下，由于下垫面条件复杂，地表发生积水的现象很常见。尤其对于农田来讲，地表小的坑洼、树根、枯枝对水分都有一定的滞蓄作用，为了使农田充分利用水分，往往人工修建田埂等存水设施，这样更增加了农田的洼蓄能力。由此一来，在一定时段内，降雨/灌溉水量超出土壤入渗能力时，地表虽有产流，但不能形成径流，而是通过农田积水的形式存在。为描述农田积水过程，MODCYCLE 模型引入地表的最大积水深作为一个重要参数，当农田的积水深度超过该参数的设定值时，农田表面才会产生径流。在 MODCYCLE 模型中，对原先的地表产流公式作了修正：

$$Pnd_{day} = Pcp_{day} + Irri_{day} - F_{inf,day} \tag{3-35}$$

式中，Pnd_{day} 为第 day 天末的潜在积水量（mm）；其他符号的意义同式（3-34）。第 day 天末的地表产流量的计算需要根据地表最大积水深度参数进行判断，如式（3-35）所示。

$$\begin{cases} R_{day} = Pnd_{day} - Pnd_{mx} & 当 Pnd_{day} > Pnd_{mx} \\ R_{day} = 0 & 当 Pnd_{day} \leq Pnd_{mx} \end{cases} \tag{3-36}$$

式中，Pnd_{mx} 为地表的最大积水深度（mm）；R_{day} 为考虑农田积水过程后第 day 天的地表径流量（mm）；其他符号意义参考式（3-34）。

5）蒸发蒸腾。MODCYCLE 模型中对蒸腾发的描述是一个集合的概念，具体包括植株蒸腾、表土蒸发、积水蒸发、冠层截留蒸发、积雪升华 5 种类型。

潜在蒸腾发计算：在计算实际蒸腾发之前，首先需要计算当天的潜在蒸腾发量，模型通过计算参考作物蒸腾发量来确定潜在蒸腾发量，计算参考作物蒸腾发量需要拟定参考作物。模型选取的参考作物为 40cm 高度的紫花苜蓿，叶面积指数取 4.1，最小叶面阻抗 r_l 为 100S/m，基于此，空气动力学阻抗计算式为

$$r_a = \frac{114}{u_z} \tag{3-37}$$

式中，r_a 为空气动力学阻抗（S/m）；u_z 为离作物 z 高度处的风速（m/s）。

计算植被阻抗时需要作物的叶面积指数 r_c，其计算方法可参考式（3-37）。

$$r_c = \frac{r_l}{0.5 \cdot LAI} \tag{3-38}$$

基于式（3-36）和式（3-37）及 Penman-Monteith 公式，模型采用的潜在蒸腾发量计算方法见式（3-39），该式和式（3-24）完全相同，式中各项代表的意义可以参考式（3-24）。

$$E_0 = \frac{\Delta \cdot (H_{net} - G) + \gamma \cdot K_1 \cdot \left(0.622\lambda \cdot \frac{\rho_{air}}{P}\right) \cdot (e_z^0 - e_z)/(114/u_z)}{\lambda[\Delta + \gamma(1 + 0.43 u_z)]} \quad (3\text{-}39)$$

冠层截留蒸发计算：MODCYCLE 模型中假设蒸腾发首先消耗植被的降雨截留。在当天的参考作物腾发量小于作物冠层截留量时，有如下计算公式：

$$E_a = E_{can} = E_0 \quad (3\text{-}40)$$

式中，E_a 为当天的实际腾发量（mm）；E_{can} 为农田作物冠层截留水分的实际蒸发量（mm）；E_0 为当天的潜在腾发量（mm）。

如果当天的参考作物腾发量 E_0 大于作物冠层截留量 R_{int}，则有如下计算公式：

$$E_{can} = R_{int} \quad (3\text{-}41)$$

上式表明，当参考作物腾发量 E_0 大于作物冠层截留量 R_{int} 时，作物冠层截留量将全部被蒸发，剩余的蒸发能力还将用于蒸发地表的积水或者积雪及土壤中的水分。

积雪升华和地表积水蒸发：当天剩余的蒸发能力通过地表覆盖指数修正后作为地表潜在蒸发量，计算公式见式（3-41）。

$$E_s = E'_0 \cdot \text{cov}_{sol} \quad (3\text{-}42)$$

式中，E_s 为修正后的地表潜在蒸发量（mm）；E'_0 为剩余蒸发能力（mm），$E'_0 = E_0 - E_{can}$；cov_{sol} 为地表覆盖指数，计算方法为

$$\text{cov}_{sol} = \exp(-5.0 \times 10^{-5} \text{CV}) \quad (3\text{-}43)$$

式中，CV 为农田地表生物和植物残余量（kg/hm²），如果地表积雪当量大于 0.5mm，则取 $\text{cov}_{sol} = 0.5$。在作物蒸腾的旺盛期（夏季），当天的地表潜在蒸发量 E_s 还需要根据植物蒸腾量的大小作进一步修正：

$$E'_s = \min\left(E_s, \frac{E_s \cdot E'_0}{E_s + E_t}\right) \quad (3\text{-}44)$$

式中，E'_s 为参考作物的蒸腾量进行修正后的当天地表潜在蒸发能力（mm）；E_t 为当天的作物潜在蒸腾量（mm）；其他符号的意义参考式（3-42）。

基于以上修正，积雪升华量计算方法见式（3-44）。

$$\begin{cases} E_{sn}(\text{day}) = E_s(\text{day}) & \text{当 SN(day)} > E_s(\text{day}) \\ E_{sn}(\text{day}) = \text{SN(day)} & \text{当 SN(day)} \leq E_s(\text{day}) \end{cases} \quad (3\text{-}45)$$

式中，$E_{sn}(\text{day})$ 为第 day 天的积雪升华量（mm）；$E_s(\text{day})$ 为第 day 天修正后的潜在地表蒸发量（mm）；SN(day) 为第 day 天的地表积雪当量（mm）。

在农田表面积雪升华计算完之后，如果农田田面有积水，则模型进行积水蒸发计算。如果农田地表存在积水且蒸发能力还有剩余，那么积水蒸发的计算见式（3-45）。

$$\begin{cases} E'_s(\text{day}) = E_s(\text{day}) - E_{sn}(\text{day}) \\ E_{sp}(\text{day}) = E'_s(\text{day}) & \text{当 SP(day)} > E'_s(\text{day}) \\ E_{sp}(\text{day}) = \text{SP(day)} & \text{当 SP(day)} \leq E'_s(\text{day}) \end{cases} \quad (3\text{-}46)$$

式中，$E'_s(\text{day})$ 为第 day 天的扣除积雪升华后剩余的潜在蒸发能力（mm）；$E_{sp}(\text{day})$ 为第 day 天的地表积水蒸发量（mm）；SP(day) 为第 day 天的地表积水量（mm）；其他符号

的意义参考式（3-45）。

土壤蒸发计算：如果农田地表积水蒸发完当天的地表潜在蒸发能力还有剩余，将作用于农田土壤进行土壤蒸发过程。模型通过蒸发分配曲线法将地表潜在蒸发量在土壤各层中进行分配，并根据各层土壤计算时段内的含水量情况计算实际土壤蒸发量。蒸发分配曲线的数学表达式为

$$E_{\text{soil},z} = E'_s \cdot \frac{z}{z + \exp(2.374 - 0.00713z)} \quad (3\text{-}47)$$

式中，$E_{\text{soil},z}$ 为从农田田面开始到埋深 z 处土壤的潜在蒸发量（mm）；E'_s 为当天地表潜在蒸发能力（mm）。上述蒸发分配曲线将 50% 的地表潜在蒸发能力分配在农田表层 10mm 以上的土壤中，将 95% 的地表潜在蒸发能力分配在农田表层以下 100mm 的土壤中。对任意一层土壤来说，分配到该层的潜在土壤蒸发量为该层土壤底层边界和顶层边界 $E_{\text{soil},z}$ 之差：

$$E_{\text{soil},\text{ly}} = E_{\text{soil},zl} - E_{\text{soil},zu} \quad (3\text{-}48)$$

式中，$E_{\text{soil},\text{ly}}$ 为分配在该层土壤的潜在蒸发量（mm）；$E_{\text{soil},zl}$ 为分配到该层土壤底层边界处的土壤的潜在蒸发量（mm）；$E_{\text{soil},zu}$ 表示分配到该层土壤顶层边界处的土壤的潜在蒸发量（mm）。以上蒸发分配曲线可能导致表层土壤分配了较多的潜在蒸发量，造成计算的土壤实际蒸发量可能偏小。为使得土壤蒸发可以从更深的土层中取水，模型引入蒸发补偿系数 esco，该参数可以调整蒸发分配曲线的形状，使地表潜在蒸发量在土壤层中进行灵活分配。

假如土壤蒸发极限深度为 2m，某天地表潜在蒸发量为 100mm 时，取不同值时蒸发分配曲线的形状见图 3-6。如图所示，当 esco 减小时，更多的蒸发将从深层的土壤中吸取。

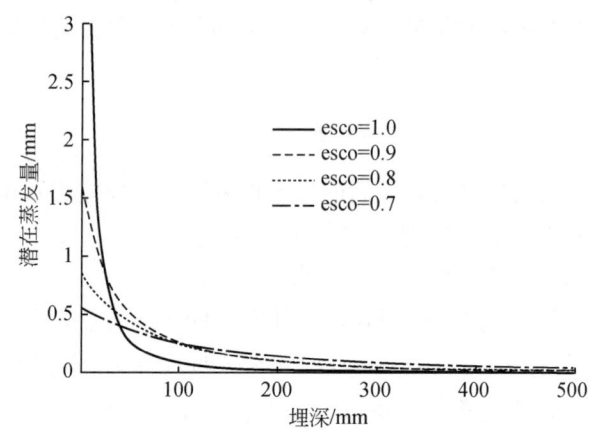

图 3-6 蒸发补偿系数的变化对蒸发分配曲线的影响

分层土壤潜在蒸发量计算得到后，农田不同土层的土壤实际蒸发量将根据该土层计算时段内的土壤实际含水率进行计算：

$$\begin{cases} E'_{\text{soil},\text{ly}} = E_{\text{soil},\text{ly}} \cdot \exp\left[\dfrac{2.5(\text{SW}_{\text{ly}} - \text{FC}_{\text{ly}})}{\text{FC}_{\text{ly}} - \text{WP}_{\text{ly}}}\right] & \text{SW}_{\text{ly}} < \text{FC}_{\text{ly}} \\ E'_{\text{soil},\text{ly}} = E_{\text{soil},\text{ly}} & \text{SW}_{\text{ly}} \geqslant \text{FC}_{\text{ly}} \end{cases} \quad (3\text{-}49)$$

式中，SW_{ly} 为第 ly 层土壤的实际含水量（mm）；FC_{ly} 为第 ly 层土壤达到田间持水度时的含

水量（mm）；WP_{ly} 为第 ly 层土壤达到凋萎点时的含水量（mm）；$E'_{soil,ly}$ 为第 ly 层土壤的实际蒸发量（mm）；$E_{soil,ly}$ 为分配在第 ly 层土壤的潜在蒸发量（mm）。

除土壤层实际含水量对土壤蒸发的影响以外，模型还要求计算时段内（1d）该层的土壤蒸发量不能超过土壤含水量与凋萎含水量之差的80%，如式（3-49）所示。

$$E'''_{soil,ly} = \min(E'_{soil,ly}, 0.8 \cdot (SW_{ly} - WP_{ly})) \quad (3-50)$$

式中，$E'''_{soil,ly}$ 为经修正后的第 ly 层土壤当天实际蒸发的水量（mm）；其他符号意义参考式（3-49）。

作物蒸腾量计算：模型对作物潜在蒸腾量采用 Penman-Monteith 公式，但是计算出来的作物潜在蒸腾量与当天地表潜在蒸发能力之和不能大于当天扣除冠层截留蒸发以后的剩余蒸发能力，否则需要根据它们之间的比例关系进行调整。作物潜在蒸腾能力确定后，也同样需要通过蒸腾分配曲线的方式将其分配到作物根系的不同土层中。从农田表面到作物根系区的蒸腾分配曲线公式如下。

$$w_{up,z} = \frac{E_t}{[1 - \exp(-\beta_w)]} \cdot \left[1 - \exp\left(-\beta_w \frac{z}{z_{root}}\right)\right] \quad (3-51)$$

式中，$w_{up,z}$ 为当天从农田表面到深度 z 处分配的作物潜在蒸腾量（mm）；E_t 为经修正后作物当天潜在蒸腾量（mm）；β_w 为根系吸水分布参数；z_{root} 为根系生长的深度（mm）。对于农田作物根区来说，任何一层土壤的潜在蒸腾量可以通过求该层顶部和底部边界以上的潜在作物蒸腾量之差得到：

$$w_{up,ly} = w_{up,zl} - w_{up,zu} \quad (3-52)$$

式中，$w_{up,ly}$ 为第 ly 土层当天的潜在作物蒸腾量（mm）；$w_{up,zl}$ 为该土层底部边界以上区域作物潜在蒸腾量（mm）；$w_{up,zu}$ 为该土层顶部边界位置以上区域作物潜在蒸腾量（mm）。由于植物的根系在临近地表时分布最多，可以认为上层土层的作物根系吸水量要高于下层土层的根系吸水量，基于此，根系吸水分布参数 β_w 在模型中设置为10，在此情况下，50% 左右的作物蒸腾量将在农田土表以下 6% 的根系区发生。

模型从土壤上层开始依次计算每一层土壤的潜在作物蒸腾量，当某一层土壤含水量不足以满足蒸腾需求时，为了符合实际根系的吸水情况，模型可允许其下土层中的水量对该土层进行补偿，和土壤蒸发计算一样，引入蒸腾补偿系数 epco，从而对该层作物潜在蒸腾量进行修正：

$$w'_{up,ly} = w_{up,ly} + w_{demand} \cdot epco \quad (3-53)$$

式中，$w'_{up,ly}$ 为修正后第 ly 土层的潜在作物蒸腾量（mm）；$w_{up,ly}$ 为利用 Penman-Monteith 公式并结合蒸腾分配曲线计算得到的第 ly 土层的潜在作物蒸腾量（mm）；w_{demand} 为土层以上部分含水量与其潜在作物蒸腾量相比的亏缺水量（mm）；epco 为补偿因子，其值一般取 0.01~1.0。当 epco 接近 1.0 时，较多的水分将从下层土层获得，当 epco 接近 0 时，从下层土壤层获取的水分很少。

土壤层本身的实际含水量对作物的实际蒸发蒸腾也有很大影响，因此需要根据土壤层的含水量情况对潜在的作物蒸腾发量再进行修正，如下式所示。

$$\begin{cases} w''_{\text{up, ly}} = w'_{\text{up, ly}} \cdot \exp\left[5 \cdot \left(\dfrac{\text{SW}_{\text{ly}}}{25 \cdot \text{AWC}_{\text{ly}}} - 1\right)\right] & \text{SW}_{\text{ly}} < 25 \cdot \text{AWC}_{\text{ly}} \\ w''_{\text{up, ly}} = w'_{\text{up, ly}} & \text{SW}_{\text{ly}} \geqslant 25 \cdot \text{AWC}_{\text{ly}} \end{cases}$$

式中，$w''_{\text{up,ly}}$ 为再修正后第 ly 土层的潜在作物蒸腾量（mm）；$w'_{\text{up,ly}}$ 的意义见式（3-53）；AWC_{ly} 为第 ly 土层的对作物可供水能力（mm），其值为

$$\text{AWC}_{\text{ly}} = \text{FC}_{\text{ly}} - \text{WP}_{\text{ly}} \tag{3-54}$$

式中，FC_{ly} 为第 ly 土层田间持水率时的含水量（mm）；WP_{ly} 为第 ly 土层凋萎点时的含水量（mm）。某一层土壤潜在作物蒸腾量最终确定后，作物在该层的实际蒸腾吸水量为

$$w_{\text{actual, ly}} = \min(w''_{\text{up, ly}}, \text{SW}_{\text{ly}} - \text{WP}_{\text{ly}}) \tag{3-55}$$

式中，$w_{\text{actual,ly}}$ 为在计算时段内作物第 ly 土层的实际蒸腾吸水量（mm）；其他符号意义参考上式。

那么，作物在计算时段内总的实际蒸腾量为

$$w_{\text{actualup}} = \sum_{\text{ly}=1}^{n} w_{\text{actualup, ly}} \tag{3-56}$$

式中，w_{actualup} 为作物在计算时段内总的实际蒸腾量（mm）；n 为作物根系层土壤总的分层数；其他符号参考式（3-55）。

6）土壤水分层下渗。进入土壤剖面的水分在重力作用下向下渗透，模型中每层土壤水的下渗过程由田间持水量 FC_{ly} 来控制。当土壤含水率超过田间持水度时的含水率时，水分则开始下渗。对于第 ly 层土壤，可下渗水量由式（3-57）表示。

$$\begin{cases} \text{SE}_{\text{ly}} = \text{SW}_{\text{ly}} - \text{FC}_{\text{ly}} & \text{如果} \text{SW}_{\text{ly}} > \text{FC}_{\text{ly}} \\ \text{SE}_{\text{ly}} = 0 & \text{如果} \text{SW}_{\text{ly}} \leqslant \text{FC}_{\text{ly}} \end{cases} \tag{3-57}$$

式中，SE_{ly} 为计算时段内第 ly 土层可排走的水量（mm）；其他符号意义参考式（3-54）和式（3-55）。

模型在计算中从顶层土壤开始逐层计算每一层土壤的重力水下渗过程。计算某一土壤层的下渗时，将其排水分为两个阶段进行计算：第一阶段为强迫排水阶段，即上层土层的重力水形成对本层的静水压力，本层土壤在上层滞水的情况下进行排水；第二阶段为自身排水阶段，即计算土层的上层没有滞水，水量在自身重力作用下进行排水。

对于强迫排水阶段，首先计算潜在强迫排水量：

$$\text{sep}_{\text{ly}} = \text{SW}_{\text{ly}} + \text{sep}'_{\text{ly}-1} - \text{SU}_{\text{ly}} \tag{3-58}$$

式中，sep_{ly} 为第 ly 土层计算时段内潜在强迫排水量（mm）；SW_{ly} 含义同前；$\text{sep}'_{\text{ly}-1}$ 为第 ly -1 层土层的实际排水量（mm）；SU_{ly} 为该土层饱和时的含水量（mm）。

如果 $\text{sep}_{\text{ly}} \leqslant 0$，则本层土壤不存在强迫排水情况，只需要计算自身排水量，如式（3-59）所示。

$$\text{sep}'_{\text{ly}} = (\text{SW}_{\text{ly}} - \text{FC}_{\text{ly}}) \cdot \left[1 - \exp\left(\dfrac{-24 K_{\text{sat}}}{\text{SU}_{\text{ly}} - \text{FC}_{\text{ly}}}\right)\right] \tag{3-59}$$

式中，sep'_{ly} 为第 ly 土层计算时段内实际下渗排水量（mm）；SW_{ly}、SU_{ly} 和 FC_{ly} 的意义同前；K_{sat} 为该层土壤的饱和导水率（mm/h）。

如果$\text{sep}_{ly}>0$，则存在强迫排水情况，此时需要计算强迫排水时间，如式（3-60）所示。

$$t = 2 \cdot \frac{\text{sep}_{ly} \cdot \text{thick}}{K_{\text{sat}} \cdot (H_0 - \text{thick})} \tag{3-60}$$

式中，thick 为该土层厚度（mm）；H_0 为排水初始时刻压力水头（mm）；其他符号意义同前。

对于计算时段（1d）来说，需要判断其与强迫排水时间之间的对比关系：

$$\begin{cases} \text{sep}'_{ly} = K_{\text{sat}} \cdot \dfrac{(24 H_0 \cdot t - 288(H_0 - \text{thick}))}{t \cdot \text{thick}} & t \geqslant 24\text{h} \\ \text{sep}'_{ly} = \text{sep}_{ly} + (\text{SW}_{ly} - \text{FC}_{ly}) \cdot \left[1 - \exp\left(\dfrac{(t-24) \cdot K_{\text{sat}}}{\text{SU}_{ly} - \text{FC}_{ly}}\right)\right] & t < 24\text{h} \end{cases} \tag{3-61}$$

式中，sep'_{ly} 为第 ly 土层计算时段内实际下渗排水量（mm）；其他符号的意义参考式（3-59）和式（3-60）。MODCYCLE 模型逐层计算土壤的下渗量，当计算到土壤底层时，该层的下渗量作为深层渗漏量离开土壤剖面进入渗流过渡区。模型通过储流函数的方法计算土壤深层渗漏量对地下水的补给过程。

7）壤中流。壤中流发生在坡度较大、渗透性高的地区，同时，这些地区的浅层土壤分布有半透水或不透水层。在这样的条件下，降雨垂直下渗遇到不透水层时，水分将在不透水层上方聚集，形成一定的饱和区，或者称为上层滞水面，称之为壤中流。

假设单位宽度（1m），长度为 L_{hill}（m）的山坡，假设山坡上第 ly 土层是饱和的壤中流储水层，其壤中流可排水量为 $\text{SW}_{ly,\text{excess}}$（mm），则计算时段内该山坡总的壤中流排水量为

$$Q_{\text{day}} = 0.024 \left(\frac{2 \, \text{SW}_{ly,\text{excess}} \cdot K_{\text{sat}} \cdot \text{slp}}{\phi_d \cdot L_{\text{hill}}} \right) \tag{3-62}$$

式中，Q_{day} 为第 day 天山坡的壤中流排水量（mm）；slp 为山坡的平均坡度；$\text{SW}_{ly,\text{excess}}$ 为第 ly 土层饱和壤中流储水层的可排水量（mm）；L_{hill} 为山坡的长度（m）；ϕ_d 为土壤的孔隙度；其他符号的意义参考式（3-59）。

在 MODCYCLE 模型中，为了构建完整的水循环过程模拟框架，模型对区域的地表水的产汇流及地下水的运动过程都有相应的计算和模拟方案，本章限于篇幅就不再赘述，详细原理可以参考相关著作和论文。

3.3.2　基于层次分析法的土壤水效用多指标综合评价

3.3.2.1　多指标综合评价概述

现实中的事物往往是十分复杂的，其影响因素也是多种多样的，因此，在对其进行评价的过程中往往需要结合多种因素和多个指标进行综合评判和分析。多指标综合评价就是人们针对某一个评价对象，通过一定的评价方法将选取的多种因素和指标转化为能反映评价对象总体特征的单一综合指标（李博，2010）。在多指标综合评价方法中，不同指标权

重的确定是计算的关键所在。按照权重确定方法的不同，可以将多指标综合评价方法分为主观赋权法和客观赋权法两类。主观赋权法是指根据评价者的主观经验和信息确定指标权重，这类方法包括综合评分法、层次分析法、模糊评价法、指数加权法等；客观赋权法是根据各个指标之间的相关关系或各项指标的变异系数来确定权重进行综合评价，这类方法包括熵值法、主成分分析法、聚类分析法等。从不同方法的特点上来看，主观赋权法可以反映决策者的意向，可以加入人为的控制性因素，但是决策或者评价结果多为主观的和定性的，对评价结果的真实性和客观性有一定的影响（虞晓芬和傅玳，2004）。客观赋权法确定的权重虽然具有较强的数学理论依据，但是其计算过程需要依赖足够多的样本数据，在实际应用中往往受到限制，同时，也不能体现评价者对不同属性指标的差异程度，灵活性较差（姚凡凡等，2009）。

本书的目的是利用 3.2.2 节提出的土壤水效用评价指标体系对区域农田土壤水的效用状态进行综合评价。运用含有多个指标的指标体系对某一特征量进行综合评价，其最重要的问题是解决如何科学地对不同指标赋予不同的计算权重。总体来看，本研究中采用客观赋权法存在困难，尚缺乏确定各个指标之间权重的样本数据，而采用主观赋权法较为简易，可以考虑采用专家打分的方式确定各个指标因素两两之间的权重定量比值。基于以上考虑，本章选取主观赋权方式，利用层次分析法对研究区农田土壤水的综合效用程度进行评价。

3.3.2.2　多指标综合评价方法——层次分析法

层次分析法（analytic hierarchy process，AHP）是美国运筹学家匹茨堡大学教授托马斯·塞蒂（A. L. Saaty）于 20 世纪 70 年代创立的多目标评价方法（朱建军，2005）。层次分析法的目的是将多目标的决策或评价问题看成一个系统，先将系统总目标分解为多个准则或层次，再将准则和层次细分为多个指标，从而形成系统各因素之间的层次结构。层次分析法的特点是在对复杂的决策问题的本质、影响因素及内在关系等深入分析的基础上，将定性的关系和决策者的主观意图用数学的方式定量化，便于进行后续的分析和计算。一般来说，层次分析法在应用当中应该遵循以下几个步骤和过程。

（1）分析评价系统各因素的层次结构。

层次分析法的首要任务是将研究的问题条理化和层次化，建立层次分析的结构模型。一般来说，结构模型的层次分为三类：最高层，这一层次只有一个元素，即评价的预定目标，亦称之为目标层；中间层，这一层次包括实现预定目标所涉及的中间环节，它可涉及若干个层次，包括各种表征预定目标的指标体系，亦称之为指标层；最下层，表示实现预定目标的一个措施，或者在决策和评价过程中，它的作用就是提供给决策者或者评价者的一个方案选择，亦称之为方案层。

（2）构造判断矩阵。

建立层次结构模型之后，上下层次之间的元素隶属就被确定了。假设某一个准则层 C，其所支配的下一层元素个数为 n，这些元素依次为：u_1，u_2，u_3，$\cdots$，u_n，层次分析法的目的是按照这些元素对准则 C 的影响程度对其赋予不同的权重，但是 u_1，u_2，u_3，$\cdots$，

u_n 对准则 C 的影响权重不容易直接获得，于是层次分析法的主要环节就是将不同元素两两之间对准则 C 的重要性程度进行比较，并赋予定量的标度。在这个环节当中，评价主体需要反复地回答：任意两个元素 u_i 和 u_j 对准则 C 的重要性和影响程度之比是多少？基于此，层次分析法提出利用表 3-2 中的比例标度对两两元素的重要性和影响程度之比进行赋值。

表 3-2　层次分析法使用的比例标度表

u_i 和 u_j	u_i 和 u_j 对准则 C 重要性和影响程度描述	备注
1	表示 u_i 和 u_j 对准则 C 具有同等重要的影响	通过专家打分等方式获取元素两两之间的比例，进而得到判断矩阵
3	表示 u_i 对 u_j 准则 C 的影响稍大于 u_j	
5	表示 u_i 对 u_j 准则 C 的影响明显大于 u_j	
7	表示 u_i 对 u_j 准则 C 的影响强烈大于 u_j	
9	表示 u_i 对 u_j 准则 C 的影响特别大于 u_j	
2，4，6，8	表示上述相邻判断的中间值	

基于表 3-2 的比例标度方法，可以获得 n 个被比较元素两两之比的判断矩阵，该矩阵将用于计算不同元素对上一层准则贡献的权重大小，见式（3-63）。

$$A = (a_{ij})_{n \times n} = \begin{bmatrix} a_{11} & a_{12} & \cdots & a_{1n} \\ a_{21} & a_{22} & \cdots & a_{2n} \\ \vdots & \vdots & & \vdots \\ a_{n1} & a_{n2} & \cdots & a_{nn} \end{bmatrix} \tag{3-63}$$

式中，a_{ij} 为 u_i 相对于 u_j 对上一层准则影响程度之比，根据以上定义，$a_{ji} = \dfrac{1}{a_{ij}}$，且 $a_{ij} = 1$。

（3）元素相对权重的计算（假设单一准则）

在这一步骤，将根据 n 个元素 $u_1, u_2, u_3, \cdots, u_n$ 对准则的判断矩阵求出它们对于准则的相对权重 $w_1, w_2, w_3, \cdots, w_n$。相对权重可记为向量的形式，$w = (w_1, w_2, w_3, \cdots, w_n)^T$。对于权重的计算方法主要有和法、根法、矩阵特征根法、对数最小二乘法和最小二乘法等多种方法。一般来讲，矩阵特征根法应用最为广泛，其计算方法如下。

$$AW = \lambda W \tag{3-64}$$

式中，A 为判断矩阵，即式（3-64）中得到的矩阵；W 为 A 的特征向量；λ 为判断矩阵 A 的特征根。Saaty 等认为，如果能证明判断矩阵 A 是一致阵，那么就可以取 λ 中对应于最大特征值的归一化特征向量作为最终计算得到的相对权重结果。

（4）判断矩阵的一致性检验

首先需要指出，对于一个矩阵，如果满足如下三条性质：① $a_{ij} > 0$，② $a_{ji} = \dfrac{1}{a_{ij}}$，③ $a_{ij} = 1$，则称该矩阵为正互反阵。根据该定义，显然判断矩阵为正互反阵。

在正互反阵中，如果$a_{ik} \cdot a_{kj} = a_{ij}$，则称矩阵为一致阵。如果为一致阵，则具有以下性质：①也为一致阵；②矩阵的各行成比例，即 Rank（A）= 1；③矩阵的最大特征根为 $\lambda = n$，其余，$n-1$ 个特征根均等于 0。

由以上分析，一般利用的数值大小来衡量矩阵的不一致程度，由此定义判断矩阵的一致性指标：

$$CI = \frac{\lambda - n}{n - 1} \tag{3-65}$$

式中，CI 为 A 矩阵的一致性；λ 为矩阵的最大特征值；n 为矩阵 A 对角线元素之和，也是矩阵特征根之和。

一般情况，为了消除矩阵阶数影响所造成判断矩阵不一致的情况，需要引进随机一致性指标修正系数 RI，其取值见表3-3。

表3-3　随机一致性指标的取值

矩阵阶数 n	1	2	3	4	5	6	7	8	9
取值	0.00	0.00	0.58	0.90	1.12	1.24	1.32	1.41	1.45

引进随机一致性指标修正系数后 RI，利用 CR 判定判断矩阵是否具有一致性，其计算方法如式（3-66）所示。

$$CR = \frac{CI}{RI} \tag{3-66}$$

式中，各项的意义可以参考上文内容。当 CR<0.1 时，认为判断矩阵的一致性是可以接受的，则判断矩阵最大特征值对应的归一化特征向量可以作为权向量；当 CR≥0.1 时，认为判断矩阵的不一致程度较大，需要对其进行调整。需要指出，如果判断矩阵为 1 阶或者 2 阶，其总是一致的，无须进行一致性判断。

（5）确定评价权重

根据以上论述的方法，首先应该对评价指标体系的各级指标对上一级准则的重要度进行比较，利用 1~9 标度法进行标度，从而获得判断矩阵。判断矩阵得到后，对其进行矩阵运算，得到一致性判断指标的 CR 值，由此来判断矩阵的一致性是否可以接受。如果矩阵的一致性可以接受，那么对应于矩阵最大特征值的归一化特征向量即可作为最终确定的权重向量。权重向量确定后，可以根据不同指标的具体数值进行标准化打分，最后得出单一综合指标的定量值。层次分析法进行土壤水效用分析的具体实例见本书第8章内容。

3.4　土壤水高效利用调控理论

3.4.1　土壤水调控的意义

长期以来，人们对区域水资源的评价只考虑地表水和地下水部分，忽视了土壤水的资源价值。随着用水矛盾的进一步突出，要保证农业生产当中的用水安全，重视土壤水的有效利用，开发土壤水的资源潜力是一条重要的途径。对于传统的农业种植方式来讲，一切形式的水资源只有转变为土壤水才能被作物吸收利用，因此土壤水在农业生产和作物生长过程中扮演着重要角色。越来越多的研究表明，土壤水蓄量是很可观的。基于海河流域 1980~2005 年水文气象数据系列的分析成果，全流域降水量为 1596 亿 m³，而全流域的土壤水资源量达到了 976 亿 m³，占降水量的 61.1%，可见降水的很大一部分都转化为了土壤水（杨贵羽等，2014）。因此，科学合理地开发利用这些土壤水量，提高利用效率，是缓解农业和生态缺水的重要途径之一。由于农业灌溉水也要通过转换为土壤水才能被作物有效利用，因此，提高其他形式水资源转化为土壤水的效率，也是水资源高效利用的重要目标。总的来看，土壤水的高效利用不仅要尽可能有效利用蓄存在农田作物根系层的土壤水量，同时要提高土壤水与其他形式水资源相互转化过程中的效率，需要结合工程措施、节水灌溉措施、农艺管理措施及经济政策等手段对农田水分循环的全过程进行调控，最大限度地提高土壤水的有效利用程度。

3.4.2 土壤水全时空调控的概念理论

土壤水资源和传统的径流性资源一样，不仅在空间分布上具有明显的异质性，在时间上的分布也极不均匀。在土壤水高效利用研究中，需要深入分析土壤水的时空特性，有针对性地采取相关管理和调控措施，才能充分挖掘土壤水的效用潜力。靳孟贵等（1999）从 20 世纪 90 年代开始开展了大量的观测试验和理论研究，同时从空间分布和时间过程特征角度分析了我国华北平原旱作农田的土壤水运动规律。根据在河北省黑龙港地区的实验研究成果，该区域冬小麦在生育期内耗水规律与土壤水供给过程差异很大，特别是在 4~5 月小麦生育的关键时期，区域天然降雨很少，深厚的土壤包气带使得地下水也难以补给土壤水，作物的用水需求难以满足。同时，该地区形成的传统灌溉制度由于缺乏土壤墒情的监测，灌溉的时机及方式都有失科学，导致宝贵的灌溉水资源亦不能高效利用。

基于此，靳孟贵等（1999）针对我国华北平原农田土壤水利用的特点和现状提出了土壤水全时空调控的概念理论。农田土壤水全时空调控是指从整个时间和空间上调控农田土壤水的分布，同时结合农艺措施调整作物种植和需水结构，使土壤水的可利用性最大限度地和作物的用水需求相适应，从而达到土壤水高效利用的目的。

从农田土壤水全时空调控的途径和措施来看，可以分为：土壤水调控的农业管理措施、土壤水调控的田间农艺措施和信息化感知决策支持措施。从宏观尺度来看，主要从农业管理角度入手，根据区域水资源禀赋特点调整农业产业结构，规划与当地水资源条件相适应的农田种植结构。从微观尺度来看，主要从田间农艺种植角度入手，改善农田微观水循环系统，调整土壤介质特性和边界条件，促使农田土壤水库的合理调控和高效运行，减少土壤水的无效耗散，增加其对作物生长的有效利用率。从信息化感知和智能调度角度，要借助现代遥感技术、智能感知技术、计算机模拟技术等实现农田土壤湿度、作物生长及农田水循环过程的实时监测和管理的智能决策。

土壤水全时空调控的基本内容可由图3-7来表示。

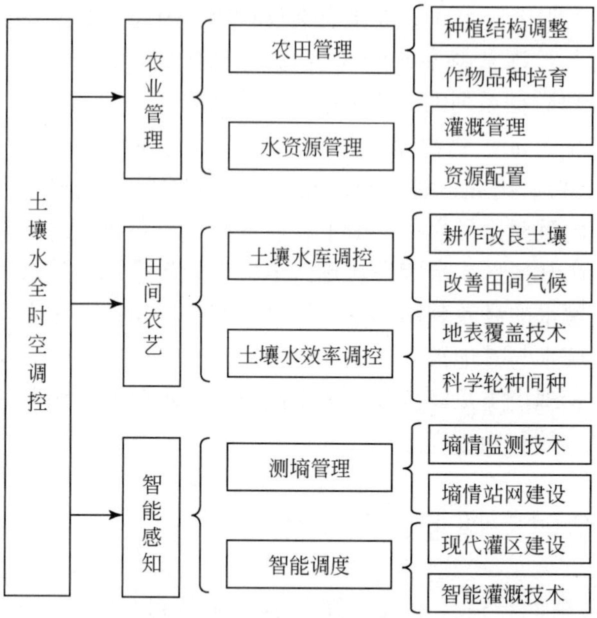

图3-7　农田土壤全时空调控的主要内容和措施（靳孟贵等，1998）

3.4.3　土壤水全时空调控的方法准则

土壤水全时空调控的本质和传统的水资源调控一样，使水资源的时空过程尽可能与需求过程相一致，达到水资源"应用尽有，不用不损"的效果。土壤水全时空调控的目的是采取各种措施，改变土壤水资源的时间和空间的分布属性或者改变作物的需水结构和需水时空特征，使其相互协调，促使土壤水被作物的充分吸收，进而转化为经济产量或生态效益。

从操作层面来看，土壤水全时空调控应坚持以下准则。

(1) 提高包气带土壤水调控能力

对于传统的径流性水资源，其蓄水设施（水库）的库容越大，调蓄洪水和应对干旱的能力就越强。同样，土壤水库的库容越大，其调控土壤水资源的能力就越强，对土壤水的有效利用率就会提高。因此，土壤水全时空调控的首要任务是增强包气带土壤水调蓄能力，积极采取深耕松土、改良土壤的措施，扩大根系层深度，提高土壤水的调蓄能力。

(2) 探索逐水农业，调整作物的需水格局

从传统的适水农业向逐水农业转变。逐水农业相对于适水农业而言，更注重区域水资源本地条件与作物用水需求格局的匹配性。主要目标是通过调整种植结构，使得区域农田可利用水资源量与作物的耗用水规律相适应。主要手段是结合区域中长期水文预估和短时调度预报，制订切实可行的农业种植方案，适应区域不同情景下的来水过程。

(3) 调控土壤水的时间过程属性

土壤水时间过程调节主要体现在田间农艺管理和灌溉手段上。在农艺管理中，要加强土壤管理，优化间种、套种方案，中耕松土；在灌溉手段上，要根据墒情预报结果适时调整灌溉时机和灌溉方式，调控土壤墒情的时间过程。

(4) 提升土壤水的代谢效率

提升土壤水的代谢效率一方面要促使其他水源尽可能高效转化为土壤水；另一方面是提高农作物对土壤水的利用率。在实践中，要积极改良土壤，翻耕作物根系活动层，促使其他水源能有效转化为土壤水，同时应合理密植，采取地表覆盖措施，尽可能降低土壤无效蒸发的水量损失，提高土壤水被作物的有效利用率。

3.5 本章小结

本章在论述土壤水的资源属性基础上，提出了土壤水效用的概念及其表征方法，并采用多指标综合评价的方法建立土壤水效用评价函数的求解方法。土壤水效用评价过程中需要解决两个重点难题：一是获取农田作物根系层的基本属性参数并模拟农田土壤水运动过程，在此基础上计算表征农田土壤水效用函数的各个指标数值；二是采用多指标综合分析方法，求解土壤水效用状态函数的具体数值。本章详细介绍了农田土壤水过程模拟工具——MODCYCLE 模型的基本原理和模型框架，同时也介绍了多指标综合分析方法——层次分析法。本章的最后，还介绍了土壤水高效利用的调控理论和基本准则。

第 4 章　土壤水监测方法与基本原理

土壤水监测的目的在于通过试验观测手段，系统性描述水分在地表—植被—土壤—地下水连续体内的运移转化过程，揭示土壤水时空变化规律及其对作物、地下水等周边关联系统的影响特征。从土壤水监测的参数对象上看，既应包括对水分在土壤体内的赋存状态量的刻画也应包括对其运动通量的观测，但由于土壤结构的复杂性和不确定性，直接观测和描述其运动通量是比较困难的，因此在当前的农业生产和科学研究实践中，往往将土壤水的赋存状态量作为土壤水监测的重点，通过将待观测土壤体深度划分为若干个特征土层，并采取一定频率的连续监测，从而形成一组具有一定空间和时间连续顺序的土壤湿度状态值，通过其时空变化趋势间接表征土壤水的变异规律和转移通量。基于以上原因，本章关于土壤水监测方法的阐述将主要面向分层连续土壤湿度监测展开，从点尺度土壤水观测方案、农田单元土壤水系统监测方案及大尺度陆面土壤湿度监测三个主要领域出发介绍当前应用较为普遍的几种土壤监测方法及其主要应用特点。

4.1　点尺度土壤水分监测的主要方法

点尺度土壤水监测是农业生产实践和土壤水研究领域的最小操作单元。点尺度土壤水监测将一定深度的土壤体概化为具有一定垂直结构的一维土柱，通过划分若干观测层进行分时段分层土壤湿度测定，进而近似推算土壤水的垂直运动过程。在点尺度土壤水监测中，土壤湿度的测定精度和可实现的观测频率是设计监测方案和选择监测方法中需要重点关注的核心问题。近年来，得益于电子信息技术的高速发展，TDF、FDR等许多新的观测方法和监测仪器被广泛应用于点尺度土壤水监测中，同时烘干称重法、负压式土壤湿度计测定法等一些物理机制清晰的传统方法也仍然在土壤水相关研究实践中占有一定的比重。

4.1.1　烘干称重法

烘干称重法，简称烘干法、重量法，是土壤湿度测定的最传统方法。应用烘干法测定土壤湿度，首先需要利用土钻、环刀等取土工具，从指定深度土层中提取新鲜土样后密封保存；随后在实验室内将新鲜土样放置在质量已知的铝盒中，并在烘箱内以105℃的温度进行烘干，直至样品被烘干至质量不再降低时停止；此时对比烘干前后样品的质量损失即

为新鲜土样中的含水质量。烘干称重法的基本公式为

$$W = (w - w')/w' \tag{4-1}$$

式中，W 为土壤的质量含水率，表示一定质量土壤中所含水分的质量和干燥土壤颗粒质量的比值，用百分数表示；w 为新鲜土样质量（或称湿土重）；w' 为新鲜土样烘干后质量（或称干土重）。

质量含水率是以质量形式表征的土壤湿度情况，但在水资源管理和农业生产中，表征水量往往使用体积或等效水深作为计量单位，因此除质量含水率之外，表征一定体积土壤中水的体积所占比重的体积含水率也是描述土壤湿度情况的重要参数。由于土壤体积含水率不易直接测的，所以在土壤水监测实践中多通过实测土壤质量含水率和土壤干容重后二次计算得到。土壤体积含水率计算的公式如下：

$$W_v = W \times C \tag{4-2}$$

式中，W_v 为土壤体积含水率；W 为土壤质量含水率；C 为土壤干容重，即单位体积土壤的干重量，单位多用 g/cm^3。土壤干容重一般采取环刀法计算，即使用体积恒定的环刀对土壤进行定容取样后进行烘干，烘干至恒重时的样品重量除以环刀体积即为土壤干容重测值。土壤容重是土壤的固有特征参数，是土壤类型、土壤结构、人工和自然生态活动共同驱动的产物，对于一个给定测点，其各层土壤容重相对稳定，因此在利用烘干法开展土壤湿度监测的具体应用中，往往只在监测准备阶段进行一次土壤容重测定工作并将此作为整个监测活动的基础数据，从而大幅缩减工作量和操作难度（干容重测定多需要开挖较大测坑）。

烘干称重法是点尺度土壤水监测的经典方法和重要技术规范，是早期土壤水研究、灌溉实验和墒情监测的主要方法，其优势在于：①物理机制清晰，烘干法测定土壤湿度是对土壤内含水量的最"直接"测定方式，试验仪器设备不需要经验率定，误差因子少，实验数据的精度较高；②综合成本较低，实验操作简单，设备易得性强，对操作人员的专业要求低，易于广泛推广。烘干法在具有以上优势的同时，也存在一些不足，制约了其应用的范围和广度，包括：①湿度测定耗时长，一次烘干时间多为 8~10h；②多测点间数据同步性差，由于采样时间较长，多测点间很难做到时间同步；③可实现的监测频率低，取土采样烘干法测定土壤湿度属于破坏性试验，难于重复观测，实际监测中难以实现较高的监测频率。

总体上看，烘干称重法物理机制清晰，数据精度高，但其监测频率低的劣势较大程度上制约了其在以高频、大尺度为发展趋势的未来土壤水监测工作中的应用。

4.1.2 负压式土壤湿度计测定法

负压式土壤湿度计，又称张力计，是用于土壤水分监测的一种重要仪器。其工作基本原理是利用土壤含水率与土壤基质势（或称土壤水吸力）间的相关关系，通过测定土壤负压状态，进而推算当前土壤含水量情况。在土壤系统内，由于土壤颗粒的分子引力和土壤孔隙的毛管引力的共同作用，从而形成了土壤水吸力，在土水势表述中也被称为基质势，

基质势在数值上呈负值,并与土壤含水量呈正相关趋势,随着土壤含水量的提高而提升,当土壤饱和时,土壤基质势趋近于零,因此我们通常也称土壤水呈现负压状态。负压式土壤湿度计法正是经过直接测定土壤水吸力后,通过率定校验转换方程,从而近似推算土壤含水量的一种土壤湿度监测方法。

负压式土壤湿度计一般由陶土头、腔体、集气室、计量指标器等部件组成(图4-1)。陶土头是仪器的感应部件,具有许多微小的孔隙,陶土头被水浸润后,在孔隙中形成一层水膜。当陶土头中的孔隙全部充水后,孔隙中水就具有张力,这种张力能保证水在一定压力下通过陶土头,但阻止空气通过。当充满水且密封的土壤湿度计插入水分不饱和的土壤时,水膜就与土壤水连接起来,产生水力上的联系。土壤系统的水势不相等时,水便由水势高处通过陶土头向水势低处流动,直至两个的系统的水势平衡为止。当忽略了重力势、温度势、溶质势后,系统的水势即为压力势和基质势之和,土壤的压力势(以大气压力参考)为零,仪器里无基质,基质势为零,土壤水的基质势便可由仪器所示的压力(差)来量度。非饱和土壤水的基质势抵于仪器里的压力势,土壤就透过陶土头向仪器吸水,直到平衡为止。因为仪器是密封的,仪器中就产生真空度或吸力(低于大气参照压力的压力)。仪器内的负压通过计量器或传感器测定,这就是土壤的吸力。土壤水吸力与土壤水基质势在数值上是相等的,只是符号相反。在非饱和土壤中,基地势为负值,吸力为正值,张力计较多地用于非饱和土壤上,因为其基质势为负值,所以张力计又称负压计。

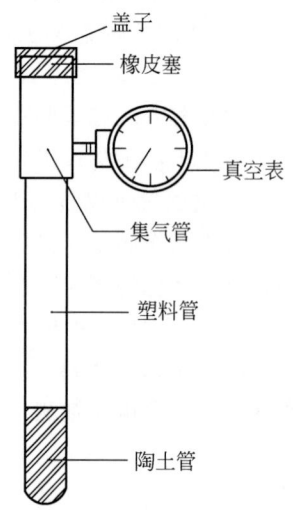

图 4-1 负压式土壤湿度计

负压计土壤湿度测定法的主要优势在于成本相对低廉,可被广泛推广应用;同时作为一种相对无损的土壤湿度监测方法,能够实现高频度的动态监测。负压计的主要不足在于其测定精度对校验方程率定情况要求较高,目前尚没有能够全面推广的权威技术参数可供普遍应用,与蒸渗仪系统相结合,进行农田土壤水系统性立体监测是当前负压式土壤湿度测定法的一个重要应用方向。

4.1.3 中子法

中子法也称放射法，中子法测水是当前国际公认的一种较先进的土壤湿度的测定方法。中子法的基本原理是通过观测高速运动的快中子与土壤介质中各种原子离子的核相碰撞后损失能量所形成的慢中子云，通过构建慢中子云的密度与水分子间的函数关系来确定土壤中的水分含量（田昌玉等，2011）。中子法是用于产品测定和油层、水源等深层物探的一项重要的通用方法，作为其应用的一个分支，用于土壤水监测的中子仪一般为散射型测量热中子计数仪，也称嵌入型水分仪。其工作时首先在监测点垂直埋设测量导管，开展监测时将监测探头顺导管依次沉入地下不同深度的工作层，位于监测探头下方的中子放射源会持续稳定的发出快中子，快中子与氢原子核的原子发生非弹性碰撞，能力急剧下降、速度减慢，逐步衰减为热中子，从而在探头周围形成一定密度的热中子云，这些热中子可被中子仪监测探头感知，从而形成热中子计数数据，通过针对不同土壤类型和土壤特征所率定的回归方程，可根据热中子计数数据计算得出探头所在土层的土壤含水率情况。

近年来得益于大量应用中子仪开展土壤湿度监测研究成果，关于不同土壤质地、土壤容重、土壤层次、土壤有机质及土壤上种植的作物等影响因子作用下中子仪土壤湿度监测回归曲线的标定研究取得了显著的进展。中子仪用于土壤水监测的精度得到有效提升，能够较好地满足土壤水监测的精度需求，已经成为得到广泛认可的监测手段。除监测精度外，中子仪法还具有以下优势：①非接触无损监测特点最大限度地避免了外界扰动，有利于开展长序列定点观测试验；②实现设备移动复用，提高了设备使用效率，增强了方案的可行性和经济性。当前中子仪土壤水分监测法的主要不足包括：①放射性设备的应用安全隐患；②若干研究成果显示，中子仪对 2m 以上的深层土壤水测定精度较高，对于 20cm 以内深度的土壤湿度测定存在误差。

4.1.4 电磁法

土壤湿度测定的电磁法也称电导率法、介电常数法。其基本原理是基于土壤固-液-气三相组合结构中不同组分间介电常数的差异，建立土壤介电常数和土壤含水率间的相关关系，通过相关电磁学方法，观测待测土壤的介电常数值 K，进而推算土壤含水率的方法。对于非冻结土壤，土壤由土壤水分、土壤颗粒和存于土壤空隙内的空气共三相构成，由于水的介电常数 $K_w=81$（20℃）远高于空气（$K_a=1$）和土壤颗粒（$K_s=4$）的介电常数，因此可以将土壤构成近似概化为土壤水分和固气混合体两种组分，由此可见土壤系统的介电常数与土壤含水量呈明显相关趋势，目前若干相关研究中也给出了一系列用于描述土壤介电常数与土壤含水量间相关关系的经验和理论公式（程先军，1995）。

基于以上原理，应用电磁法测定土壤含水量的主要工作即转化为如何快速有效地测定土壤介电常数。根据土壤介电常数观测方法的不同，电磁法有可进一步细化为两种方法：时域反射法（TDR）和频域反射法（FDR）。时域反射法的工作原理为当电磁脉冲沿着平行的波导传播，其传播速度取决于与波导相接触和包围着波导的材料的介电常数（K），TDR 方法通过发送瞬时高频脉冲，在恒定时间间隔检测脉冲的强度，捕捉和记录回波时间，通过以下公式计算土壤介电常数。

$$K = (C/V)^2 = (tC/L)^2 \tag{4-3}$$

式中，K 为介电常数；C 为光在真空中传播的速度；V 为电磁波在导线中传播的速度；t 为电磁波沿导线从一端到另一端的传播时间；L 为导线长度。

FDR 方法与 TDR 方法类似，不同的是 FDR 的探头是由一对电极组成的介电传感器。当探头插入待测土层时，探头电极组和其之间的土壤共同构成一个电容，土壤成为电容的填充介质，FDR 将 100MHz 正弦曲线信号发送到由电容和振荡器组成的调谐电路中，通过扫频频率来检测共振频率，从而推求不同土壤阻抗表征下的土壤介电常数。

TDR 和 FDR 方法是当前和未来土壤水监测的主要发展趋势，其主要特点包括：①测定速度快。当前应用 TDR 和 FDR 原理的主要土壤水监测设备的反应时间多为 10~20s，可以满足分钟级别连续动态监测的需求；②自动化操作，当前基于电磁法的土壤水监测设备基本全部实现了自动化连续监测，并多配有远程数据传输模块，可以实现无人值守测站的长序列连续定点观测，满足大尺度土壤水监测及墒情预报的实践需求；③测值精度有待提高，作为一种间接式土壤湿度测定方法，TDR 和 FDR 方法起步较晚，对于土壤紧实程度、土壤类型等扰动因素影响下的土壤介电常数与土壤含水率间的数值关系确定还处于探索阶段，因此在当前生产和研究实践活动中，许多相关研究者和工作人员认为 TDR 和 FDR 设备的工作精度还有所不足，这也是这项技术在未来的主要发展和完善方向。

4.2 农田单元水分运移系统监测方案

在点尺度土壤水监测中，我们往往将土壤系统概化为分层均匀的一维土柱模型，将对土壤水过程的监测转化为分层土壤湿度测定，通过构建垂直方向上土壤湿度场随时间变化的过程近似表征土壤水运移规律。但是在生产实践中，特别是农业生产活动中，土壤往往与附着在其上的作物植被系统构成紧密的有机整体，土壤水的运移转换规律与作物的蒸腾蒸发过程紧密联系，对土壤水关注重点也不再仅仅集中于土壤水的总量，而更加关注土壤水中可被作物有效利用的部分，即土壤水的有效资源量，正是由于这种土壤水运动驱动机制和研究关注点的变化，点尺度土壤水监测成果往往不能有效刻画农田单元尺度上水分在土壤-植被-大气连续界面间转移转化规律。基于以上原因，农田单元水分运移系统监测也成为广义土壤水监测领域中的一项重要分支。农田单元水分运移系统监测将具有一定面积的均匀农田系统作为一个基本观测单元，对观测单元的地表填洼量、土壤含水率、蒸散量、入渗量等农田水分运动过程关键分量进行监测，其中一般将表征土壤潜在供水能力的土壤含水率和表征作物实际利用土壤水的地表蒸散量作为整个监测的核心任务，农田单元水分运移系统监测不只关注农田系统土壤水的静态含量，而更加关注土壤水总量中能够被作物有效利用的资源组分，从而形成对土壤水资源的总量和可利用量等资源属性的描述。

农田单元水分运移的监测项目和参数众多，多是由各种监测方法和设备进行整体耦合而成的庞大观测系统，其中关于土壤湿度的相关监测方法已在上节有所介绍，本节限于篇幅原因，将重点介绍另一系统关键参数——地表蒸散量的试验测定方法。

4.2.1 水平衡法

对于某个给定的地表单元，其水平衡方程可以描述为

$$P + I + R_i + F_u = R_o + ET + F_d + \Delta W \tag{4-4}$$

式中，P 为降雨量；I 为灌溉水量；R_i 为单元入流量；F_u 为地下饱和层通过毛细作用的向上补给量；R_o 为单元出流量；ET 为蒸散量；F_d 为深层渗漏量；ΔW 为土壤水蓄变量。由于在 ET 监测过程中往往不考虑土壤水的水平运移，所以可以将上述公式可简写为

$$P + I = R + ET + F + \Delta W \tag{4-5}$$

式中，P 为单元产流量；F 为土壤水饱和界面上的水分交换量，其他参数含义与式（4-4）相同。对于某个监测单元，其水分的输入量（P 和 I）可以通过观测记录得到，除 ET 外的其他输出量也可通过相应方法进行监测。由此，基于水平衡原理的 ET 计算公式可以描述为

$$ET = P + I - R - F - \Delta W \tag{4-6}$$

在实际监测工作中，降雨量 P 和灌溉量 I 可由观测记录得到，而对垂直入渗量 F、单元产流量 R 及土壤水蓄变量 ΔW 的监测往往采用大型称重式蒸渗仪作为综合监测手段。称重式蒸渗仪的基本工作原理是将一定体量的土壤-植被系统整体移植到一个与可以综合监测土壤水运动各分量的大型称重监测系统内，通过监测土柱的质量变化计算土壤水的蓄变量，同时通过位于系统内不同部位的出流及补给管道监测系统的出流和下渗情况。

由于通过大型蒸渗仪进行 ET 监测的方法是建立在水平衡原理的基础上，其物理意义明确，对 ET 的估算最接近于原型观测，数据可靠性强。在很多关于农田系统蒸散估算模型的研究中，基于蒸渗仪的 ET 计算结果作为 ET 实测值参与模型率定（陈建耀等，1999；汪耀富等，2005；强小嫚等，2009）。然而，由于蒸渗仪法的观测对象实际上仅为位于其称重平台上的孤立土壤-作物结构体，体现的是大田系统内水分运移规律的某一个特征形式，其模拟结果可能存在偏差。此外，由于蒸渗仪法的观测精度与其观测对象的体量有直接关系，因此，满足一定精度要求的大型蒸渗仪往往造价极高，难以推广到大面积区域上进行 ET 监测。

4.2.2 大气湍流特征监测法

近年来，随着微气象学的发展和遥测技术的进步，使对近地表大气湍流特征进行实时高频观测成为可能。由于近地表大气湍流特征直接体现了大气—陆面边界层上能量、水汽通量的变化，因此通过对近地表大气湍流进行探测可以实时反映地面蒸散发强度。目前针对湍流特征进行监测的两种主要方法包括涡度相关法和大孔径闪烁仪法。

4.2.2.1 涡度相关法

1951年澳大利亚科学家Swinbank在计算大气底层水分、热量和CO_2的垂直运移通量的研究中提出了涡度相关法。该方法的基本原理认为：在单位质量流体物质充分发展的湍流中，平均向上的通量F可以表示为（Swinbank，1951）：

$$F = \rho_a \overline{ws} + \rho_a \text{cov}(w', s') \tag{4-7}$$

式中，ρ_a为空气密度；$\overline{w}$为垂直风速的平均值；$\overline{s}$为所研究物理属性的平均值；w'为风速的脉动量；s'为物理属性的脉动量；cov( )为两个变量间的协方差。由于垂直方向风速的平均值趋于零，因此式（4-7）一般可表示为

$$F = \rho_a \text{cov}(w', s') \tag{4-8}$$

式（4-8）是对垂直方向上各种涡流通量的统一表述，在对水汽垂直通量的研究中，式（4-8）可转化为

$$F_w = \lambda \text{ET} = \rho_a \text{cov}(w', q') \tag{4-9}$$

式中，F_w为垂直方向上的水汽通量；λ为蒸发潜热；ET为蒸散量；q'为空气比湿的脉动量。式（4-9）给出了通过实时测定空气比湿和垂直风速的方法计算地面蒸散发的理论基础。

近年来随着快速测量技术和设备的不断发展，对垂直风速与水汽密度脉动的测量方案不断成熟，涡度相关法逐步成为实测地面蒸散量的主要方法。该方法从气象学角度实现了对ET的直接观测（于贵瑞等，2006），理论假设少、精度高，目前被认为是测定ET的标准方法（Baldocchi et al.，2001）。利用涡度相关法进行ET监测具有稳定性、连续性和非破坏性的特点，有利于蒸散量的长期定点观测。1998年由NASA资助的全球通量网（FLUXNET）正式成立，FLUXNET拥有400个以涡度相关法为骨干测量手段的地表通量监测站点，观测类型涵盖了各种典型的陆面生态系统，为研究全球尺度的水循环积累了大量基础数据（李思恩等，2008）。

然而，应用涡度相关法进行ET监测仍然具有不足。一方面，利用涡度相关法计算ET的过程中存在能量不闭合的情况，造成对ET值的低估；另一方面，由于相关测量设备属于精密仪器，长时间野外使用会造成损耗，影响观测精度的同时也极大地增加了监测成本。

4.2.2.2 大孔径闪烁雷达

Wang等（1978）提出了利用光闪烁法测量感热通量和潜热通量等的设想，此后美国NOAA波传播实验室基于以上设想研制出原型观测仪器。目前使用的近红外闪烁仪主要包含小孔径闪烁仪（SAS）、大孔径闪烁仪（LAS）及超大孔径闪烁仪（XLAS），其中大孔径闪烁仪（LAS）在国内外大量研究中得到广泛的应用。

大孔径闪烁仪的基本工作原理为：在湍流大气中，温度（T）、湿度（q）和气压（p）的波动都会引起空气密度的变化，从而反映为空气折射结构参数C_n^2的变化。大孔径闪烁仪分为发射和接收两部分，发射仪和接收仪具有相同的光学孔径。发射仪发出具有一定波长

和直径的波束，在传播过程中由于大气温度、湿度和气压波动引起大气折射系数的变化，波束受到折射和吸收，从而在接受仪上形成不同强度的波信号。根据接收装置接收到的信号强度（I）可推算出当前空气折射指数的结构参数，其公式如下：

$$C_n^2 = 1.12 \delta_{\ln I}^2 D^{7/3} L_1^{-3} \tag{4-10}$$

式中，C_n^2为空气折射指数结构参数；$\delta_{\ln I}^2$为信号强度I自然对数的方差；L_1为光路长；D为接受/发射装置的光学孔径。C_n^2反映了温度、湿度的变化情况，其对应关系可以表示为

$$C_n^2 = \frac{A_T^2}{T^2} C_T^2 + \frac{A_T A_q}{Tq} C_{Tq} + \frac{A_q^2}{q^2} C_q^2 \tag{4-11}$$

式中，C_T^2和C_q^2分别为温度、湿度结构参数；C_{Tq}为前两者间的相关项；A_T和A_q分别为C_T^2和C_q^2对C_n^2的贡献度。由于在可见光和红外波段范围内，温度波动是C_n^2的主要影响因素，A_T比A_q大2~3个数量级（卢俐等，2005）。Weseley通过引入波文比系数（β），给出了通过折射指数结构参数C_n^2计算大气的温度结构参数C_T^2的公式（Weseley，1976）：

$$C_T^2 = C_n^2 \left(\frac{T^2}{-0.78 \times 10^{-6}} \right) / \left(1 + \frac{0.03}{\beta} \right) \tag{4-12}$$

再结合Panofsky根据莫宁-奥布霍夫近地层大气相似理论提出的温度结构参数和感热通量间的关系：

$$\frac{C_T^2 (z-d)^{2/3}}{T_*^2} = f_T \left(\frac{z-d}{L} \right) \quad T_* = \frac{H}{\rho C_p u_*} \tag{4-13}$$

式中，z为观测高度；d为零平面位移高度；L为莫宁-奥布霍夫长度；H为显热通量；ρ为空气密度；C_p为空气定压比热；u_*为摩擦风速；f_T为仅与大气稳定度有关的普适函数。依据以上各式，可以通过逐次迭代法计算显热通量H，根据陆面能量平衡方程，地面ET可由下式计算得到：

$$\lambda \text{ET} = R_n - H - G \tag{4-14}$$

式中，R_n为地表净辐射；G为土壤热通量。

应用大孔径闪烁仪进行ET监测具有监测尺度大，对非均匀下垫面适应性强的特点。大孔径闪烁仪可对0.5~10km内的地表单元进行监测，其监测结果是对单元上不同下垫面类型蒸散信息的综合体现。其监测单元的空间尺寸与大气模式网格及遥感影像像元的尺度匹配性良好，这一优势使其在近十几年内迅速发展，具有广阔的应用前景（McAneney et al.，1995）。在实际应用中，为了克服地面扰动，大孔径闪烁仪需要安装在较高的观测塔上且占据一定地面面积，增加了设备布设成本，国内尚不具备大规模组网监测的条件。

4.3 区域大尺度土壤水监测原理和方法

近年来，土壤水的资源化研究日益得到重视，成为水资源管理和调控研究领域的一项重要议程，但与水资源管理大尺度、全时空的需求特征不相符的是当前土壤水的监测方案尚多集中在点尺度和农田尺度等小型单元上，缺少对大尺度区域陆面整体土壤水分布特征的完整描述方法。相关研究成果也表明，土壤水的空间变异性受研究尺度影响剧烈，在生

产实践中通过多点差分仅能反映土壤水变化的宏观趋势,而不能精确估算区域土壤含水量的准确数值,因此现状以田间尺度为主的土壤水监测体系难以支撑大尺度宏观水资源管理和调控的业务需求。基于以上认知,近年来,越来越多的研究者开始关注如何能够快速有效的获取大尺度空间上陆面土壤湿度场的精确分布数据,以及这些数据系列与传统小尺度监测资料间的数据融合方案。

本节将初步介绍基于多元校验的分布式水文模型模拟法、光学遥感方法和微波遥感方法等三类主要的大尺度土壤水监测方法。

4.3.1 基于多元校验的分布式水文模型模拟法

分布式水文模型是用以模拟和重现区域尺度水资源时空分布和转移转化规律的重要工具,相对传统的集总式模型,分布式水文模型不仅可以反映区域水资源系统在外界来水情势下的反馈机制,更能够清晰地揭示区域水资源系统内部各单元、各组分间的水循环及其伴生过程的作用机理和量化规律,从而支撑以精细化和系统化为发展趋势的水资源管理实践需求。

近年来,随着分布式水文模型的模拟精度和计算能力不断提升,利用分布式水文模型进行土壤水模拟和预报逐渐成为土壤水监测领域的一种新思路。利用分布式水文模型进行土壤水监测,首先要面向观测区域和流域进行模拟单元划分,其次结合调研调查和模型调参确定各模拟单元上自然—人工的二元水循环过程的主要结构参数,然后将降水、风速、光照、温度等实测气候因子数据系列和灌溉、水库调蓄等人工水量调度数据序列作为模型输入条件进行水循环过程模拟,通过地表径流量等可控可测数据序列对模型的运行进行校验和反馈调整,最终根据模拟结果输出合理有效的土壤水分时序变化数据集,从而实现土壤水的动态监测。值得注意的是,传统水文模型的校验往往以流域把口站的地表径流量作为数据基准,但在以海河流域为代表的强人类活动影响区域,由于人类大规模高强度的下垫面改造和取用水活动,河道内径流量在流域水资源分配中的比例大幅削减,单纯依靠径流校验已不能满足模型需要。为解决以上问题,中国水利水电科学研究院水资源所在国家重大基础研究项目"海河流域水循环演变机理与水资源高效利用"研究中提出了面向强人类活动地区的水循环模型多元校验方法并开发了用于适应强人类活动地区水循环模拟的MODCYCLE 模型。

基于多元校验的区域水循环模型不仅以实测径流量作为模型校验约束条件,还将实测土壤含水率、实测蒸散发、地下水位、作物产量等作为辅助校验参数,强化了模型对农业种植等人类活动的响应精度。由于基于多元校验的区域水循环模型可以良好兼容点尺度土壤含水率实测数据,通过有限测点校验模型后进一步模拟估算整个区域土壤含水量情况,从而可以实现传统点尺度土壤湿度监测数据的空间扩展功能,因此基于多元校验的区域水循环模型是未来大尺度土壤水监测和水资源管理决策支持系统中的一种重要参考工具。

4.3.2 光学遥感方法

土壤湿度光学遥感监测法是大尺度土壤墒情遥感监测的一个重要分支，所谓土壤湿度的光学遥感方法，是指利用光学遥感卫星的影像数据，根据土壤表面光谱反射特性、土壤表面发射率及表面温度来估算土壤水分。与微波遥感方法相比，其具有空间分辨率高，数据获取范围大，可供选择的卫星和传感器类型多，重复观测能力强等优势。近年来随着以 MODIS 卫星影像为代表的全球对地观测数据系列的不断完善，基于光学遥感方法的大尺度土壤湿度监测具有广阔的应用前景。目前用于土壤湿度光学遥感监测的方法除了基于经验公式和地面校验的植被指数相关法外，具有比较清晰物理和生态学机制的植被指数-温度特征空间法和表观热惯量方法是两种应用较多主要方法。

4.3.2.1 植被指数-温度特征空间法

植被指数-温度特征空间法（NDVI-Ts），又被称为温度植被干旱指数（temperature-vegetation dryness index，TVDI）估算法。这种估算思路最早由 Sandholt 等于 1997 年提出，这种方法的提出是因为传统通过遥感植被指数相关法估算土壤含水量时仅能够在裸土或稀疏植被条件下实现较理想的精度，而对于高植被覆盖度或者植被与土壤交错的下垫面类型，比较难以区分土壤和植被间相互影响。植被指数-温度特征空间法将地表植被情况和地表温度两种对土壤湿度变化最敏感的参数信息进行整合，具有非常清晰的生态学内涵，基于植被指数-温度特征空间提出的温度植被干旱指数与土壤湿度间具有良好的相关关系，且在参数计算中对地面数据的需求较少，非常适合大尺度长序列的土壤水分遥感监测的需求。

TVDI 法的基本原理和应用方法如下：对于给定研究区域的遥感影像，基于其可见光及红外波段的辐射值，可计算其各个像元上的植被指数（VI）和地表温度（T_s）。依据各个像元对应的温度和植被指数取值，将所有像元点绘在以植被指数为横坐标，以温度为纵坐标的垂直坐标空间，所有的像元点构成一个近似三角形的特征空间（图 4-2）。在理想状态下，图中 A 点为干燥裸土类型，其植被指数趋近零，地表为裸露土壤，同时处于极端干燥状态，不存在蒸发，地表潜热通量为零，感热通量最大，温度在所有裸土单元中最高；B 点为湿润裸土，同样具有最低的植被指数，但蒸发量最大，地表温度最低；C 点为干燥植被类型，植被盖度大、温度高；D 点为湿润植被类型，植被覆盖度高，温度低。图中 A 点与 B 点的土壤水状态分别为土壤凋萎含水率和土壤饱和含水率；D 点代表土壤供水能力充足时植被的蒸散情况，C 点代表植被冠层全部毛孔关闭时的无蒸散状态。

对于一个理想的 VI-Ts 特征空间，遥感影像上的任一像元都将落在其内部的某一位置，当地表某一点的植被覆盖度确定时，其到 AC 边和 BD 边的距离就能够表征该点的土壤湿润情况，其中 AC 边称为特征空间的"干边"，BD 边称为"湿边"，由此定义 TVDI 指数如下：

$$\text{TVDI} = \frac{T_s - T_{smin}}{f(\text{VI})_{max} - T_{smin}} \quad (4-15)$$

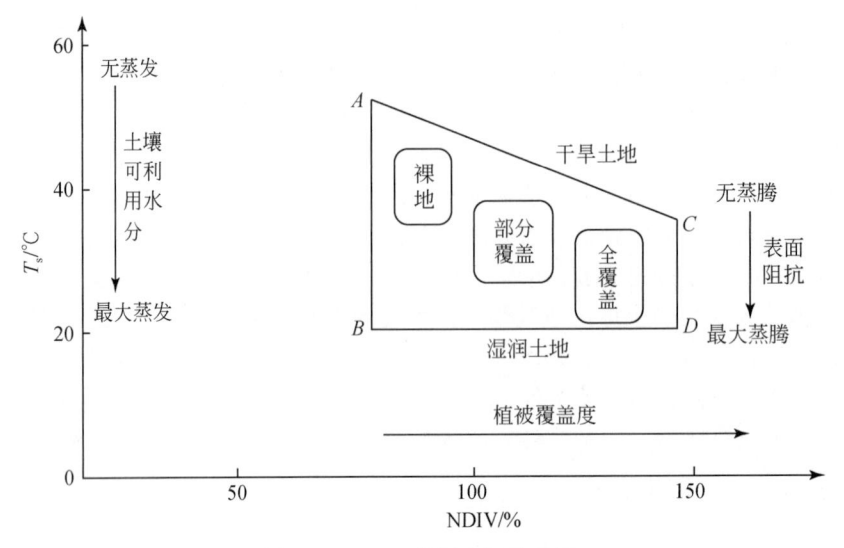

图 4-2 VI-T_s 特征空间示意图

$$f(VI)_{max} = a_{max} + b_{max} \times VI \tag{4-16}$$

式中，$f(VI)$ 为特征空间干边表达式，通过以上原理可以发现，无论对于裸土像元、全植被覆盖像元，还是土壤植被混合像元，其 TVDI 值均与其土壤湿度高度相关，因此基于光学遥感影像的 TVDI 指数可以较好地反映区域内各点上的土壤湿度情况。

应用植被指数-温度特征空间法进行土壤湿度监测包括两个关键步骤：一是基于遥感影像波段信息准确反演植被指数和地表温度两个关键参数，目前常用的植被指数类型包括归一化植被指数（NDVI）、加强植被指数（EVI）和土壤调整植被指数 MSAVI 等，一些研究者也就这些植被指数的特性对行了对比分析；二是在地表温度反演方面，MODIS 对地观测数据集、NOAA 卫星数据等都提供了相应的数据产品，同时基于两个相邻热红外波段（如 MODIS31、32 波段或 AVHRR 4、5 波段）的劈窗算法也被证明可以有效降低大气影响，得到精度可靠的地面温度数据。二是准确模拟特征空间的干、湿边方程，若干研究成果表示，特征空间的干边方程的拟合精度一般高于湿边拟合精度，而特征空间的湿边形态也往往不同于理想状态与横坐标轴平行，而是呈一定角度。

4.3.2.2 表观热惯量法

土壤热惯量是土壤的一种热特性，是表征土壤热惰性（阻止物理温度变化）大小的物理量，它决定了土壤在一定外界热量条件的作用下自身温度变化的剧烈程度。土壤系统的热惯量越大，其被加热（或冷却）时，温度上升（或下降）的速度和幅度越小。作为土壤自身的固有性质，在土壤介质不变的前提下，土壤热惯量常常被看做一个常量，其表达式如下：

$$p = \sqrt{kc\rho} \tag{4-17}$$

式中，k 为热传导系数 [J/(m·s·K)]；c 为土壤比热容 [J/(kg·K)]；ρ 为土壤密度

（kg/m³），对于各向均匀的土壤介质来说，k、c、ρ 均为常数。

对于一个土壤系统来说，热惯量是引起土壤表层温度变化的内在因素，其瞬时状态值与土壤含水量密切相关，因此土壤热惯量是间接刻画土壤含水率情况的有效指标。由于式（4-17）给出的土壤热惯量测量方法需要地面实地采样测量，难以推广到大尺度土壤湿度监测中，为适应实践应用需求，近年来基于遥感频谱信息的土壤热惯量计算模型研究成为土壤水光学遥感反演的一个重要研究方向。

20世纪70年代初 Waston 等（1971）首次提出一个简单的热惯量模式，1979年 Pratt 和 Euyett（1979）就土壤热惯量模式进行了各种应用性试验，并对模式作了改进，这些模式除了都包括太阳辐射、大气吸收和辐射、土壤热辐射和热传导等效应外，还考虑了蒸发和凝结、地-气间湍流的效应等，但这些模式有的所需资料较多，计算也较复杂，投入实际应用存在一定困难。于是 Priee（1985）提出了表观热惯量（apparent thermal inertia）的概念，考虑到在一定条件下入射的太阳辐射可视为常数，表观热惯量表达式被简化为 ATI=（1−α）ΔT，由于表观热惯量只涉及了地表温差（ΔT）和地表反照率（A）两个参量，模型输入数据简单，且基本可以通过影像辐射信息求得，对地面数据的依赖较小，从而使表征热惯量法成为一种被广泛应用的大尺度土壤水监测研究方法。但值得注意的是这种简化的热惯量与真实热惯量相距甚远，仅适用于裸土和植被覆盖稀疏区土壤含水量的监测。

4.3.3 微波遥感方法

由于地球表面经常有40%~60%的地区被云层覆盖，卫星遥感的可见光及红外波段很难穿过云层到达地面，从而影响了对地观测效果和观测精度。微波具有穿透云层、雾层的能力，并且微波测量不受太阳辐射的影响，因此微波对地观测具有全天候、高精度的工作能力（郭英等，2011）。

微波遥感土壤湿度的物理基础是土壤的介电特性和土壤水分含量之间具有密切关系。水的介电常数约为80，而干土的仅为3，它们之间具有较大的反差。土壤的介电常数随土壤湿度变化而变化，国内外研究者对此进行了大量的实验研究和理论计算（Chan，1993；张俊荣等，1995）。微波遥感土壤湿度具有比光学遥感更大的优势，如不受光照条件限制，能够全天候工作。特别是长波段微波能够穿透植被并对土壤具有一定的穿透能力（高峰等，2001）。

微波遥感的基本原理是目标地物体收到已知的微波信号后，其表面或体内将会感应出变化的电荷而发生再辐射，从而产生散射回波（乌拉比等，1987）。这种散射回波与入射信号的性质是不同的，且由物体本身的物理结构所决定，所以是各不相同的。传感器接收的散射回波地信息包含了能够表征目标地物体的特征。这些特征的差异性就是从影像中获得的目标地物体的散射特征和反演地表参数的重要依据。这种雷达反射信号的差异与土壤介电常数直接相关，而土壤介电常数主要受土壤水分的影响，从而使得雷达的后向散射系数明显依赖于土壤水分（姜良美，2012）。

微波监测土壤湿度分为主动微波监测和被动微波监测两种方法。被动微波方法是遥感平台不发射微波,而是接收监测对象的天然放射的微波能量,对接收的天然微波放射量进行分析求得观测对象的亮度温度等指标,从而反演得到观测区域的土壤湿度(Schmugge et al.,1986)。主动微波遥感包括真实孔径雷达(SLAR)和合成孔径雷达(SAR)两种方法,真实孔径雷达要提高分辨率必须加大天线孔径,在实际操作中遇到了困难,限制了该方法的应用(刘万侠等,2007),合成孔径雷达克服了这个问题,显著提升了遥感分辨率,是目前应用最为广泛的土壤湿度微波测定方法(高峰等,2001)。

4.3.3.1 主动微波遥感法

主动微波遥感法是指利用搭载在遥感平台上的雷达,发射一束窄脉冲(微波波束)投射于地物表面,由雷达天线收集其反射的回波信号经处理后获取地物后向散射信息(后向散射系数 σ 或归一化散射截面 σ°),据此提取与分析目标物体特性或参数的有关遥感技术。主动微波遥感的工作原理可概化描述为

$$\sigma = \varepsilon_s(M) + P + \mathrm{Sr} \tag{4-18}$$

式中,σ 代表后向散射系数;$\varepsilon_s(M)$ 代表土壤水分参数;P 代表地表植被参数;Sr 代表地表粗糙度参数。

由式(4-18)可知,主动微波遥感雷达获取的后向散射系数是土壤介电常数、地表植被覆盖和地表粗糙度共同影响下的综合结果,其中土壤介电常数与土壤湿度紧密联系,可以看做土壤湿度的函数。土壤湿度主动微波遥感反演就是基于雷达回波信号,在排除植被覆盖和土壤粗糙度影响后,通过土壤介电常数反推土壤湿度的过程。

目前土壤湿度主动微波遥感法主要使用合成孔径雷达,这种探测方式可以在利用有限的天线长度的等效合成天线来获取高分辨率图像,从而解决了天线长度限制和高地面分辨率需求间的应用矛盾。

由于雷达的后向散射除了和土壤水分有关,也受到植被覆盖、土壤表面粗糙度等多种因素的影响,如植被冠层中散射体的尺度大小及几何分布、植被的行向和间距、郁闭度等会改变裸露土壤的散射特性;同时植被本身所含水分影响经过冠层的微波信号。同一土壤表面,对于不同波长的微波来说,其粗糙程度不同,对雷达回波信号的影响程度也不同,粗糙度的影响在于改变了面积分中雷达波照射到的土壤表面的几何特性,从而改变了土壤湿度监测的灵敏性。因此在监测实践中需要一定的方法对土壤湿度信息进行精准提取,目前主要的方法包括散射模型法和土壤湿度变化探测法。

散射模型法是在考虑植被因素、地表粗糙度和土壤湿度对雷达归一化散射截面(σ°)相互影响的基础上,把 σ° 作为传感器参数和地表参数的函数从而实现土壤湿度的反演。当前常用的散射模型包括经验模型、半经验模型及理论模型;经验模型主要来自试验和统计理论,不过多局限于当时的地表条件和雷达参数;以 Oh 等的裸土监测模型、Shi 模型、水云模型(WCM)等为代表的半经验模型基于一定的理论和统计基础,摆脱了理论模型的复杂性,应用效果较好,是今后散射模型发展的一个趋势。此外微波植被体散射模型(Michigan microwave canopy scattering model,MIMICS)等基于严格理论基础的理论模型也

具有较广泛的应用。

土壤湿度变化探测法是利用多时相的 SAR 图像探测土壤湿度变化的相对值，而不是绝对值（赵少华等，2010）。该法假设地表粗糙度和植被生物量的时间变化一般是在一个大于土壤湿度变化的较长时间尺度上进行，因此重复过境时多时相 SAR 图像的 σ^o 变化是由土壤湿度变化引起的。所以，多时相的 SAR 数据集能够用来使地表粗糙度和生物量的影响最小，从而提升土壤湿度变化信息的敏感性。然而，该法并不适于粗糙度和生物量在短时间内变化大的耕地。此外，图像必须用同样的传感器获取才能避免由入射角变化和图像定标造成的地形校正。

虽然主动微波遥感在土壤水分估算上具有诸多优势且在诸多研究中得到了一定应用，但其自身仍存在一些如时间分辨率低、对植被区研究较少且其精度不高等问题。更重要的是很多不确定性因素（数据、模型、时空尺度等）有待深入研究，如经验模型的局限性、理论模型的复杂性及参数难获取、地表粗糙度和植被散射、植被变化的非线性效应、地面实测值和模型模拟值的差异性及传感器配置参数的变化对研究的影响等，其解决的途径将侧重于方法的改进，如通过多时相、多极化、多入射角等技术改进传感器的性能、提高时间分辨率和扫描带宽、消除植被层体散射和地表粗糙度影响等。同时，加强植被覆盖下的散射机制的研究，还要考虑模型的精度和简单适用性。

4.3.3.2 被动微波遥感

与主动微波遥感通过发射波束并记录回波信息判断土壤介电常数方法不同，被动微波遥感是通过微波辐射计、微波散射计等传感器接受土壤自身发出的微波辐射，通过多个微波波段的像元亮温值辅以地面参数、大气参数求解土壤水含量水平。被动微波遥感的主要工作原理可概化如下。

$$T_{b(p)} = T_{au} + \Gamma_{au}(T_{ad} + T_{sky}\Gamma_{ad})(1-e_{sp})\Gamma_c^2 + \Gamma_{au}$$
$$\cdot [e_{sp}T_s\Gamma_c + T_c(1-\omega_p)(1-\Gamma_c)][1+(1-e_{sp})\Gamma_c] \tag{4-19}$$

植被透射率 Γ_c 定义为植被光厚学厚度 τ 和入射角 u 的函数：

$$\Gamma_c = \exp(-\tau/\cos u) \tag{4-20}$$

式中，T_{au} 为向上大气温度；T_{ad} 为向下大气温度；T_s 为有效土壤温度；T_c 为植物温度；T_{sky} 为宇宙背景温度；Γ_{au} 为向上大气透射率；Γ_{ad} 为向下大气透射率；Γ_c 为植物透射率；T_b 为亮温；ω 为植被单次散射反照率；e_{sp} 为地表放射率，下标 p 表示极化状态。

卫星接收到的辐射包含 5 个组成部分：①直接向上的大气辐射；②经植被和大气削弱的地表辐射；③经植被和大气削弱的向下大气辐射和宇宙背景辐射；④经大气削弱的植被向上辐射；⑤经植被和大气削弱的被地表散射的植被向下辐射。

通过式（4-20）可知，星载微波传感器接受到的辐射信息由 5 个部分组成：由地表发出的穿过植被和大气并被削弱的地表辐射、由植被层向上发出的穿过大气层并被削弱的植被向上辐射、大气自身向上辐射、由植被层向下发出的经地表发射后穿过植被层和大气并被削弱的植被向下辐射、宇宙背景辐射和大气向下辐射经地面反射后再次穿过植被层和大气的反射信息。

由式（4-19）和式（4-20）可知，卫星传感器亮温值是土壤湿度、植被、地表温度和大气透过率等因素综合作用的结果，因此基于被动遥感方法的土壤湿度监控的核心即在于通过雷达影像亮温值和相关辅助数据，反向推算及建立相关观测参数与土壤湿度间的数值关系。目前的常用方法除一般数理统计方法外还包括正向模型法和神经网络法。

遥感正向模型，是指基于电磁辐射信息传播原理建立的用以描述传感器所接受的信号信息与电磁波传输过程中所接触介质的相关特征参数间关系的数学计算模型。正向模型的输入是目标的物理参数，输出则为传感器所接收的信号，所谓的反演过程就是通过输出来求得输入参数。反演中由于存在非线性关系，有时需借助迭代的方法反演，这个过程可以描述为：基于某种正向模型（属于观测亮温与土壤水分等参数的非线性方程）将其线性化建立法方程，然后用迭代法求出土壤湿度等地表参数的最小二乘解。

人工神经网络是模仿人类大脑的结构和功能，用以处理非线性、模糊决策等复杂问题的一种数学方法。一个完整的神经网络模型由1个输入层、1个或几个隐含层和1个输出层构成，通过调整隐含层相关系数，可以建立不同维度的向量集间的模糊关联关系。通过人工神经网络方法反演土壤水分是将过程参数作为输入层，传感器亮温值作为输出层，通过一系列已知数据进行神经网络模型的训练，经过训练后的网络模型可以批量将传感器亮温值输入向量反转为地面关键参数从而实现土壤含水量的宏观监控。

被动微波遥感是大尺度土壤水分监测的一种非常有效的手段，然而因空间分辨率较低，使其在流域尺度上的应用受到限制。针对此情况，国内外已经开展合成孔径微波辐射计的研究。另外，许多研究基于经验统计算法，在模型机理研究上还很欠缺，所以还应结合辐射传输、波解析等理论加强机理研究。

4.4 本章小结

本章系统回顾了土壤水监测的主要方法和技术方案，依据监测方案的尺度适应性分别重点介绍了点尺度土壤水监测、农田尺度土壤水系统观测和大尺度陆面土壤湿度科学研究及生产实践中所采用的主要方法和工作原理，分析了包括烘干法、湿度计法、中子法、电磁法、水平衡法、湍流特征识别法、光学遥感法、微波遥感法，以及基于多元校验的水循环模型监测法等土壤水及伴生系统监测方法的特性、优势、主要问题和未来应用前景。

第5章 海河流域典型农田单元土壤水监测研究

随着人类活动的加剧，社会水循环已经成为影响整个水循环过程的重要因子，由此形成了"自然—人工"的二元水循环过程（王浩等，2003）。土壤中水分循环是二元水循环过程中的重要部分，尤其是受大规模的农业活动影响的土壤水分，大大影响了自然条件下的水循环过程。开展土壤水监测及规律研究，摸清"自然—人工"相互作用下的二元水循环过程，是本研究的主要目的之一。

本章选取海河流域典型农田单元开展土壤水监测及规律研究，是从点尺度开展土壤湿度观测模拟及土壤水效用评价的应用实例。通过 MODCYCLE 模型模拟分析试验区作物生长过程中水分通量变化，并对结果进行分析。此外，利用传统的水平衡方法，对作物生长期蒸散发量进行计算。研究典型单元作物生长期内土壤水通量变化过程对评价土壤水效用，促进当地农作物田间用水调配，实现从用水管理到耗水管理，具有重要意义（秦大庸等，2008）。

选取地处衡水市的河北省农林科学院试验基地，试验基地硬件设施较完善，观测条件良好。试验地属于海河流域黑龙港水系，具有平原地区水系代表性。试验基地内种植作物选用根据当地及周边地区实际种植结构而定，农作物品种具有海河流域平原区典型代表性。本研究典型单元的选取具有良好的代表性。

5.1 典型单元试验介绍

5.1.1 试验区简介

试验地点为河北省农林科学院旱作农业研究所，地处河北省衡水市护驾迟镇，地理位置东经 115.7°，北纬 37.9°，包括四块 72m^2 的试验区（图5-1）。衡水市地处华北平原黑龙港流域，属半干旱大陆季风气候区，年平均气温 12.6℃，多年平均降水量 509.7mm，降水主要集中在夏季，无霜期为 200d 左右。土壤类型主要为潮土，土层深厚，以轻壤土为主，部分为砂质和黏质，土壤矿物养分丰富。玉米和冬小麦为衡水地区的主要农作物。

试验田块为 4 块 9.6m×7.5m 的矩形田块（图5-2）。其中 1 号和 4 号田块为灌溉田块，试验过程中根据试验站周边农户的灌溉次数和灌水量进行井灌。2 号和 3 号田块为雨养田块，试验期间不进行灌溉，以形成与 1 号和 4 号田块的试验对比。

(a) 海河流域

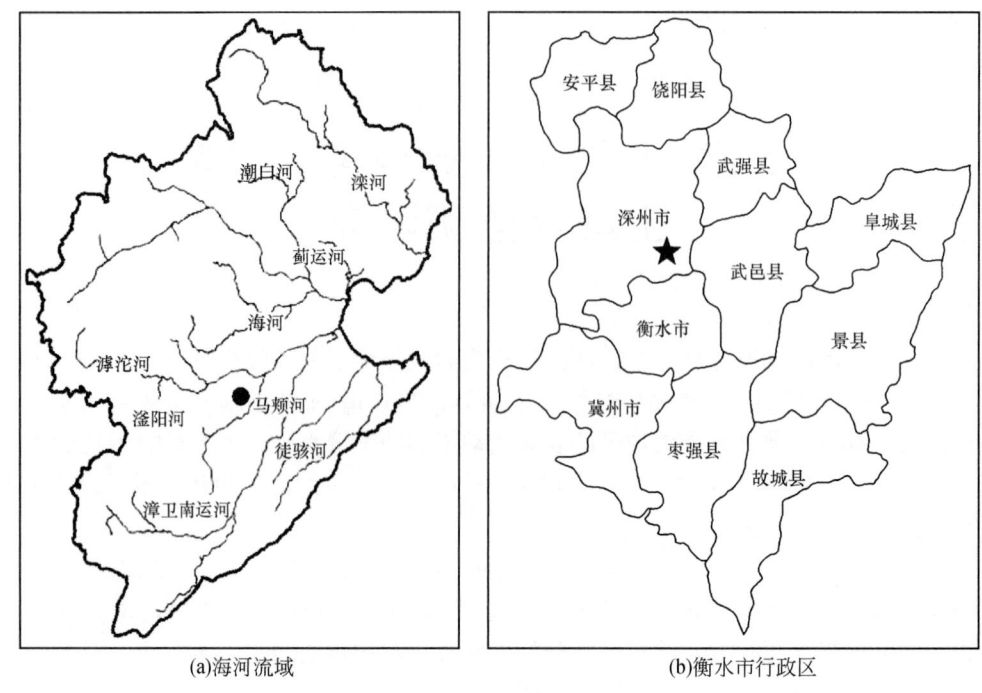

(b) 衡水市行政区

图 5-1　试验站地理位置示意图

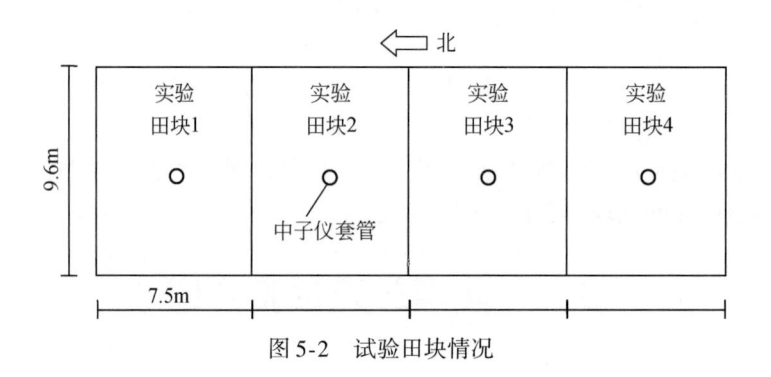

图 5-2　试验田块情况

田间试验分两阶段进行，第一阶段的田间试验以大田玉米种植全生育期作为观测时期，植株密度为6.2万株/hm²。试验地玉米从2009年6月中下旬播种起至10月3日收获止。第二阶段的土壤水试验以大田小麦种植全生育期作为观测时期，观测时间从2009年10月中下旬小麦播种开始，到2010年6月中旬收获止。

5.1.2　试验观测

第一阶段：玉米为衡水地区主要农作物之一，玉米均为正常施肥、灌溉，植株密度为5.2万株/hm²。试验地玉米从2009年6月中下旬播种起至10月3日收获止，生长期共107d。期间累积降水量619.4mm，属较丰水年份。第二阶段观测时间从2009年10月中下旬小麦播种开始到 2010 年 6 月中旬小麦收割。

试验观测项目主要根据试验研究需求及模型输入参数需求确定，主要包括 9 个项目：①试验区土壤参数；②试验区附近的气象数据；③土壤剖面/表面含水率；④叶面积指数；⑤植株高度；⑥灌溉事件；⑦施肥事件；⑧试验区或附近的地下水埋深；⑨作物产量。

（1）试验区土壤参数

土壤参数是土壤水模拟中的基础参数。与模型相关的参数包括土壤分类（砂土、壤土、黏土等），土壤分层信息、每层土层的干容重（表5-1）、田间持水度、饱和水力传导度、黏/粉/砂/砾石含量、湿反照率等。这些参数中有些通过试验场实测获得，如土壤的分层、田间持水度、黏/粉/砂/砾石含量等，有些则通过文献资料查询获得，如土壤的湿反照率等。

表 5-1 土壤各层容重测量值

深度/m	第一次容重/(g/cm³)	第二次容重/(g/cm³)	平均值/(g/cm³)
0~10	1.45	1.45	1.45
10~30	1.50	1.55	1.52
30~50	1.42	1.41	1.41
50~70	1.39	1.36	1.38
70~90	1.41	1.36	1.39
90~110	1.58	1.56	1.57
110~130	1.53	1.48	1.50
130~150	1.45	1.41	1.43
150~170	1.44	1.43	1.43
170~190	1.50	1.43	1.47

（2）试验区附近的日气象数据

气象数据包括六大要素：降雨、最高气温、最低气温、相对湿度、日照时数/日太阳辐射、风速。试验区内设有专用气象站，这些数据通过试验基地的气象观测仪器提供，资料的精度为日序列。

（3）土壤剖面含水率

土壤剖面含水率为此次试验观测的重点内容。土壤含水率的观测采用中子土壤水分仪（CNC503B 型）进行，具体为在每块试验田块中央各埋设 1 根套管，套管的埋藏深度依据作物的根系深度确定。根据试验基地多年经验，当地土质条件下玉米和冬小麦的根系深度均在2m以下，试验过程中套管埋设深度为2.2m，以保证观测2m埋深范围内的土壤含水率。含水率观测时从地表到地下2m，土壤剖面含水率按每20cm间距进行观测。

对于土壤剖面含水率的观测频率，原则上维持5日1测的频率。同时为监测土壤水分下渗情况，在灌溉前1天，以及灌后（或较大降雨后，如20mm以上）2~5d内必须进行观测。

由于中子仪对表土含水率观测精度不佳，0~20cm土层的土壤含水率用频域反射仪（JL-19型）替代测量。

（4）叶面积指数

在各试验田块选择10~20株代表性植株作为各田块的样本群，并用标签逐一标注编号。以作物的各生育期作为观测采样时间用钢尺测量植株叶片长和宽。对于玉米，在出苗期、拔节期、抽雄期、成熟期各观测1~2次；对于冬小麦，在出苗期、分蘖期、返青期、拔节期、抽穗期、成熟期各观测1~2次。表5-2为两期作物的生育期，两期作物生育期内叶面积指数的观测日期见表5-3。

表5-2 夏玉米和冬小麦生育期

作物	生育期						
夏玉米	播种	出苗	拔节	抽雄	成熟		
	6月16日	6月21日	7月18日	8月9日	9月21日		
冬小麦	播种	出苗	分蘖	越冬	返青	拔节	抽穗	成熟
	9月28日	10月1日	10月18日	12月5日	3月5日	4月1日	5月11日	6月15日

表5-3 两期作物叶面积指数观测日期

作物	观测日期						
夏玉米	7月10日	7月18日	7月25日	8月1日	8月9日	8月25日	9月10日
冬小麦	10月18日	11月15日	12月5日	3月15日	4月1日	4月20日	5月11日	6月1日

玉米的生育期内叶面积指数共进行了5次观测。叶片分为展叶和见叶进行测量和计算，展叶的最大长宽乘积的0.75倍（见叶为0.5倍）记为其叶片面积，叶片面积总和与占地面积的比值即为叶面积指数。在玉米生长的主要阶段进行测量，试验期间共测量6次，其他时期所需叶面积指数通过插值方法得到：

$$LAI = [0.75 \sum (A \times B)_{展叶} + 0.5 \sum (A \times B)_{见叶}] / S_{占地} \quad (5-1)$$

（5）植株高度

植株高度的观测采用钢尺测量，植株样本群同叶面积指数测量过程中选定的样本群。观测时间与叶面积指数的观测时间一致，在玉米快速生长期植株高度增加观测次数。生育期内总共观测 14 次。

（6）灌溉事件

灌溉事件包括灌溉时间、灌溉水量。对于灌溉事件的观测，需要记录灌溉时间，并统计各块田块的灌溉水量。试验田块 1 和 4 为灌溉田块，试验期间于 2009 年 7 月 29 日进行了 1 次灌水，灌溉定额为 50m³/亩（约合 75mm，1 亩 ≈ 667m²）。

（7）施肥事件

施肥事件包括施肥时间、施肥量。施肥事件的观测同灌溉事件，一是记录施肥时间，二是统计各块田块的施肥量。试验期内 4 块试验田共施肥两次，分别为 2009 年 6 月 26 日施复合底肥 40 斤/亩①，7 月 29 日追肥 50 斤/亩，肥料为尿素。

（8）试验区或附近的潜水埋深

地下水埋深变化通过距试验田块西南角约 50m 处的浅水井用测绳法进行观测，频率为 5 日一测。由于该井还兼顾灌溉，数据仅做试验参考。

（9）作物产量

在作物成熟收割时期，进行取样估产。具体过程按试验基地以往估产经验方法确定。

各观测项目及其观测时间、观测方法、观测频率汇总见表 5-4。

表 5-4　衡水试验玉米生长期田间试验观测项目

项目编号	项目名称	观测方式	观测时间	观测频率
1	土壤参数	分层取样	试验前期	1 次
2	气象要素	试验区气象站	试验期内	每日
3	剖面含水率	中子仪	试验期内	每 5 日或加密
	表土含水率	TDR	试验期内	每 5 日
4	叶面积指数	钢尺测叶宽叶长	作物生育期内	每生育期 1~2 次
5	植株高度	测尺法	作物生育期内	每星期 1 次或加密
6	灌溉事件	记录	灌溉时	每次灌溉事件
7	施肥事件	记录	施肥时	每次施肥事件
8	地下水埋深	测绳法	试验期内	每 5 日
9	作物产量	取样观测	作物收割期	1 次

5.1.3　部分观测数据

土壤参数是土壤水模拟中的基础参数。与模型相关的参数包括土壤类型（砂土、壤

---

① 1 斤 = 500g。

土、黏土等）、土壤分层信息、每层土层的干容重、田间持水度、饱和水力传导度、黏/粉/砂/砾石含量、湿反照率等。这些参数中有些通过实际观测获得，如土壤的分层、田间持水度、黏/粉/砂/砾石含量等，有些则通过间接途径获得，见表5-5。

表5-5 试验区土质参数表

深度/cm	干容重/(g/cm³)	田间持水量/%	黏粒含量/%	粉粒含量/%	砂粒含量/%	土质描述
0~20	1.46	21.9	15.8	57.0	27.2	壤土
20~40	1.51	19.1	16.2	47.8	40.0	
40~60	1.37	19.9	30.3	42.8	36.9	39~43cm分布薄潴育层
60~80	1.35	25.4	38.6	42.8	18.6	50~75cm分布厚潴育层
80~100	1.50	28.3	28.1	39.7	32.2	
100~120	1.57	29.6	27.6	40.2	32.2	
120~140	1.44	29.2	29.2	38.6	32.2	黏性壤土
140~160	1.41	22.5	28.7	39.1	32.2	
160~180	1.49	19.8	29.8	44.0	26.2	
180~200	1.41	19.9	32.1	42.7	39.2	

气象数据包括六大要素：降雨、日最高气温、日最低气温、相对湿度、日照时数/日太阳辐射和风速。试验区内设有专用气象站，这些数据通过试验基地的气象观测仪器提供，如图5-3~图5-7所示。

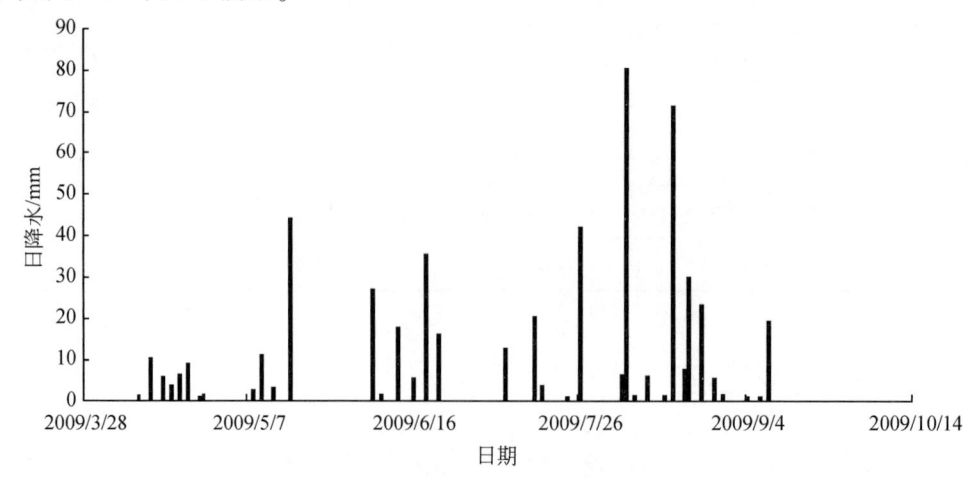

图5-3 玉米生长期内降雨分布

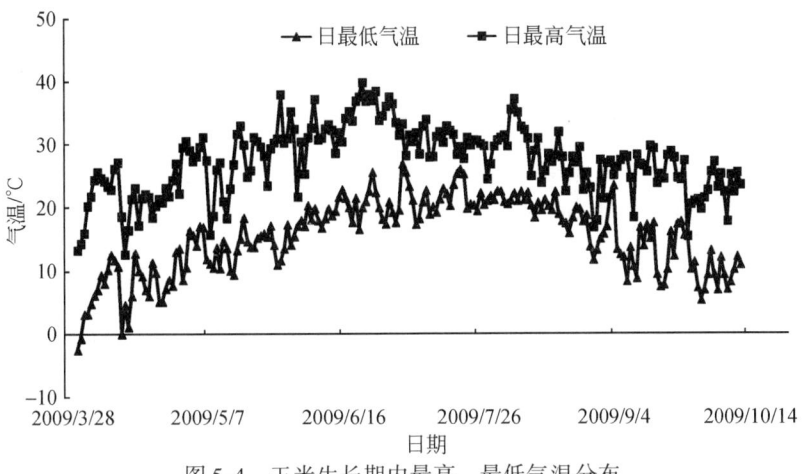

图 5-4 玉米生长期内最高、最低气温分布

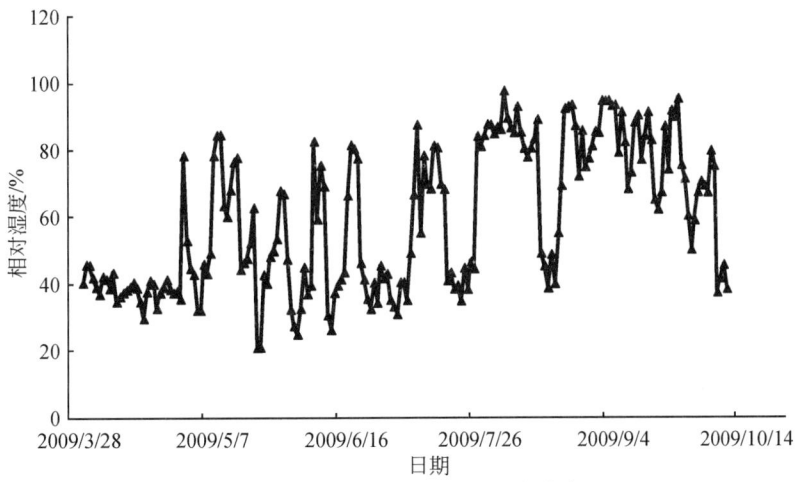

图 5-5 玉米生长期内相对湿度分布

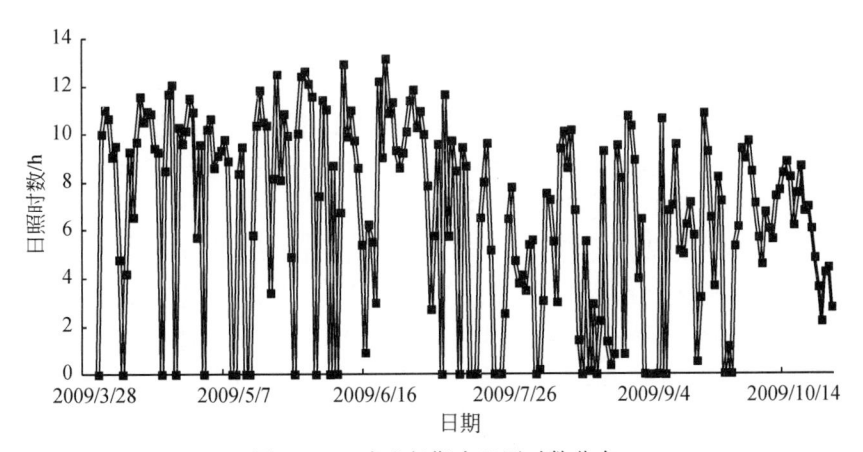

图 5-6 玉米生长期内日照时数分布

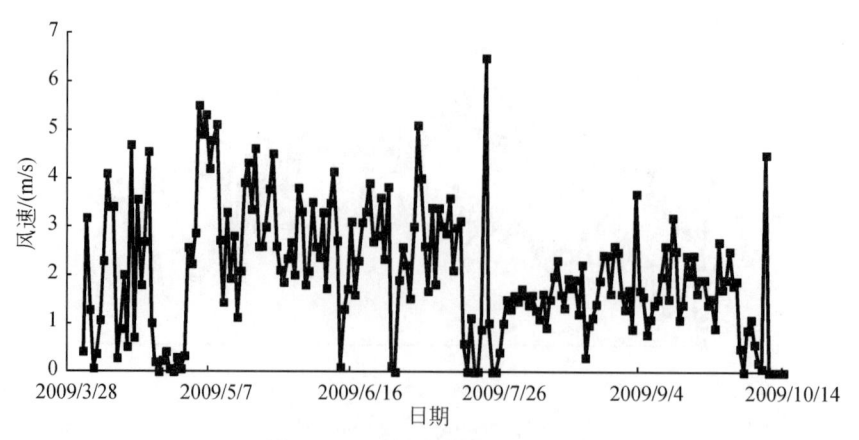

图 5-7 玉米生长期内风速分布

5.2 土壤水转换模型的构建

MODCYCLE 众多的水循环单元要素中，基础模拟单元在模型中处于核心地位。基础模拟单元刻画的物理原型实际上是土壤层及其上生长的植被，其水循环过程在模型中通过一维土柱进行模拟，反映的是垂向方向上水分在土壤水系统与植物系统中的循环转化过程。多数重要的水循环转化过程如区域产流、蒸发、入渗、地下水补给等均在基础模拟单元上进行模拟。从模拟概念上，基础模拟单元的水循环过程实际上描述了 SPAC 系统，即土壤-植物-大气连续体（soil-plant-atmosphere continuum）（Philip，1966）。SPAC 系统属于田间尺度水循环过程，在 MODCYCLE 中通过将多个基础模拟单元进行空间上的分离和整合，使模型获得了区域尺度模拟的能力。

MODCYCLE 模型虽然是区域/流域尺度的水循环模拟模型，但由于在模型设计过程中充分考虑了模型的灵活性和模型结构的模块化，对于田间尺度的水循环模拟也能很好适应。

任何模型的开发均离不开对模型正确与否的校验过程，而对模型最严格的校验是通过观测试验为模型提供真实的水循环情景作为模拟的对比参照，借此研究模型对水循环过程的刻画能力和反演效果。利用实测的田间数据作为最新开发的 MODCYCLE 模型提供模拟原型进行了试验过程的水循环反演和模型验证工作。

根据玉米生育期内的试验数据，本章利用 MODCYCLE 模型进行了建模工作。试验中 1 号和 4 号田块为灌溉田块，2 号和 3 号田块为雨养田块，因此模拟时分两种情况进行，一种为灌溉情况下的模拟，另一种为非灌溉情况下的模拟。玉米种植日期为 2009 年 6 月 16 日，收割日期为 10 月 3 日，为了消除初始条件的影响，模拟起始日期设置为 2009 年 4 月 1 日，连续日模拟至玉米的收割日期。模型的主要输入数据为日气象数据、作物参数数据、模型的土壤分层及参数依照表 2 的实测土壤层。玉米生长期最大根系深度设置为 0.6m。主要率定的模型参数为土壤的饱和渗透系数、土壤水蒸发补偿因子（ESCO）、作物吸水补偿系数（ESPO）、植物光能利用系数等参数。模型率定时主要通过对比研究区 2m 内土壤总含水量变化、剖面分层土壤含水量变化、叶面积指数变化、植物生长高度的实测值与模拟值，进行模型的参数率定和检验。

5.3 模拟结果验证

5.3.1 埋深 2m 以上土壤含水率对比验证

图 5-8 为灌溉（1 号、4 号）田块地下埋深 2m 以上的土层的含水率变化模拟值和实测值的对比。图 5-9 为雨养（2 号、3 号）田块模拟含水率和实测含水率的对比。在两次对比验证过程中，为消除观测误差，实测含水率取分别取 1 号、4 号田块和 2 号、3 号田块的均值。从图中可以看出，调试后土壤含水率的模拟过程曲线与实测过程曲线趋势基本一致；土壤含水率的升降变化与降雨量/灌溉量的发生频率有密切联系，无降雨时土壤含水率消耗于蒸散发，土壤含水率曲线缓慢下降；降雨/灌溉时土壤含水率则呈上升趋势，其增幅与降雨量的大小呈正相关，规律性十分明显。率定后的模型 NASH 效率系数的平均值为 0.87，相关系数的平均值为 0.94。

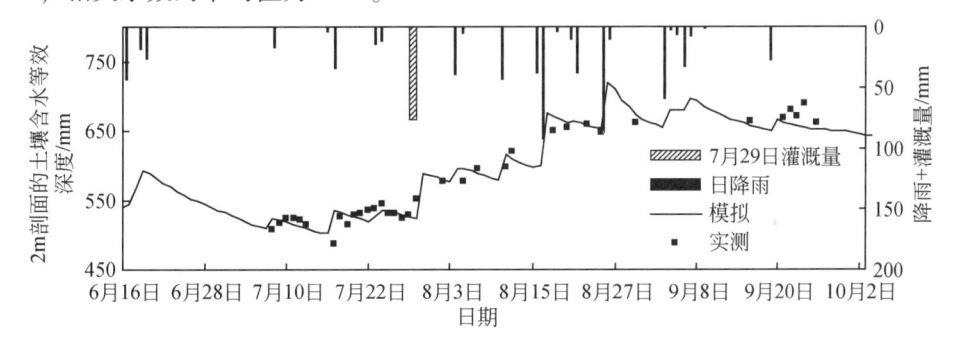

图 5-8　灌溉田块埋深 2m 以上土壤含水等效深度变化

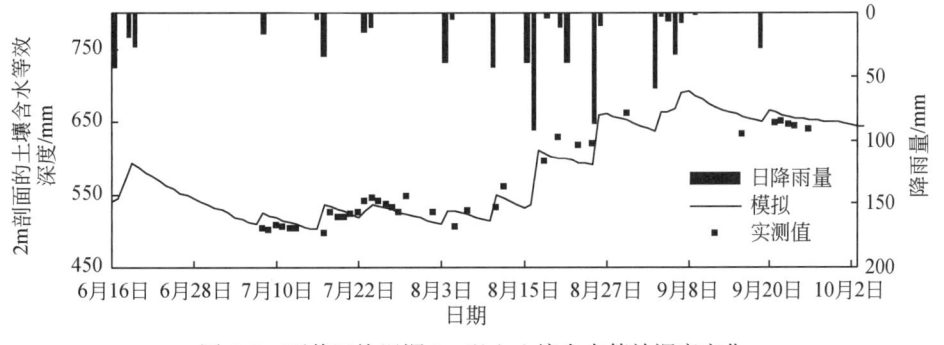

图 5-9　雨养田块埋深 2m 以上土壤含水等效深度变化

5.3.2 土壤剖面分层含水率对比验证

随机抽取的不同时期剖面含水率的实测值与模拟值对比。如图 5-10 所示，不同时期不同剖面土壤含水率实测曲线与模拟曲线变化趋势基本一致，最后一层剖面含水率的实测值和模拟值基本一致，含水率相关系数平均值为 0.84。

(a) 灌溉田块不同时期剖面含水率分布

(b) 雨养田块不同时期剖面含水率分布

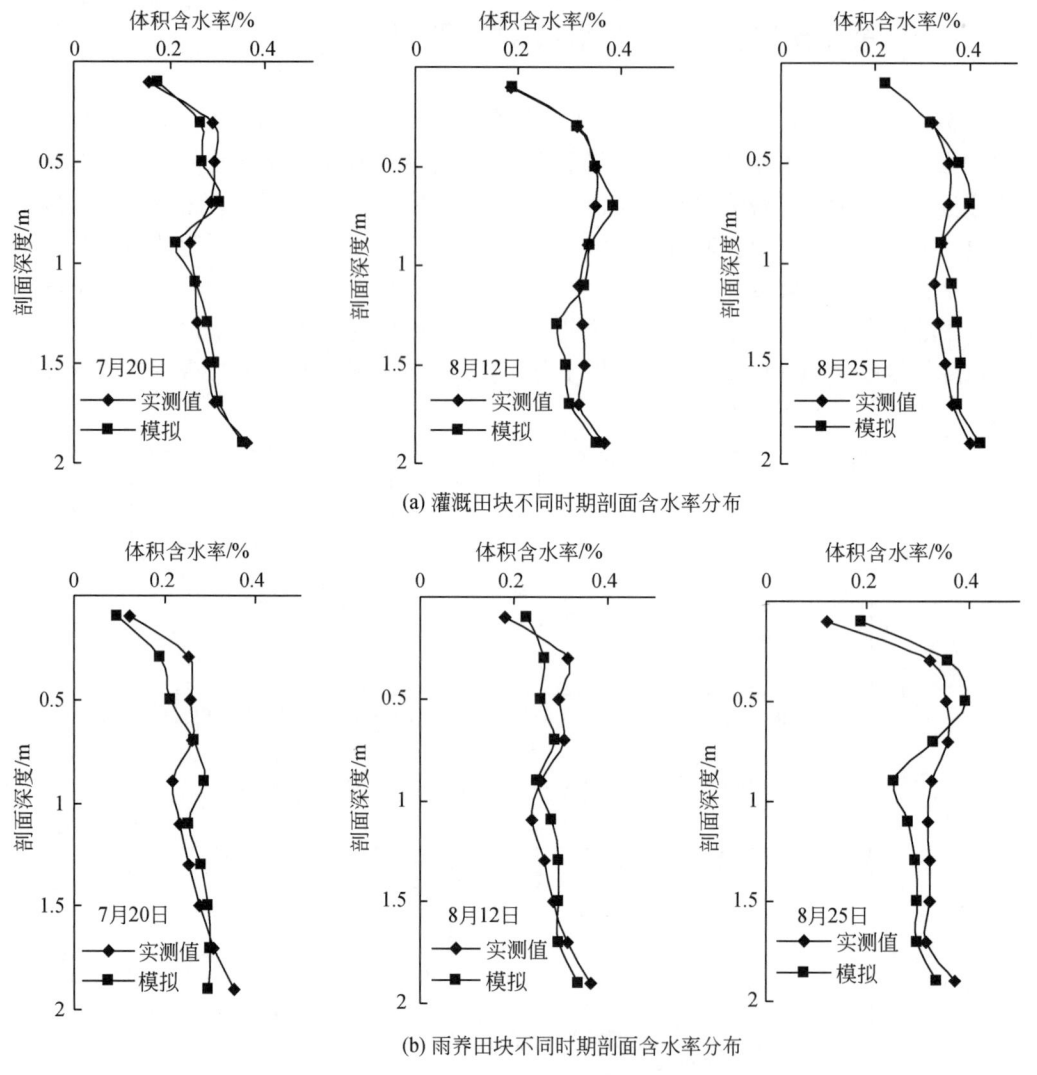

图 5-10 不同时期剖面含水率实测值与模拟值对比图

5.3.3 叶面积指数和株高对比验证

率定期内叶面积指数及冠层高度的实测值和模拟值的对比如图 5-11 所示，模型采用累计潜在热单元来模拟植物生长，得到的实测与模拟数值吻合，叶面积指数相关系数达0.93，冠层高度相关系数达0.99。另外，玉米的实际产量为亩产量1107斤，模型模拟亩产量为1133斤，精度符合要求。

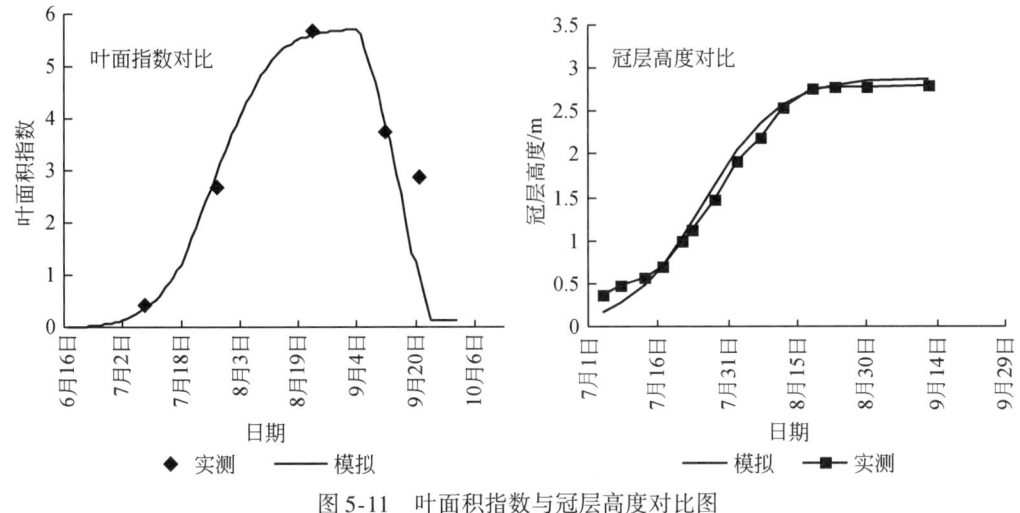

图 5-11 叶面积指数与冠层高度对比图

通过对比研究区内土壤含水量、叶面积指数、冠层高度的实测值与模拟值，对模型参数进行了率定和验证，结果显示，模型模拟结果可靠，可用于分析田间土壤水循环的变化规律。

5.4 典型单元土壤水转换规律研究

5.4.1 MODCYCLE 模拟研究

5.4.1.1 土壤水循环通量分析

图 5-12 为灌溉试验田块与无灌溉试验田块之间土壤含水率的对比。由于 4 块田土壤质地、灌溉制度等都相同所以剖面含水率曲线基本一致，7 月 29 日抽取深层地下水75mm，模型中（深层地下水取水量中进入田间土壤层的有效水量比例为 0.92，即除去田间渠道损失进入土壤层的水量 68.9mm）7 月 29 日到 8 月 25 日 1 号、4 号田与 2 号、3 号田曲线明显相差 68.9mm，相差值为实际的灌溉量。由于 8 月 26 日以后几天连续降雨使得9 月 7 日 4 条曲线基本重合，直到玉米收割。从试验实测作物生长冠层高度、叶面积指数、产量数据来看，4 块田基本一样，说明这段时期在没有灌溉的情况下土壤含水率完全满足植物生长所需用水。

表 5-6 为模拟输出的土壤水循环通量信息。表中可以得出 1 号、4 号田地下水得到的补给为 75.89mm、土壤蒸发 108.3mm；2 号、3 号田地下水得到补给为 12.11mm、土壤蒸发 103mm。可以看到 1 号、4 号田比 2 号、3 号田多 63.78mm 的补给量完全是由 7 月 29 日这次灌溉积累的作用，才使得 8 月 25 日的再次降雨对地下水的补给发生，可以说 2009 年

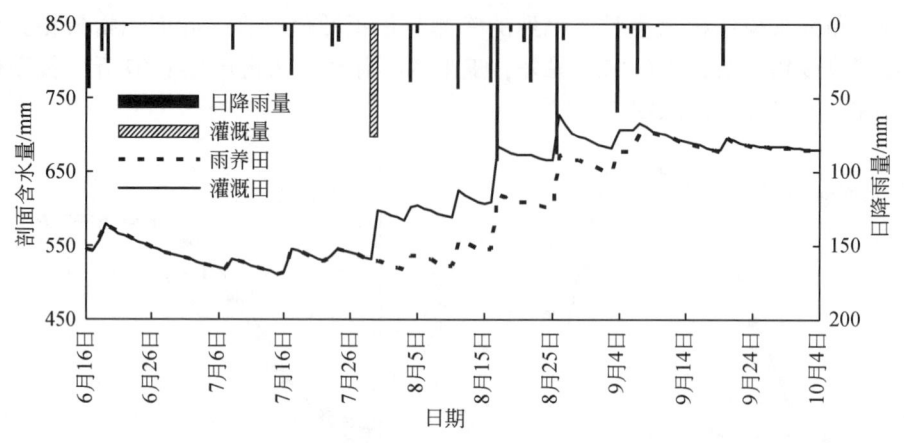

图 5-12 模拟过程中灌溉和雨养田块埋深 2m 以上土壤含水量变化

这一地区夏玉米生长期间灌溉量的 85% 都下渗回归到地下并可以重复利用，15% 是田间输水损失量和通过土壤蒸发的水量。土壤蒸发 1 号、4 号田比 2 号、3 号田多 5.3mm 这部分属于灌溉量造成的无效损失。地表产流量都为 0，说明在衡水干旱地区农田环境下是形不成地表产流的。

表 5-6 玉米生育期 2m 以上土壤层水循环通量 （单位：mm）

项目	循环分项	灌溉田块	雨养田块
补给	降雨量	481.5	481.5
	灌溉量	75.0	0.0
	潜水蒸发	0.0	0.0
排泄	植被截留蒸发	24.8	24.9
	表土蒸发	114.3	103.0
	植被蒸腾	216.3	216.3
	深层渗漏量	75.9	12.1
	地表产流量	0.0	0.0
	壤中流量	0.0	0.0
蓄变	土壤含水量变化	125.2	125.2
模拟误差		0.0	0.0

5.4.1.2 降雨/灌溉量与土壤含水率响应定量分析

为了能清楚地探求土壤水与降雨的响应规律，我们分别列出 7 月 17 日、8 月 17 日降雨前后曲线；7 月 29 日灌溉前后曲线进行对比。

整个含水率曲线呈现反 S 形曲线；对整个土壤含水率的迁移过程，图 5-13 中 7 月 17 日降雨量为 34.5mm 前后变化曲线可以看到土壤含水率变化只在 0~43cm 有响应，随降雨强度变化反应最快最直接属于速变层；图 5-13 中 7 月 29 日灌溉水量 74.9mm 后 50~

110cm 曲线有明显偏移，水分透过 50~70cm 处的潴育层而下渗，响应明显属于活跃层，110~200cm 无明显变化；图 5-13 中 8 月 17 日降雨 91.7mm 由于之前的降雨灌溉量累计达到 402mm，使得 0~110cm 含水率达到田间持水率，水不能被土壤所保持，重力的作用使得 110~200cm 含水率整体增加并趋于稳定，属于次活跃层；从玉米整个生长期土壤含水率的变化曲线看在 190cm 处一直没有明显变化说明降雨灌溉、蒸发量与土壤含水率的响应关系在 190cm 以上，该层属于稳定层。

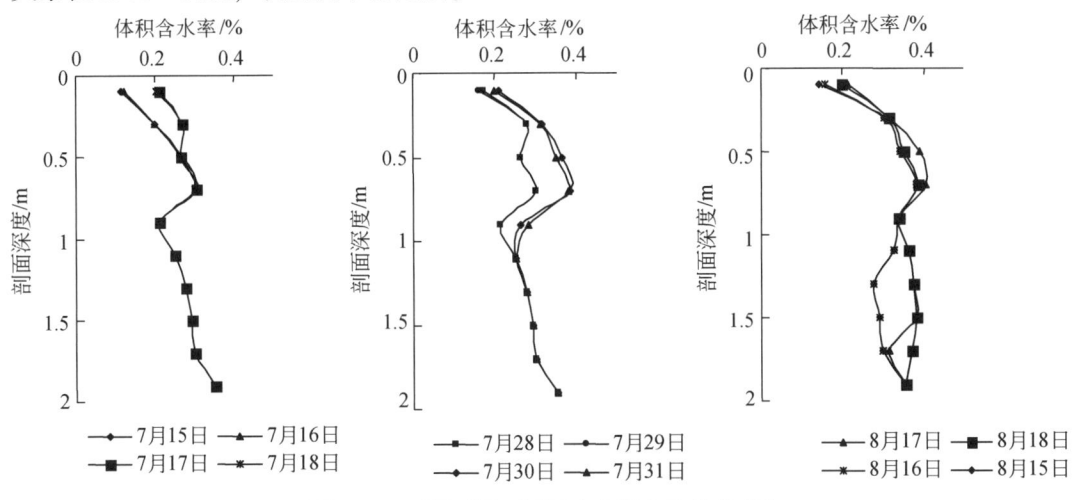

图 5-13 不同时期不同层次土壤水分动态变化

5.4.1.3 生育期蒸散发定量分析

在夏玉米的不同生长期，6 月 18、19 日的连续降雨和玉米正处在育苗期叶面积为 0，此时出现了全生育期棵间蒸发量的最大值，植物蒸腾量最小。7 月中旬至 8 月底是夏玉米营养和生殖生长并盛的时期，叶面积指数介于 3.0~5.9，植物蒸腾量大，逐渐达最高值，株叶片对地面的遮挡作用很大，加之这一时期正值当地的雨季，阴雨天气偏多，空气湿度大，因此棵间土壤蒸发量较小。9 月夏玉米进入成熟阶段，随着叶片和植株的衰老，叶面积指数逐渐减小，植物蒸腾变小，但由于此时气温、地温的下降，棵间蒸发并没有明显增大（张俊鹏等，2009）。不同的生育期土壤蒸发分别占阶段耗水量的 82%（播种—苗期）、34%（苗期—拔节）、22.7%（拔节—抽雄）、18.8%（抽雄—灌浆（1））、16.8%（抽雄—灌浆（2））、30%（灌浆—成熟），植物蒸腾分别占阶段耗水量的 17%、66%、77.3%、81.2%、83.2%、70%。由图 5-14 可以看到模型输出以日为步长的连续动态土壤蒸发曲线与植物蒸腾曲线趋势成相互交替规律，植物截留量曲线呈现与降雨响应关系。

5.4.1.4 降雨入渗补给定量分析

（1）田间尺度降雨、灌溉入渗补给机制

海河流域中部典型区入渗补给机制如图 5-15 所示。①土壤水自身循环：降雨、灌溉到达土壤表层，当降雨强度小于入渗强度时完全下渗，当降雨强度大于入渗强度时地表会

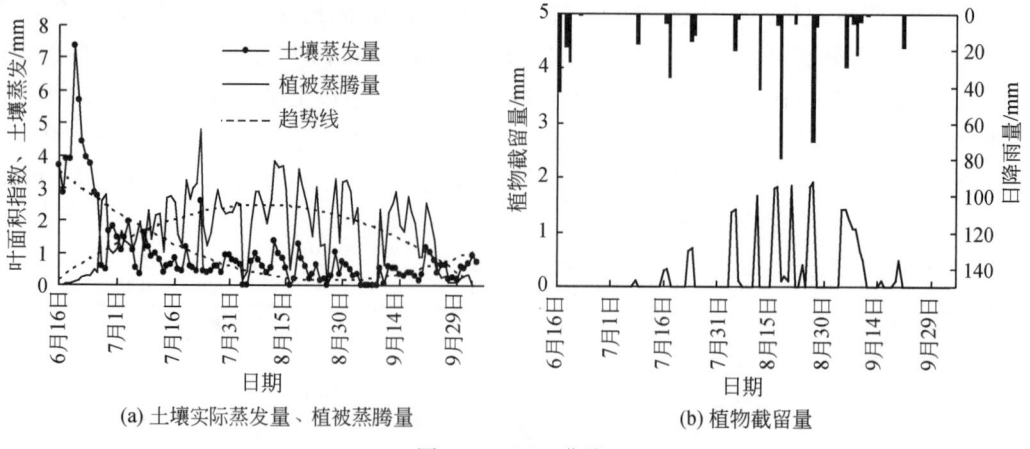

图 5-14 逐日曲线

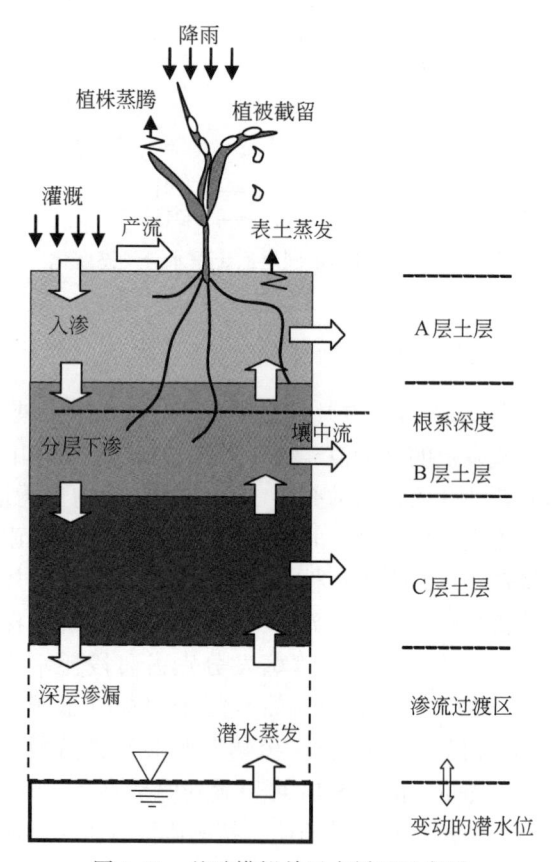

(a) 土壤实际蒸发量、植被蒸腾量

(b) 植物截留量

图 5-15 基础模拟单元水循环示意图

有积水（并形成积水蒸发），地表积水超过最大地表积水时才会形成地表产流。土表蒸发影响深度经野外试验现场观测，在 2009 年 6 月到 10 月期间 2m 土壤剖面含水率在 1.9m 处没有明显变化。土壤水逐层下渗至不同层次直到浅层地下水和以壤中流的形成在土体中运动。土壤水分在毛管力的作用下形成潜水蒸发,逐层向上运动由土表蒸发和作物蒸腾所消耗。②与作物生长互换:降雨直接植被截留蒸发返回大气,这部分蒸发量属于无效蒸发;降雨、灌溉入渗到土壤中形成土壤水和潜水蒸发量被作物吸收形成植被蒸腾,这部分蒸腾量属于有效耗水。③灌溉水除不参与植被截留过程,其余过程跟降水性质完全一样,要通过土壤表层逐层下渗。

模型模拟 4 块试验田逐日的土壤水循环变化,从 2009 年 6 月 16 日种植玉米开始到 10 月 3 日收割,土壤 2m 剖面的土壤水循环通量如表 5-6:①4 号田降雨与灌溉共 556.5mm,无潜水蒸发。地下水得到的补给量 75.9mm 占降雨和灌溉量之和的 13.64%。②3 号田无灌溉、潜水蒸发,降雨量为 481.5mm,地下水得到的补给量 12.11mm 占降雨量的 2.5%。

(2) 现状条件下地下水得到的补给

由图 5-16 可见,Z1、Z2 两条曲线呈现脉冲状,Z1 曲线在 8 月 26 日降雨 70.3mm 和 9 月 7 日降雨 22.3mm 后曲线达到峰值,而 Z2 在 9 月 7 日后出现才出现峰值,正是由于 7 月 29 日对 1、4 号田进行了灌溉使得包气带亏缺水量提前得到补充,这两条曲线从 0mm 下渗量开始波动的瞬时剖面含水率为 657mm,也就是说当 2m 土壤含水量大于此值时多余的水分不能被土壤所保持,将以自由重力水的形式向下渗透,是土壤水向下渗透水分的临界点,土壤含水量只有达到临界点时再次降雨量大于当日蒸散发量才会对地下水补给产生明显响应。

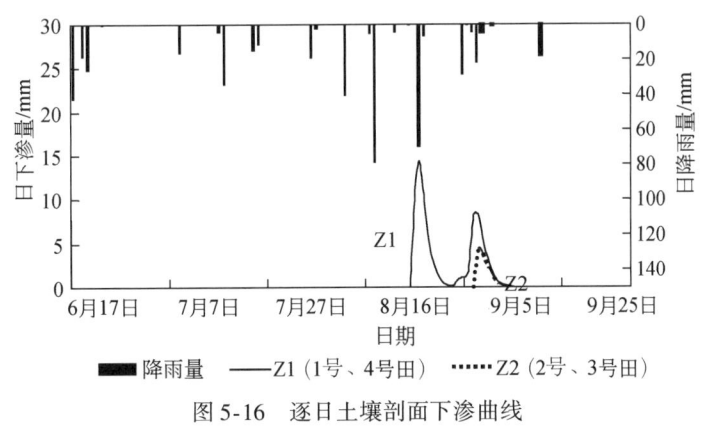

图 5-16 逐日土壤剖面下渗曲线

(3) 入渗补给影响参数敏感度分析

同绝大多数分布式水文模型一样,MODCYCLE 模型参数很多,绝大多数参数都具有明确的物理意义,可以根据野外试验实测数据进行确定。这些因素变化对模型输出结果的影响大小需要通过对模型参数敏感度的分析来确定,许多学者(黄金良等,2007;郝芳华等,2004;张利茹等,2008)都应用摩尔斯分类筛选法(薄会娟等,2010),如式(5-2)所示。

$$s = \sum_{i=0}^{n-1} \frac{(Y_{i+1} - Y_i)/Y_0}{(P_{i+1} - P_i)/100} / (n-1) \tag{5-2}$$

式中,s 为灵敏度判别因子;Y_i 为模型第 i 次运行输出值;Y_{i+1} 为模型第 $i+1$ 次运行输出值;Y_0 为参数率定后计算结果初始值;P_i 为第 i 次模型运算参数值相对于率定后初始参数值变化百分率；P_{i+1} 为第 $i+1$ 次模型运算参数值相对于率定后初始参数值的变化百分率；n 为模型运行次数。

本章应用相同方法来计算。以自变量的固定步长变化，即增大或减少 10%、20%，每改变一次参数值，运行一次模型并输出地下水补给量，作为分析依据。用局部灵敏度判别因子 s 来判断参数变化对输出值的影响程度。模型主要参数输出结果如表 5-7 所示。

表 5-7 模型主要参数列表

参数	物理意义	S（灵敏度）
AWC	有效供水能力	1.22
FFCB	初始含水率占田间持水率的比例	1.14
K	饱和水力传导度	0.05
INISHADEPTH	浅层地下水埋深	0.02
ESCO	土壤蒸发因子	0.29
ESPO	植物蒸腾因子	0.56

由表 5-7 可知，AWC 灵敏度最高，模型中 AWC 等于田间持水率与凋萎含水率之差，田间持水率使用的是试验实测数据，而凋萎含水率是由土壤中黏土含量而求得；其次是 FFCB 时段初始土壤含水量，也就是一次降雨前剖面含水率的大小，这两个值都属于高灵敏参数。ESCO 和 ESPO 在土壤水循环排泄量中占绝大部分，属于灵敏参数。INISHADEPTH 浅层地下水埋深的变化带来包气带厚度的变化，在包气带厚度小于潜水蒸发极限深度条件下，随着包气带厚度的增大，降水入渗速率和地下水获取的总入渗补给量减小；当包气带厚度大于潜水蒸发极限深度时，包气带亏缺水量达到极大值。在此之后，随着包气带厚度的继续增大，无限时间地下水获取的总入渗补给量不变（康绍忠，等，1997）。

（4）降雨频率对地下水补给的响应关系

2009 年 6~9 月降雨量 481.7mm 对于年平均降雨量只有 507mm 的地区来说属于高频率降雨，期间共降雨 30 次。以上述率定模型的实际观测降雨条件为基础，在保持模拟时段 107 天内总的降雨量 481.7mm 不变的前提下，那么不同频率不同降雨强度对地下水的补给见表 5-8，得出的结果为：低频率高强度的降雨对地下水的补给量最大为 25.7mm，且明显高于高频率低强度的降雨。实际的地下水补给量为 12.1mm，正是由于之前降雨积累和高强度的一次降雨才使得地下水得到了补给。

表 5-8 模型模拟不同降雨频率、强度的补给

降雨情景	现状	情景1	情景2	情景3	情景4	情景5	情景6
降雨频率/次		35	21	11	7	5
相邻降雨事件时间间隔/d		3	5	10	15	21
mm/次		16	24.1	43.78	68.79	96.3
补给量/mm	12.1	0	0	0	0	25.7

5.4.2 水平衡法 ET 研究

植被蒸腾是陆地生态系统"土壤－植被－大气"循环过程中一个极为重要的环节，如何确定作物的生长期耗水，成为土壤水转换规律研究的重点之一。前人在植被蒸散发计算方法和土壤水分对植被蒸散发的影响方面均有研究（高照全等，2006；康绍忠等，1997），但植被的蒸散发特性具有强烈的时间和地域特征，对不同地区、不同自然条件下的作物进行耗水研究是非常重要的。

目前，植被蒸散发量的确定方法主要常用的有水量平衡法、能量平衡法、蒸渗仪法、公式计算法（Penman-Monteith 公式、TURC 公式等）、模型模拟方法（刘昌明等，1998；刘群昌和谢森传，1998；王安志和裴铁璠，2002）等，而水量平衡法是蒸散发量确定最为基本和精确的方法，常作为验证其他方法准确性的依据（黄志宏等，2008；赵梅芳等，2008）。

本节通过典型单元试验区玉米生长期内土壤墒情实测数据，利用水量平衡法计算玉米整个生长期的耗水过程，研究了海河流域典型单元人类农业活动下水循环的耗水状况，成为相关模型研究的基础。

5.4.2.1 水量平衡方法

土壤水的变化主要是由降水和蒸散发引起，掌握了降雨和土壤水的水量变化情况就可以推求出通过土壤蒸发和植被蒸腾而损失的总的蒸散发量 ET（evapotranspiration），水量平衡方程如下。

$$\Delta \omega = (P - I_c) - R - ET - I \tag{5-3}$$

式中，$\Delta\omega$ 为土壤含水量的变化；P 为研究区降雨或灌溉水；I_c 为植被截留蒸发；R 为地表径流；ET 为蒸散量；I 为地下水补给作用和土壤下渗作用对含水量变化的综合结果。

计算首先将所测量的土壤重量含水率转换为含水深，计算土壤层含水的蓄变量，公式如下。

$$h = \frac{v_{水}}{\alpha_{计算}} = \frac{w \times \gamma \times h_{计算}}{\rho_{水}} \Delta \omega \tag{5-4}$$

式中，h 为含水深；$\alpha_{计算}$、$v_{水}$ 分别为计算区表面积和体积；w 为土壤重量含水率；γ 为土壤容重，测量值如表 5-1 所示；$\rho_{水}$、$v_{水}$ 分别为水的密度和体积。试验中每个计算单元为 $1m^2 \times 0.2m$，本章主要计算 0~160cm 层土体，以测量层土壤含水率代表其上下 10cm 层平均含水率，如 50cm 层含水率代表 40~60cm 层的均值。

本章中，因土壤含水量较高，忽略地下水补给土壤层水量，主要考虑降雨入渗补给地下水量，这主要取决于降水量及土壤特性，通过下式来计算。

$$\omega = SW \times \left[1 - \exp\left(\frac{-\Delta T}{TT}\right)\right] \tag{5-5}$$

当 $SW_{ly} > FC$ 时，$SW = SW_{ly} - FC$

$$当 SW_{ly} \leqslant FC 时, \ SW = 0$$
$$TT = \frac{SAT - FC}{K_{sat}}$$

式中，SW_{ly} 为该层土壤实际含水率下的含水量；SW 为当天某层土壤可排走的水量；FC 为该层土壤的田间持水率下的含水量，为实测数据；ω 为当天入渗到下层土层的水量；$-\Delta T$ 为时间长度；TT 为水分的运动时间；SAT 为土层完全饱和后的含水量，根据已有研究经验确定（芮孝芳，2004）；K_{sat} 为土壤的饱和渗透系数，根据经验确定为 100cm/d。将所有土层合并为一层进行计算。

因试验地基本不会形成地表径流，设定 $R=0$。

5.4.2.2 土壤水监测结果分析

（1）玉米生长期内不同土壤层含水率变化情况

玉米生长期内降雨及不同土壤层含水率的变化情况如图 5-17 所示。降雨多集中在 8 月份，最高日降雨量出现在 8 月 16 日，为 117.2mm。各土层土壤含水率的变化趋势大体一致。表层土壤含水率随降雨变化较剧烈；30~50cm 层属过渡层，土壤含水率比表层稳定，变化趋势基本一致，但与其下层比较仍不平稳，含水率变化情况较大；50cm 以下各层变化趋势基本一致，含水率变化基本相同。土壤含水率在 30cm 层较低，50cm 及其以下各层土壤含水率随深度增加而不断加大。由图中可以看出，表层含水率对降雨的敏感性最高，初期变化幅度大，中后期由于降雨量偏多，变化幅度不大。

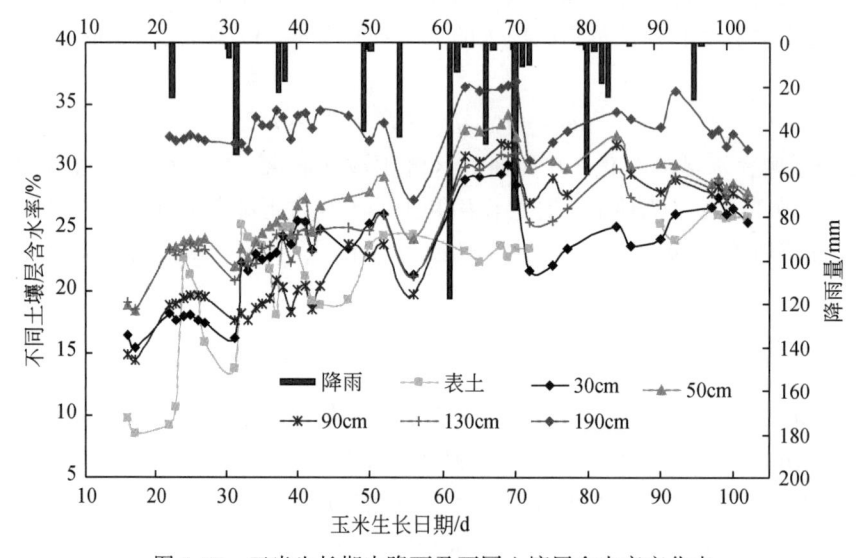

图 5-17 玉米生长期内降雨及不同土壤层含水率变化表

各土壤层在玉米生长期含水率均有一定程度的增大。8 月比 7 月各层均有增长，增长最高的为 90cm 层，涨幅达到 45.9%，最低为 190cm 层，增长幅度为 2.62%；9 月比 8 月含水率有增长也有降低，其中表层土壤增长最高，为 11.5%；50cm 层含水率减少较多，为 2.83%。

(2) 一场降雨后，土壤水分变化分析

16日、17日共降雨58.3mm，图5-18为7月17~22日土壤水分变化情况，颜色越深代表土壤含水量越高。此次降雨前后五天内都没有其他降雨，可以充分地体现出降雨后土壤水分迁移的过程。表层土壤在18日增长，以后5d逐渐降低，一部分是由于蒸散发消耗，另一部分下渗到土壤下层。由图中可以看到，降雨5d后，水分基本下渗到50~70cm层。90~110cm层土壤含水率出现谷值。

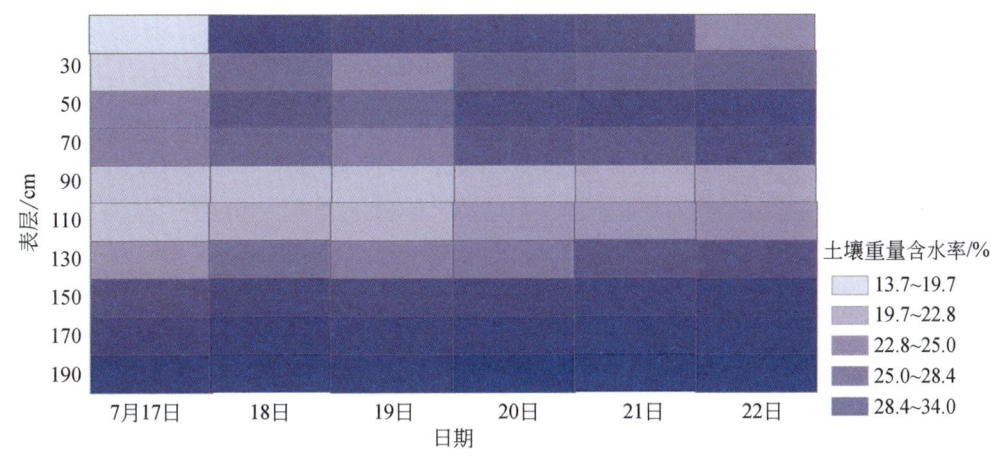

图5-18　7月17~22日土壤水分变化示意图

(3) 含水率随土壤深度变化分析

图5-19所示为玉米主要代表性生长阶段土壤含水率随深度变化的情况。可以看出，土壤表层含水率较低，表层以下土壤含水率逐渐增加，50cm处达到极大值，之后逐渐降低，到90~100cm层为止，土壤含水率出现极小值点，这层以下含水率逐渐上升，最下层（190cm）层为测量范围内土壤含水率最高点，次层含水率较稳定。玉米整个生长期内，各层平均土壤重量含水率分别为：22.6%，18.8%，24.2%，28.0%，27.5%，24.9%，24.1%，26.1%，28.4%，29.5%，33.3%。50cm层具有极高值28.0%，110cm层出现极小值24.1%，190cm层为测量最高值33.3%。

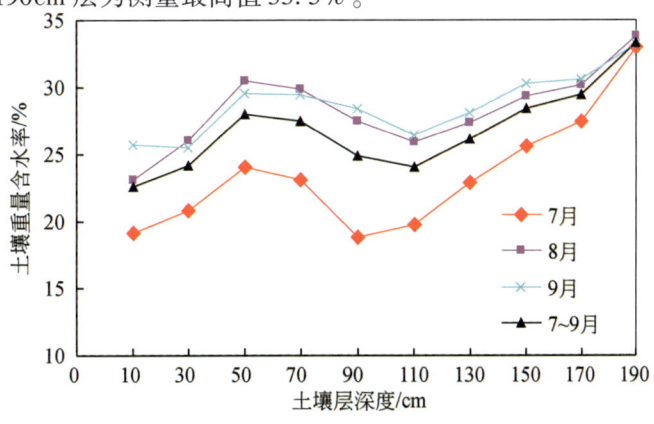

图5-19　玉米主要生长期土壤含水率随深度变化图

5.4.2.3 玉米生长期内综合 ET 分析

玉米生长期内叶面积指数总共测量 6 次，8 月 23 日为测量最高值，达到 5.693，处于抽雄到灌浆时期，玉米生长最为旺盛，以后逐渐降低。8 月中下旬降雨量较大，这一时期总净雨量为 248.4mm。整个生长期总降雨量为 619.4mm，总净雨为 588.4mm。表 5-9 所示为按照玉米主要生长期分时间段统计的各项值。

表 5-9 玉米不同时期生长特性和 ET 表

项目	播种—苗期*	苗期—拔节	拔节—抽雄	抽雄—灌浆（1）	抽雄—灌浆（2）	灌浆—成熟	全生育期
	6月16日~7月1日（16天）	7月2日~7月18日（16天）	7月19日~8月9日（22天）	8月10日~8月25日（15天）	8月26日~9月8日（14天）	9月9日~10月3日（24天）	6月16日~10月3日
叶面积指数（测量日期）	—	0.412（7月8日）	2.687（7月28日）	5.693（8月23日）	3.74（9月12日）	2.857（9月21日）	—
总净雨/mm	0	82.8	120.5	248.4	111.0	25.7	588.4
日均 ET/(mm/d)	1.200	3.601	5.744	6.508	2.790	1.799	3.580
ET/mm	19.20	57.61	126.36	97.62	39.06	43.19	383.0
蒸散系数	—	0.49	0.78	0.42	0.59	2.01	0.63

*播种—苗期的蒸散发量为估算值

玉米出苗后，日均总蒸散发量在 8 月 10~25 日最高，为每天 6.508mm，这段时间的叶面积指数也最高，抽雄—灌浆期玉米处于生长高峰期，耗水量大，这个阶段 15 天总蒸散量为 97.6mm；这阶段之前，ET 随叶面积指数增长而不断升高，之后，随叶面积指数降低而不断减少，最低为灌浆—成熟期，平均日蒸散发量分别为 1.799mm。可见玉米的总耗水与叶面积指数有一定的关系，图 5-20 为玉米生长阶段和成熟阶段叶面积指数与 ET 的关系。在玉米成熟阶段，叶面积指数较高，但这一阶段 ET 较生长期偏低。蒸散系数即为蒸散量占同期降水量的比例，最高为九月中下旬，达到了 2.01，主要是由于这一时期降雨偏少。最低为八月中下旬，蒸散系数为 0.42，整个生长期内蒸散系数为 0.63。

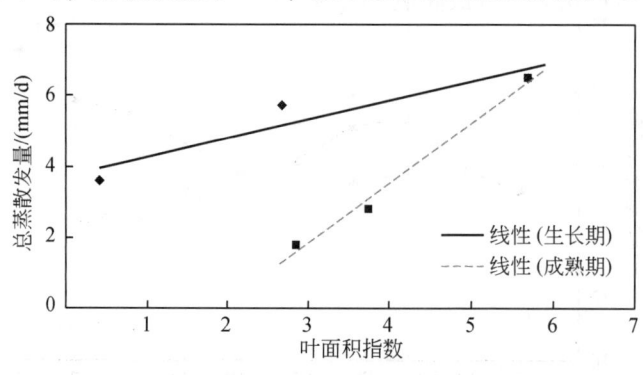

图 5-20 玉米生长期与成熟期叶面积指数与总蒸散发量关系图

以下列出的是其他相关研究的结果，总蒸散发量分别为：364.6mm（裴冬等，2000）、424.6~447.99mm（萧复兴等，1996）、436.3mm（刘娜娜等，2009）、415.51mm、356.26mm（王健等，2004）。本试验的测量计算结果总蒸散量383.0mm处于合理的范围内。

5.5 本章小结

本研究选取了海河流域典型单元开展了土壤水分持续监测，本章以此为基础，从点尺度开展了典型单元土壤水模拟与土壤水转换规律研究。建立的典型单元MODCYCLE模型具有较好的适用性，模型模拟结果较可靠。

MODCYCLE模型模拟结果显示：

1）黑龙港地区的土壤含水量在垂向上呈现先增加后减少的趋势，2m剖面土壤含水率整体呈现反S形曲线；降雨主要影响深度分布在表层39cm深土壤，其余各层受降雨的影响较小，随着时间推移湿润层加深，其影响深度会有所增加，但其变化幅度较小。

2）黑龙港地区2009年气象条件下玉米生长期内总耗水约314mm。其中表土蒸发、植株蒸腾和冠层截留蒸发的比例分别为34%、58%和8%。农田土壤水分的深层渗漏量与前期土壤水分的蓄积量密切相关。

3）灌溉活动在本次实验过程中对土壤水的深层渗漏影响显著。定量分析表明，本次实验中75mm的灌溉水量最终有85%没有被作物利用，而是通过深层渗漏回归地下水。

4）降雨补给地下水曲线呈脉冲状。短时间内的高强度降雨会使入渗补给量显著增大，而频率高、强度小的降水补给量相对较小。典型区有效供水能力和初始含水率对地下水补给量影响最大。

水量平衡法计算ET结果如下：

1）典型单元试验区玉米不同生长阶段总蒸散发量分别为1.2mm/d、3.6mm/d、5.7mm/d、6.5mm/d、2.8mm/d、1.8mm/d，整个生长期平均为3.6mm/d，总量为383.0mm。

2）ET在玉米不同生长阶段与叶面积指数关系密切，最高叶面积指数为5.693，出现在8月下旬。蒸散系数最高为2.01，出现在9月中下旬，玉米生长期内平均蒸散系数为0.63。

第6章 海河流域大尺度土壤水特征参数监测研究

海河流域是现代强人类活动扰动下水资源系统变异的代表性区域，其中土壤水作为流域四水转换的重要环节，其赋存形式和运移通量的变化客观上体现了下垫面改造、农业灌溉等人类活动因子综合作用下自然水循环过程和结构参数变异特征。由此科学解析土壤水时空演变规律对于研究海河流域水资源系统演变趋势和调控方式具有重要的意义，当前海河流域土壤水研究多依托试验站点开展农田小尺度的定点观测，积累了一批点尺度长序列的土壤墒情和土壤结构观测资料，但由于土壤水研究领域显著的尺度变异特性，基于这些点尺度资料很难形成对整个流域土壤湿度场和土壤水库特性的宏观把握，大流域尺度基础支撑数据的缺失极大制约了流域级别土壤水时空变异规律研究及水资源系统的模拟与调控效率。鉴于以上问题，2006~2010年由王浩院士主持立项的国家"973"项目"海河流域水循环演变机理与水资源高效利用"对土壤水开展了专题实验研究，课题组选取了邯郸市、石家庄市、天津市、唐山市、承德市和衡水市作为试验区，形成系统表征海河南部平原、太行山山前平原、近海低平原、坝上高原丘陵区及黑龙港平原等海河流域典型地理单元的类型集合，开展大尺度土壤墒情和土壤岩性基础数据的采样工作，总历时近一年，总行程超过2万km，覆盖面积达到10万km^2，共布设试验采样点427个，采集土壤水分和土壤岩性数据近2万组，收集土壤标本2952个。这批实验数据的获得为未来海河土壤水特性研究提供了有价值的实测基础数据支撑，是对进一步开展海河流域水资源演变模拟和调控对策研究的数据资源储备。本章首先介绍海河流域大规模土壤采样实验的概况和主要技术参数，此后基于对土壤湿度数据的初步分析和时空分布模式展示，概括性描述了海河流域典型区域在年内特征时期的湿度场水平和垂直分布情况，同时以实测的土壤岩性数据为基础，对海河流域典型地区土壤水库的关键参数进行了估算。由于试验后续测试特别是土壤机械组成的分析工作量庞大且耗时较长，在本书成书过程中笔者仅初步探讨了这批数据的可能应用方向，某些结论还有待在未来研究中进一步验证，应该提醒各位读者在阅读中予以注意，但这批基础数据是在野外实地通过物理机制明确的基础性和直接性方法获得，具有较强的客观性和代表性，同时试验的总体规模和工作量决定了试验在未来一段时间内很难被复制，综合以上因素，这批实验数据是未来大尺度土壤水遥感及水资源模型研究中的宝贵资产。

6.1 海河流域大尺度土壤采样试验概况

6.1.1 研究区域

本次采样实验针对海河流域的基本地理和水文单元类型，同时考虑农业种植习惯等人类活动影响因素，共选取六个典型区域作为试验研究区，其中选择河北省邯郸市作为海河南系平原典型单元，表征海河流域南部黄河故道地区河流下游沉积平原特征类型；选择河北省石家庄市作为海河流域山前平原典型单元，表征海河流域西部太行山山前河流冲积平原特征类型；选择河北省衡水市作为海河流域黑龙港地区典型单元，表征以传统盐碱地人工改造和海河流域"干极"为主要特征的黑龙港低平原特征类型；选择天津市和河北省唐山市南部作为海河流域临海低平原典型单元，表征环渤海河口低平原特征类型；选择河北省承德市和唐山市北部作为海河流域丘陵山区典型单元，表征海河流域北部内蒙古高原与华北平原间丘陵山过渡带特征类型。六大典型区域总面积10.16万 km^2，超过海河流域总面积的30%，较好地覆盖了海河流域的主要典型特征地貌类型，能够较好地代表海河流域主要气候、土壤、地形及农业生产类型的空间变异特点。六大典型区域的面积及分布情况见表6-1及图6-1。

表6-1 研究区概况

研究区域	所辖行政区	面积/万 km^2
石家庄市	5市12县	1.58
唐山市	2区2市6县	1.35
天津市	6区3县	1.2
承德市	8县	3.95
邯郸市	1市14县	1.2
衡水市	2市8县	0.88
总计		10.16

6.1.2 采样点布设

本次海河流域大规模土壤采样实验重点研究自然和人工活动二元影响下大尺度土壤水特征参数的宏观空间分布情况，因此在采样点的选取和布设设计中依据以下三个原则：一是均匀性原则，确保采样的完整性，既保证采样点实现空间上均匀分布，同时也使研究区域内各种主要植被-种植结构-土地利用类型均得到体现；二是重点性原则，即保证所采样

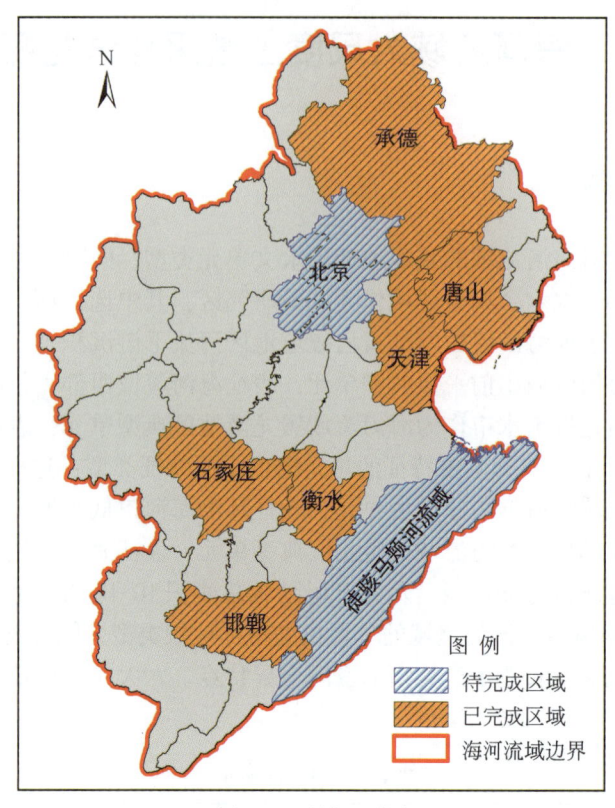

图 6-1 研究区分布

本群体能够反映各研究区域的主要特征，突出重点植被-种植结构-土地利用类型的代表性；三是代表性原则，即所选定的采样点类型能够代表其周围一定范围内的主要土壤、土地利用和种植结构类型，避免出现奇异点，体现采样类型的空间连续性。在具体采样点选择中，以农田系统作为重点采样类型，突出农业活动和土壤水规律间的交互作用，同时兼顾林草等自然土地利用类型；在农田类型的选择上，以小麦这种海河流域最普遍、占据主要种植面积的粮食作物作为主要采样类型，同时兼顾棉花、蔬菜等经济作物；在采样地貌位置的选择上，尽量选取农业生产规模较大、农田系统空间连续性较好的平原系统作为采样重点，同时兼顾部分特征性山区种植和林草地等类型。

基于以上原则，本次试验共布设试验点 427 个，平均采样点布设密度基本保持 250km²/点，即 16km 网格，并根据研究区土地利用类型、地形等下垫面实际特征进行适当的加密或放大。其中邯郸市试验点 81 个，石家庄市试验点 91 个，天津市试验点 59 个，唐山市试验点 70 个，承德市试验点 78 个，衡水市试验点 48 个。其中各市采样点分布情况如图 6-2~图 6-7 所示。

(a)土地利用类型　　　　　　　　　　(b)作物类型

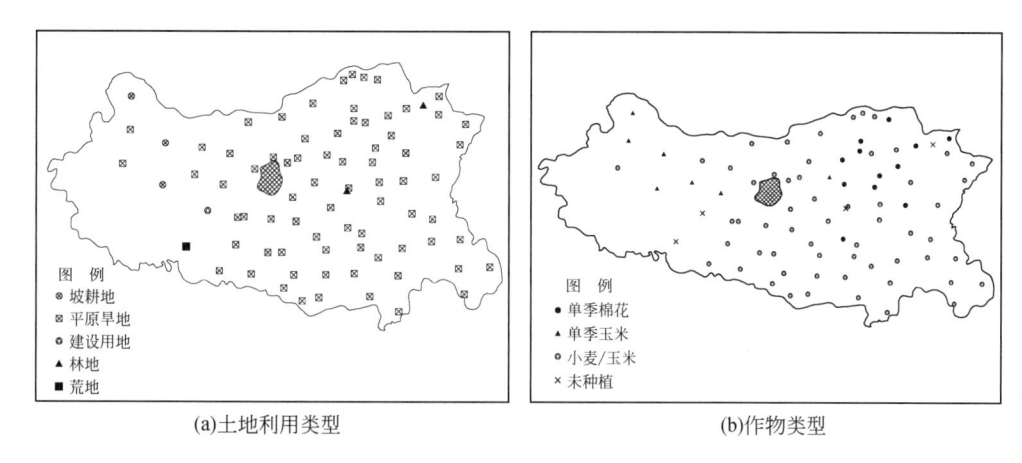

图 6-2　邯郸市采样点分布情况

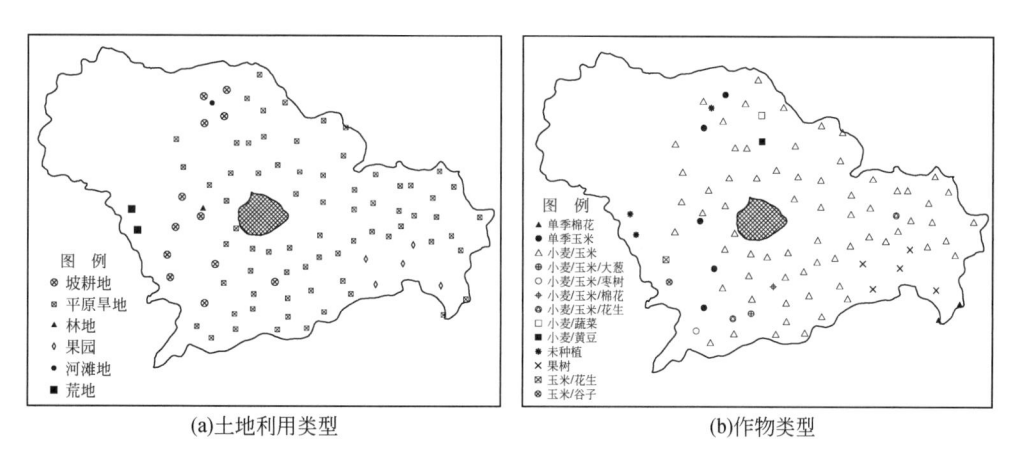

(a)土地利用类型　　　　　　　　　　(b)作物类型

图 6-3　石家庄市采样点分布情况

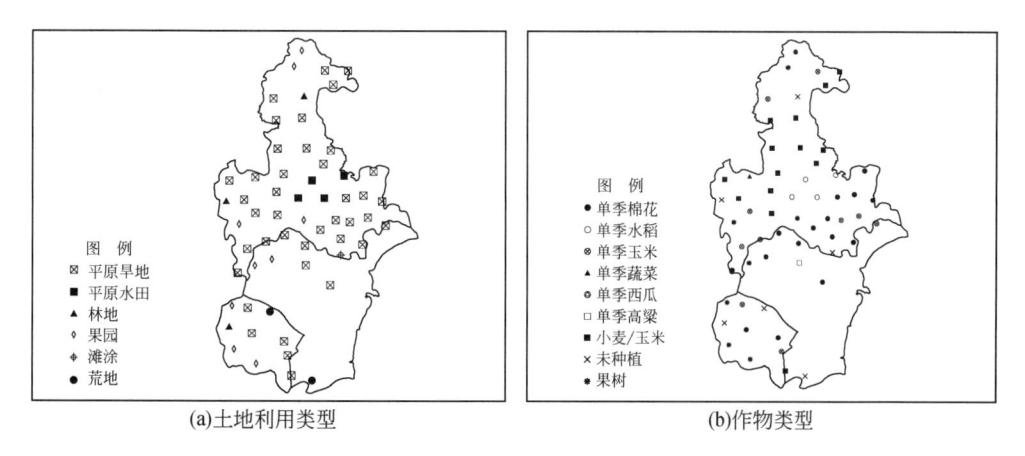

(a)土地利用类型　　　　　　　　　　(b)作物类型

图 6-4　天津市采样点分布情况

(a)土地利用类型　　　　　　　(b)作物类型

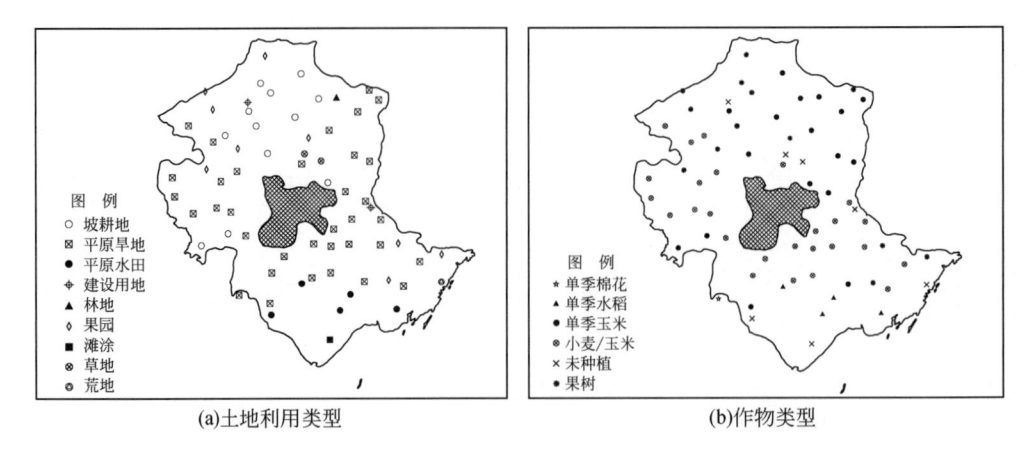

图 6-5　唐山市采样点分布情况

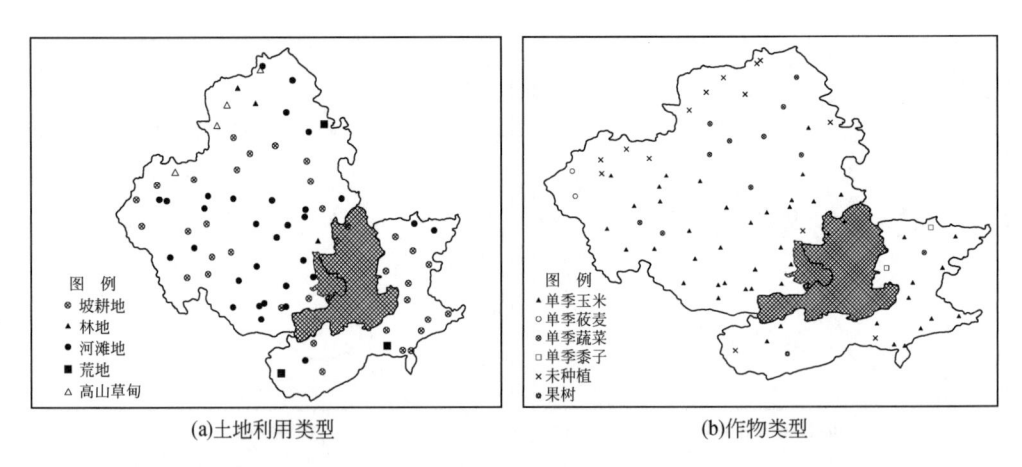

(a)土地利用类型　　　　　　　(b)作物类型

图 6-6　承德市采样点分布情况

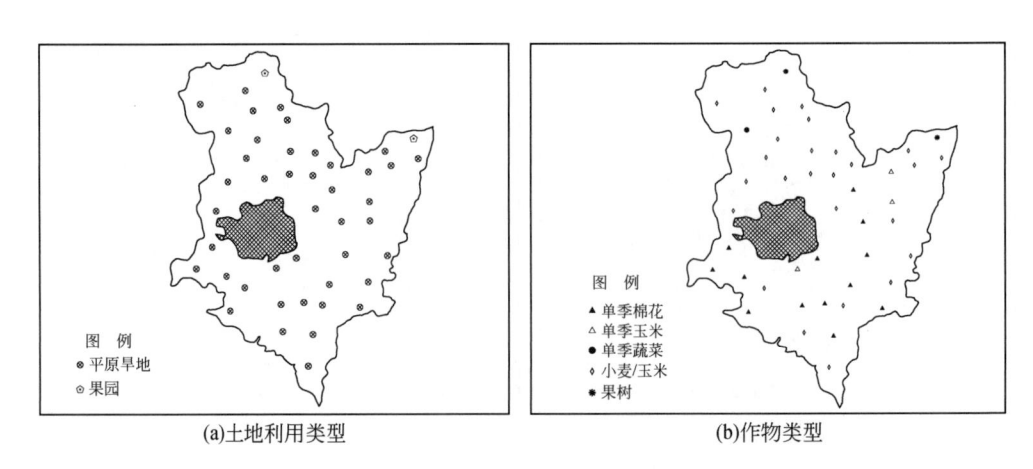

(a)土地利用类型　　　　　　　(b)作物类型

图 6-7　衡水市采样点分布情况

6.1.3 观测方案

本次海河大尺度土壤水特征参数采样试验研究重点关注海河流域典型单元在年内特征时期的土壤湿度场水平和垂直分布情况，以及作为对土壤水赋存和运移规律影响最为剧烈的土壤岩性特征参数，同时为今后能将这批数据作为遥感及分布式水文模型的地面辅助和校验数据，还同步开展了采样时地面植被覆盖调查和主要气象指标的测定和收集，也在采样点周围通过访问调查的方式记录了采样区域的主要农业种植信息和灌溉制度情况。

在采样深度方面，本次采样试验重点参考了关于海河流域主要作物小麦、玉米的历史研究成果，选择 1.5m 的深度代表小麦、玉米的主要根系影响层，经过相关文献调研和专家咨询，海河流域农田系统 0~1.5m 的范围是土壤水运移最为活跃的部分，体现了降水–灌溉–植被–土壤间的水分耦合关系，同时也是农业生产管理和水资源调配的主要对象土层。在层级划分方面，将 1.5m 深的土柱进一步细化为 8 个层级，各层范围分别为 0~10cm、10~20cm、20~40cm、40~60cm、60~80cm、80~100cm、100~120cm、120~150cm。其中，表土 20cm 深度内按照 10cm 深度进行采样，其下各层按照 20cm 处理，这样的处理方式一方面体现了在相对干燥的海河流域表土层是对降水和灌溉等地表界面来水的最敏感层次，同时也是为了配合遥感土壤水分反演 10cm 的最优探测深度（图 6-8）。

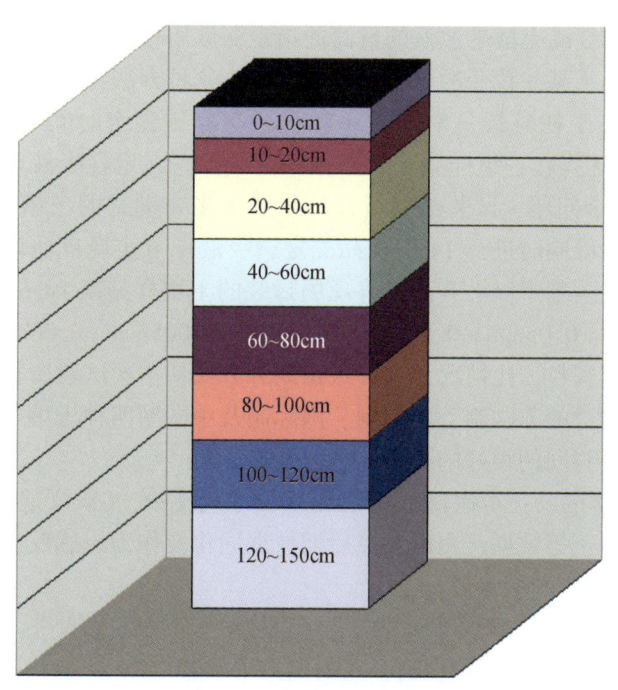

图 6-8 土壤采样分层情况

本次试验采样试验的主要观测项目包括：分层土壤含水率、分层土壤干容重、分层土壤机械组成、采样点气象数据记录、作物信息调查、农业种植和灌溉制度信息调查六项内容。

分层土壤含水率测定：采取取土烘干法测定，每个采样点按照十字交叉方式设定5个取样位置，通过带有长度标识的土钻进行逐层定深取样，每层采集土壤重量约60g，所得土样装入密封良好的铝盒后使用精度为0.1g的电子天平进行现场称量并记录湿土重量，返回实验室后利用烘干法测定土壤湿度，对所得数据剔除明显异常值后计算多个平行样品的均值作为该测点该层的土壤重量含水率。

分层土壤干容重测定：本次试验选取北京市新地标土壤设备有限公司生产的深层土壤容重采样设备进行分层土壤容重测定，该设备由刀头、加长杆和手柄三部分组成，刀头部分为加厚不锈钢圆筒，内部可安装100cm^3标准环刀一个，同时在环刀上下两侧各配置一个废土环。使用时将刀头、加长杆和手柄依次连接，并打入对应土层进行取土，取土完成后卸下刀头，取出内部由环刀及废土环包裹的完整土柱，削除环刀外的多余土体后，在环刀两侧加盖密封盖，擦去环刀外多余土壤后进行称重得到土壤湿容重数据，此后将环刀内所有土壤转入大号铝盒并密封，带回实验室称重后得到土壤干容重数据。

分层土壤机械组成测定：由于速度快、操作简单等优势，激光粒度仪是近年来进行快速土壤机械组成分析的主要方法，但本次研究中发现，激光粒度仪的分析精度尚不近理想，为了提高实测数据的精度，以此作为未来相关研究的基础，本次试验采用物理机制更为清晰的移液管法（沉降法）直观测定土壤机械组成，并自行组装了相关设备提高试验的工作效率。沉降法的基本原理是基于不同土壤粒径颗粒在悬浊液中的沉降速度不同，因此按照指定时间步长在装满土壤悬浊液的量筒的指定深度用移液管进行定容取样后，通过试液的比重即可测得小于某一粒径的土壤颗粒的质量。这种方法物理机制清晰，精度得到普遍认可，但其缺点在于耗时长（对于微小颗粒一次完整测定时间需近30h）、工作量大（一个人同一时间只能操作一组样品）且操作稳定性不高（定容吸液环节容易误操作造成误差），为了解决这个问题，试验组自行设计组装了半自动式的土壤机械组成测定设备，设备在单人操作下可以同时进行14组样品测定，吸液环节实现自动化定容，极大地提高了试验的效率和精度。基于以上方法，将现场封装的土壤样品以1mm、0.5mm、0.25mm、0.125mm、0.075mm、0.05mm、0.02mm、0.01mm、0.005mm、0.002mm、0.001mm为界测定各粒径等级土壤颗粒占比情况，这种级别划分方式使本次试验所得的土壤级配数据可以与我国历史上使用过的苏联制、美国制、国际制及中国制四种土壤分级标准相匹配，形成了与历史数据和资料间的很好的适应性和匹配性。

采样点气象数据记录：本次试验中使用Kestrel手持式气象仪记录采样时气象信息，包括温度、湿度、风速等数据，用以支撑后期数据同化及作为遥感反演模型的地面气象信息输入项。

作物信息调查：本次试验同步开展了农田系统的作物信息调查：测量植株间距、行距；选取30株作物样本测量平均株高；在农田内平均选取10个点利用仪器测量叶面积指数；以1m为采样长度，确定作物密度和群体数，以此反映植被因子对土壤墒情时空变异特征的影响。

农业种植和灌溉制度信息调查：同时在条件允许的情况下对采样点附近的种植结构、

灌溉制度、作物产量、种植管理等农业生产信息进行调查，以此反映人类农业管理活动因子对土壤墒情时空变异特征的影响。

图 6-9 和图 6-10 分别展示了试验现场操作流程和主要观测项目数据记录表格。

图 6-9　实验操作

野外采样记录表

样点序号：		经度：		土地利用：		日期：	
取样区县：		纬度：		植被类型：		时间：	
详细位置：			温度：		湿度：		风速：
土壤采样					作物信息		
层次/cm	大盒组号	备注	土壤质地	小盒组号	行距	株距	LAI
0~10							
10~20						株高	
20~40							
40~60							
60~80					备注（品种及其他信息）		
80~100							
100~120							
120~150							
150~200							
调研情况	产量：		斤/亩	施肥量：	/亩	生长周期：	
	产量：		斤/亩	施肥量：	/亩	生长周期：	
	灌溉次数：		地下水位：		灌溉成本：		人均耕地：

图 6-10　野外采样记录表

6.2 海河流域典型单元特征时段土壤湿度场分布图

6.2.1 南部平原小麦返青期土壤湿度场特征

海河南部平原位于海河流域最南端，与黄河流域相衔接，历史上曾是黄河故道的流经区域，本区域地势平坦，地形起伏较小，主要土壤岩性类型以粉质黏土、粉质砂土夹砂层、砂砾石层等构成，本区域拥有较好的水资源条件，地下水补给能力较强，同时具有较好的热量条件，因此一直以来均是海河流域重要的农业生产区域。本次采样试验研究选择邯郸市作为海河流域南部平原典型单元。邯郸市位于河北省最南端，除东北部少数区域属于黑龙港地区外，绝大部分平原区均具有较鲜明的海河南部平原的自然和农业生产特征。邯郸市多年平均气温为 12.5~14.2℃，多年平均降雨量为 548.9mm。

邯郸市土壤湿度采样时间为 2010 年 3 月 5 日到 3 月 12 日，结合当年农业物候情况和采样试验现场调查资料，此时段南部平原正处于小麦返青起身期，尚未开始春季灌溉，此时土壤水的主要来源项主要包括：小麦越冬前补墒灌溉、冬季积雪融化以及土壤冻融水。同时由于作物刚刚进入返青期，叶面积小，蒸腾作用不显著，因此此时土壤的主要消耗项为地表蒸发和深层渗漏。

图 6-11 为邯郸市 0~1.5m 的分层土壤湿度场的分布情况。从水平方向上看，邯郸市土壤湿度大致呈现北低南高的整体趋势，这种趋势的形成并不是自然土壤和降水条件的客观反映，相反结合采样现场调查数据，可以发现在邯郸市南部地区由于土壤岩性偏向沙质，土壤保墒能力差，加之地下水位较浅，当地农业生产中形成了高频、量大的特殊灌溉制度，在调查中当地部分小麦春季灌溉次数最多可达 7 次，因此，南部地区的土壤含水量高值很大程度上是由于小麦返青期小规模提前灌溉造成的局部异常值。在垂直方向上，采样时段内邯郸市土壤湿度垂直剖面呈现随深度变化递增的整体趋势，在较大的地面蒸发量和苗期作物水分利用的共同作用下，地表以下 20cm 深度的土层整体土壤含水量呈现低值，平均体积含水率不足 10%，但随着深度的增加，土壤下层含水率逐渐增加，除个别异常变化点外，下层土壤平均体积含水率可达到 15%~25% 范围，由于该区域土壤下渗能力较强，因此这样的土壤湿度垂直分布情况也在一定程度上反映出，该区域下层水分向上补给能力较差，耕层土壤缺水时由于土壤颗粒相对粗糙，缺乏有效的毛管路径，下层水分很难有效补充上层土壤可利用水量。

6.2.2 山前平原春季灌溉前土壤湿度场特征

以河北省石家庄市为典型单元的海河流域山前平原位于海河流域西侧，沿太行山东麓南北分布，为永定河、大清河、滹沱河、漳河、卫河等海河流域主要支流的山口冲积平原，山前平原由于其独特的自然地理区位特征，其土壤及地下水条件良好，是华北平原农业生产活动的热点地区和人口稠密区域。以典型单元石家庄地区为例，本区域地势西高东

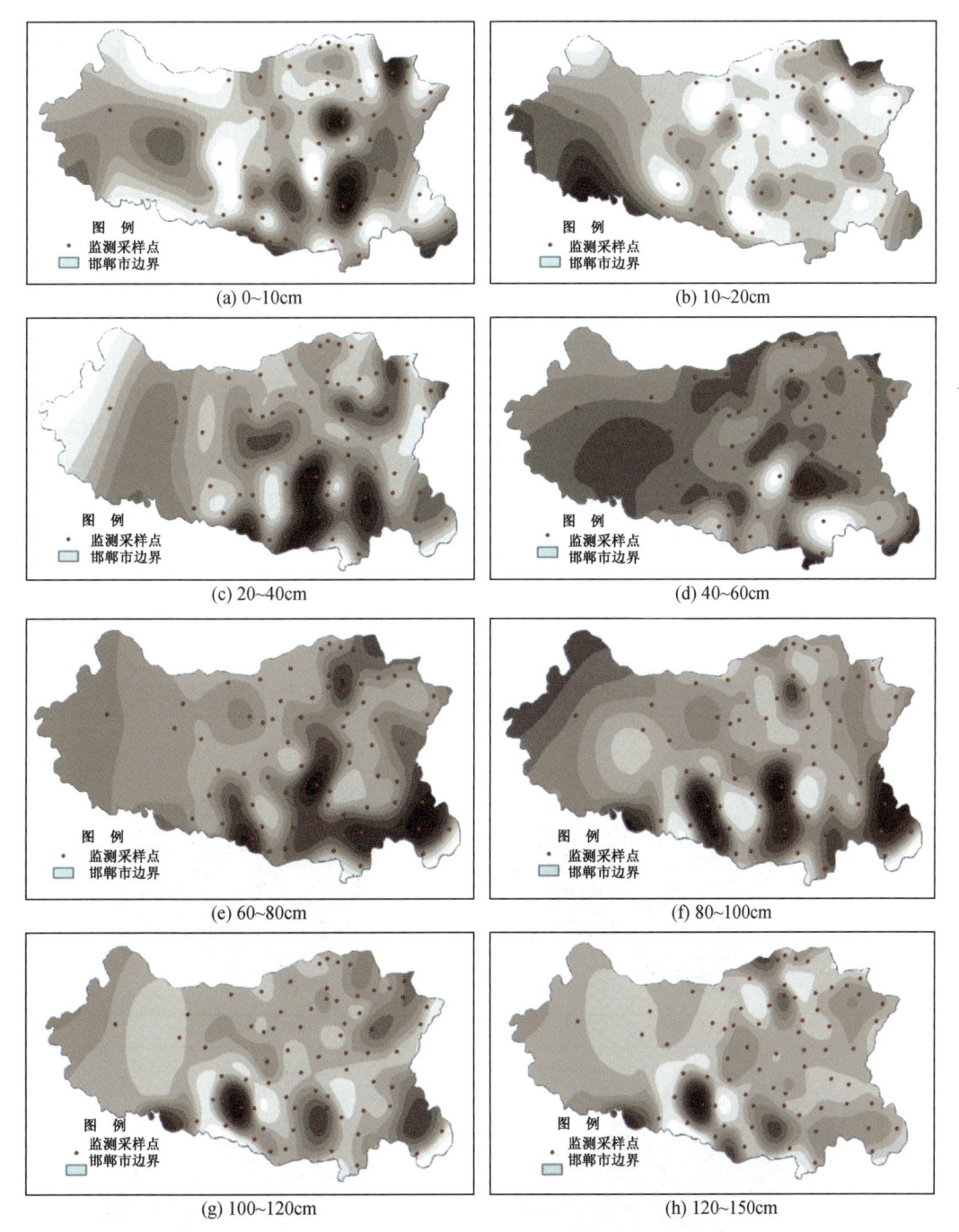

图 6-11 邯郸地区分层土壤湿度场空间分布图

低，西部太行山地海拔在 1000m 左右，地貌由西向东依次排列为中山、低山、丘陵、盆地、平原。南北向最长 148km，东西向最宽 175km，周边界长 760km。主要土壤类型包括山地草甸土、棕壤、褐土、潮土、盐土、风沙土、新积土、粗骨土、石质土、沼泽土、水稻土等 11 个土类。区域多年平均气温 12.5℃。多年平均降水量为 538.3mm（1956～2000 年系列），降水年内分配非常集中，全年降水量的 70% 以上集中在 6～9 月，水面蒸发量 900～1200mm，陆地蒸发量 440～480mm。多年平均无霜期为 197d，初霜日期 10 月 20～28 日，终霜日期 4 月 8～18 日。最大冻土深度为 56cm。区域主要粮食作物包括小麦和玉米，棉花、梨等经济品种也有一定种植面积，是河北省粮、棉主产区。

石家庄土壤湿度采样时间为 2010 年 3 月 18～25 日，结合当年农业气候情况和现场调研情况，本时期正值石家庄地区小麦起身期，主要灌区在采样试验结束后即开始第一轮大规模春季灌溉，因此本次绘制的土壤湿度场基本反映了山前地区小麦春灌前土壤湿度的水平和垂直分布情况。此阶段土壤水的主要补给项为前期积雪融水和前期土壤层储水，主要消耗项为地面蒸发和起身期作物蒸腾消耗。

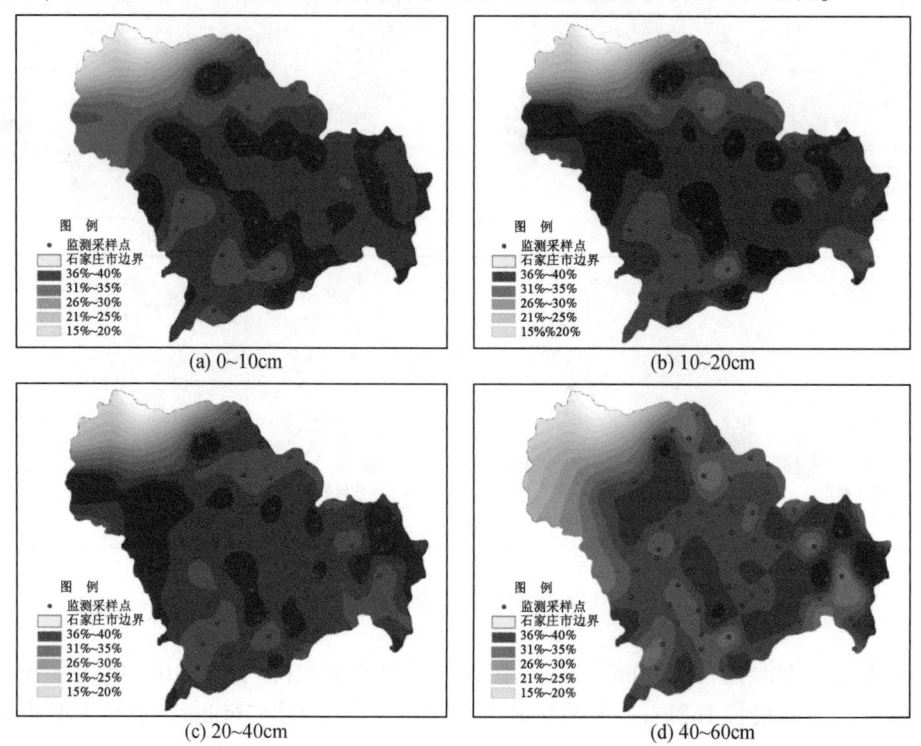

图 6-12 为石家庄地区分层土壤湿度场空间分布情况。从土壤墒情水平空间分布上看，本阶段土壤含水量空间分布比较均匀，其整体含水量较高，全区 0～60cm 主要土壤墒情监测层土壤体积含水率基本在 30% 以上，这种高含水率表现主要得益于 2009 年 11 月中下旬河北地区经历的 50 年一遇的暴雪降水过程，大量的降水和冬季低温过程造成了春季灌溉期前良好的土壤水赋存条件，也在某些程度上延后了春季首轮灌溉的迫切性，这一点也在采样同期的现场调研中得到验证。从土壤水垂直剖面分布情况来看，随着深度的降低土壤含水量明显降低，特别是以 1m 深度为界，在这个界面以下土壤体积含水率普遍降低到 20% 左右，这种现象在某种程度上反映了在本地区土壤结构特征和人类长期种植改造活动的影响下，雨、雪降水等土壤水自然补给项的影响深度主要集中在 1m 左右。

(a) 0～10cm

(b) 10～20cm

(c) 20～40cm

(d) 40～60cm

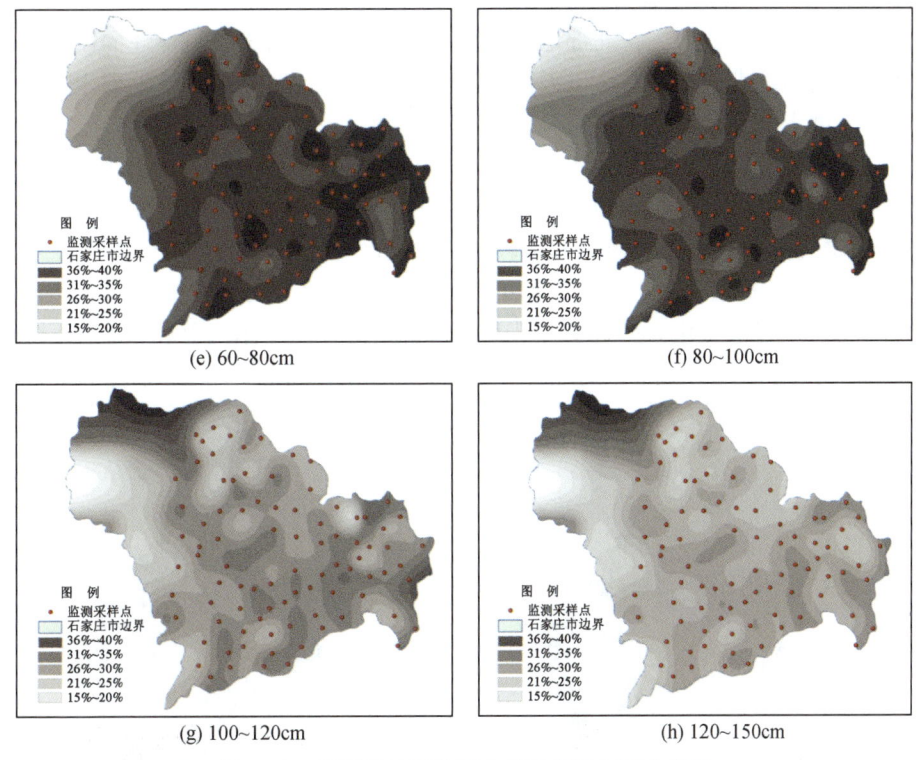

(e) 60~80cm (f) 80~100cm

(g) 100~120cm (h) 120~150cm

图 6-12　石家庄地区分层土壤湿度场空间分布图

6.2.3　沿海低平原灌溉间隔期土壤湿度场特征

沿海低平原位于海河流域东部，是海河干流、滦河水系及各主要支流汇入渤海而形成的河口沉积平原，海河流域沿海低平原主要分布在天津市和河北省唐山市、沧州市，其中以天津市面积最广且最具代表性。

天津处于海河五大支流汇流处，地势以平原和洼地为主，北部有低山丘陵，海拔由北向南逐渐下降。北部最高，海拔 1052m；东南部最低，海拔 3.5m。天津平原约占 93%，主要土壤类型包括棕壤、潮土、褐土、水稻土、沼泽土和滨海盐土共六大类 17 个亚类。天津属暖温带半湿润季风性气候，海洋气候影响明显。天津的年平均气温约为 14℃，年平均降水量在 360~970mm，多年平均自然蒸发量为 716.00mm，多年平均水面蒸发量为 1187~2102mm。天津市土地总面积 119.19 万 hm^2，其中耕地面积占全市土地总面积的 37.4%，其中北部蓟县丘陵区以果林等经济作物为主，中北部地区是以小麦、玉米等旱粮作物为主的粮食基地，兼有部分水稻种植。

近年来，受到缺水和地下水保护管理等方面的影响，天津市农业用水特征发生了较大变化：一是南部大量地区种植结构发生改变，由原有冬小麦-夏玉米的复种模式改为单季雨养玉米、棉花的种植模式；二是北部传统农业区非充分灌溉面积扩展。天津土壤湿度采样时间为 2010 年 4 月 1 日~10 日，结合采样同期现场调查，此时天津中南部地区以待种植玉米、棉花的农田裸地为主，北部地区部分小麦种植区也未进行整体性灌溉活动，因此天津土壤湿度场的垂直分布基本可以表征沿海低平原地区自然降水背景下裸土类型及农业覆盖类型的土壤水分分布特征。

图 6-13 为天津市土壤湿度场水平及垂直分布情况。在水平方向上，土壤湿度宏观变化结构为由内陆向沿海逐步增大，体现了沿海低平原地下水赋存受到海相影响的总体趋势；同时可发现北部农业种植区总体土壤含水率较南部裸土区整体降低 4~5 个百分点，体现了在非灌溉条件下，农业种植活动对土壤水库的耗损情况。从垂直方向上来看天津市土壤水在 80cm 界面上有较明显的变化，80cm 以下土壤除部分沿海片区外体积含水率普遍下降到 20% 以下，在一定程度上表明了地下水对地表下 80~150cm 的作物可利用层的补给较少。

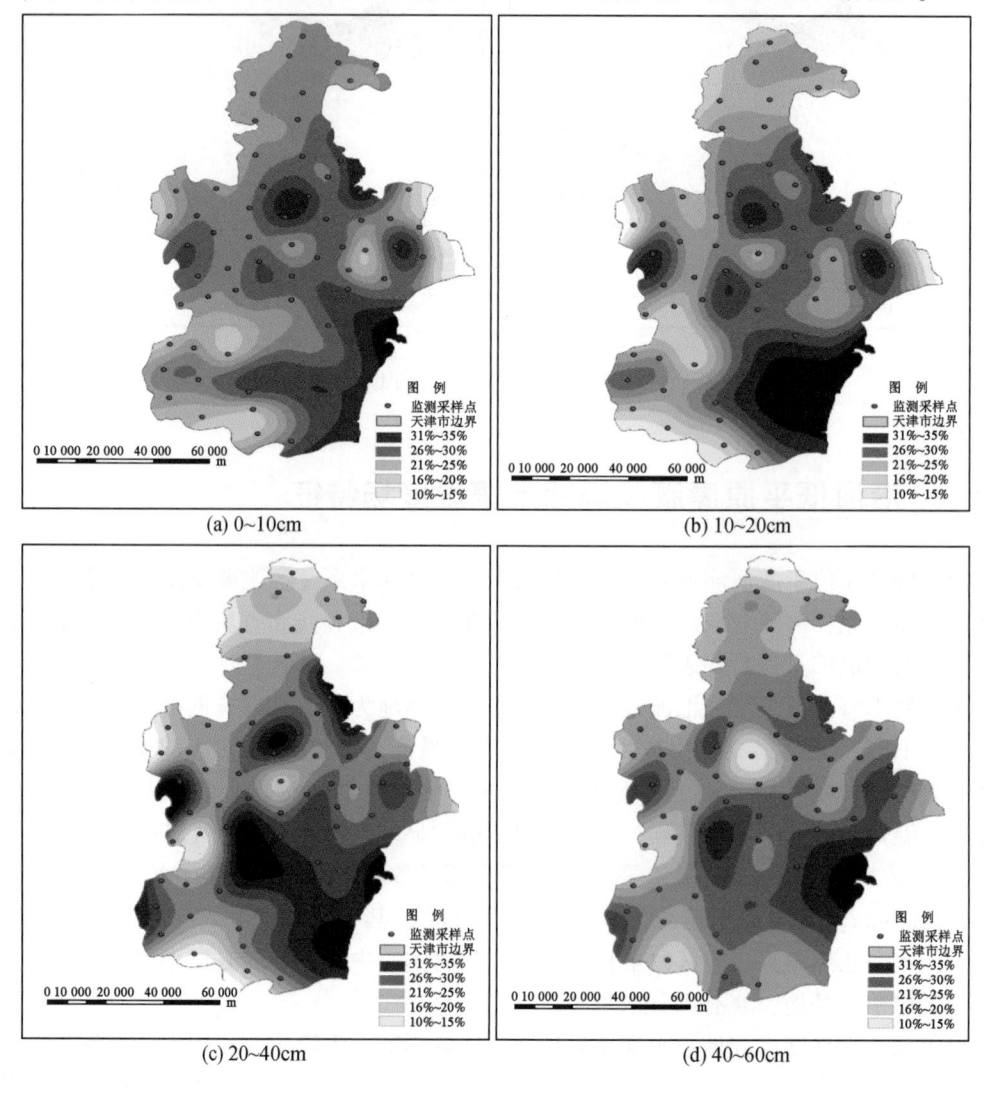

(a) 0~10cm

(b) 10~20cm

(c) 20~40cm

(d) 40~60cm

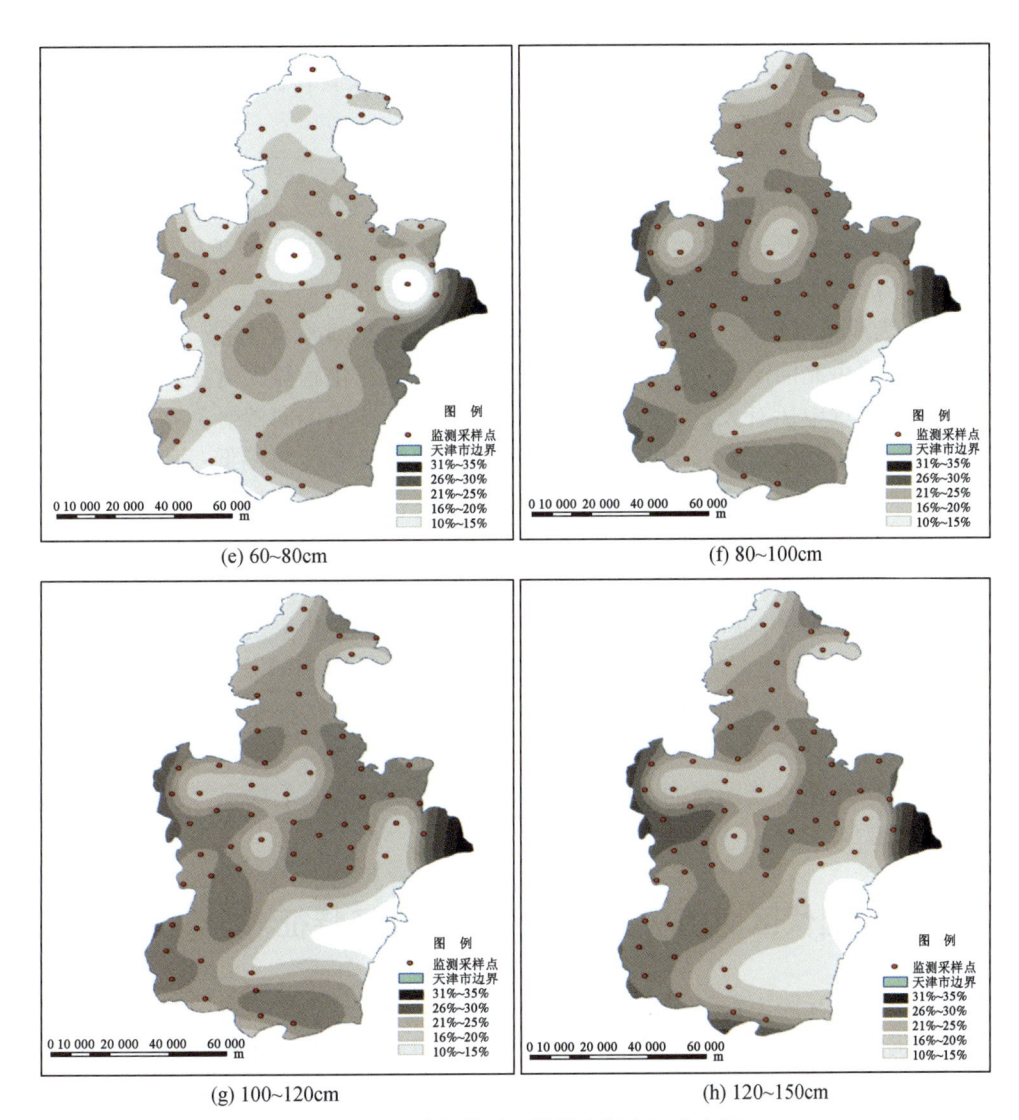

(e) 60~80cm (f) 80~100cm

(g) 100~120cm (h) 120~150cm

图 6-13 天津市分层土壤湿度场空间分布图

6.2.4 滦河流域小麦成熟期土壤湿度场特征

滦河及冀东沿海诸河片是海河流域的一个重要组成部分，本片区位于海河流域东北部，与海河南系、海河北系及徒骇马颊河流域共同组成海河流域 4 个相对独立的流域片。本次试验选择滦河干流主要流经及入海口所在的唐山地区作为海河流域滦河及冀东沿海诸河流域片典型单元，唐山市地处滦河下游，地势北高南低，北部为沿海平原与坝上高原间的丘陵山地过渡带，南部为沿海低平原。唐山属暖温带半湿润季风气候，气候温和，全年平均日照 2605h，年平均气温 11.5℃，无霜期 200d，多年平均降水量为 622.2mm，多年平均水面蒸发量 1020.1mm。区内主要类型包括棕壤土、褐土、潮褐土、潮土、盐化潮土、沼泽土、水稻土、滨海盐土、砂姜黑土等。全区土地总面积约 142.86 万 hm²。农用地约 88.73 万 hm²。全市种植结构以小麦、玉米为主,北部山区兼有板栗、果林,南部沿海地区有少量水稻田分布。

唐山土壤湿度采样时间为 2010 年 5 月 25 日至 6 月 4 日,结合当年农业物候情况和现场调查,采样时段研究区小麦初步进入待收割期,采样时段内及采样时段前一周基本无大规模灌溉活动,因此基于此次实验数据绘制的唐山市土壤湿度场可以近似表征滦河下游小麦成熟期耗水特征背景下的土壤水分盈亏空间变化规律。

图 6-14 为唐山市小麦成熟期土壤湿度场的水平和垂直变化趋势。在水平方向上,土壤湿度体现出由北向南递增,与海拔成负相关的宏观变化趋势,这主要是由于北部山区土层较薄,土壤中还有大量岩石风化碎屑,土壤理化性质偏向沙砾类型,因此土壤持水能力不足且地形起伏较大,因此试验土层的整体水分涵养能力偏低;相反,南部地区沿海地区收到海相作用影响,整体土壤含水率呈现区内高值区。值得注意的是区域中心呈现的极端高值区为唐山市市区所在位置,不具有参考意义,其异常高值主要是因为缺少有效测点造成的异常插值,同时临近测点取样时有少量降雨的情况也是造成误差的原因。从垂直结构上来看,唐山市小麦成熟期土壤湿度垂直变化呈现倒 U 形结构,即由表层到地下 80cm 土壤含水量逐渐增加,在 60～80cm 土层达到峰值后,下部明显降低。其中 80cm 土壤含水量变化界面与同为沿海低平原的天津市特征相似;而上部土壤的变化趋势主要反映了夏季高温且无灌溉条件下,土壤水耗损程度与土壤深度紧密相关,土壤湿度场也反映了在收获期前的非灌溉时段地表下 40～80cm 土层是提供土壤水有效供水的关键土层。

6.2.5 北部起伏区高植被覆盖期土壤湿度场特征

海河流域北部丘陵山地过渡区位于海河流域最北端,是内蒙古高原南缘与沿海平原间的地形过渡地带,由丘陵、山地和坝上高原共同组成,是海河流域北段与辽河、西北诸河流域间的分水岭。本次试验选择潮河、滦河源头所在地河北省承德市作为代表北部丘陵山地过渡区的典型单元。承德市地域面积 39 500km,境内地形复杂,山脉纵横,河流交错。地势自北向南倾斜,北部为内蒙古高原的东南边缘,中部为浅山区,南部为燕山山脉,全市大多数区域海拔范围为 200～1200m,平均海拔 350m。承德主要土壤类型种类包括黑土、灰色森林土、粟钙土、棕壤、褐土、山地草甸土、潮土、草甸土、沼泽土、风沙土、粗骨土、石质土、红黏土等 14 个土类。农业生产方面,由于地处丘陵山区,缺乏灌溉条件,承德市主要粮食作物以玉米、谷子、土豆等雨养旱作作物为主,除农业覆盖类型外,承德市自然下垫面类型发育,草地、林地等土地覆盖类型占比超过 60%。承德市年降水量一般为 330～835mm,多年年平均降水量为 542mm,多年平均陆面年蒸发量在 1493.2mm。

承德土壤湿度采样时间为 2010 年 8 月 21 日至 9 月 2 日,此时期正值本地区玉米生长发育旺盛期,结合现场作物情况调查成果,此时期玉米平均株高超过 2.5m,植被覆盖度超过90%；同时北部山区及坝上地区林草郁闭度及覆盖率基本达到年内峰值。由于承德地区基本保持雨养种植模式，因此，基于本次采样试验数据绘制的承德市土壤湿度场基本表征了海河流域北部丘陵山地过渡带高植被覆盖背景下土壤水分的自然分布情况。

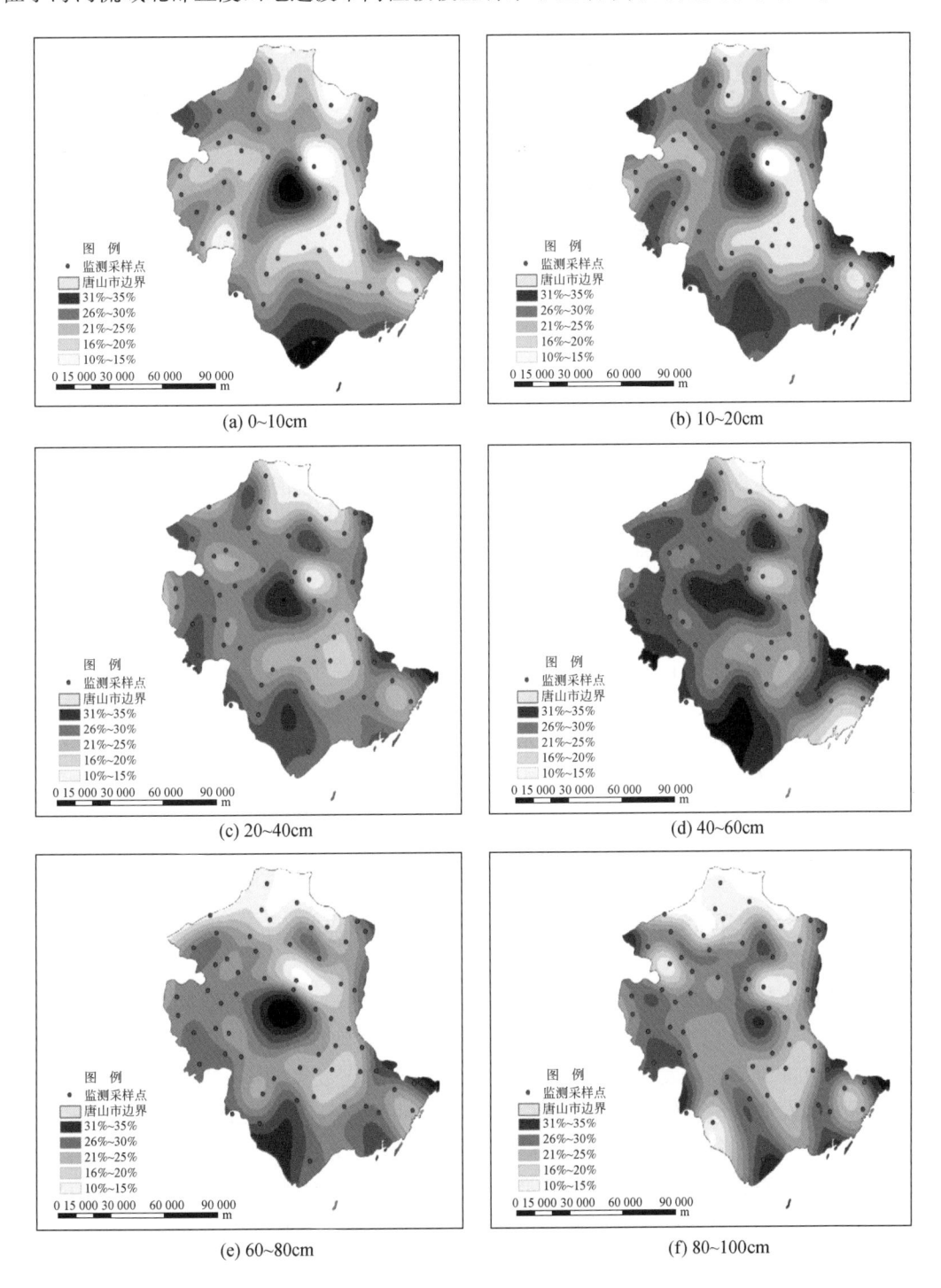

(a) 0~10cm

(b) 10~20cm

(c) 20~40cm

(d) 40~60cm

(e) 60~80cm

(f) 80~100cm

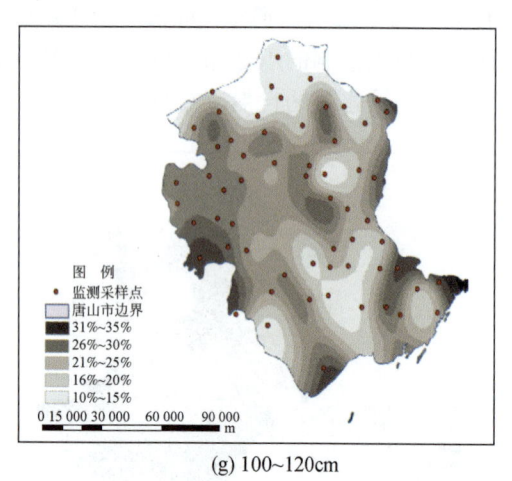

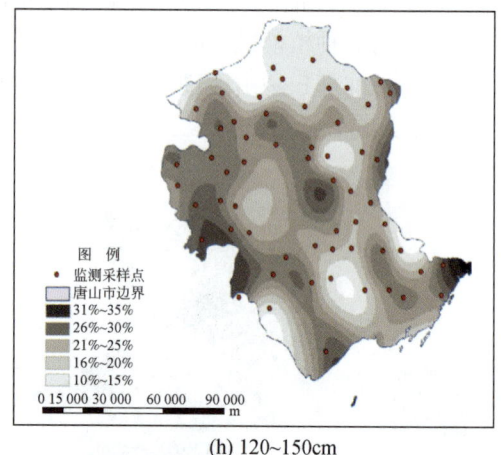

(g) 100~120cm　　　　　　　　　(h) 120~150cm

图 6-14　唐山地区分层土壤湿度场空间分布图

图 6-15 为承德市夏末高植被覆盖期土壤湿度场的垂直和水平分布趋势，从水平方向上看，承德市土壤湿度水平整体较均匀，含水量高值区呈不连续的点状分布，这种分布特征的出现实际上体现了承德市土壤湿度水平与采样点地形的紧密联系，出现湿度高值点基本分布在河流谷底，一方面受到河流的侧向补给和谷底气候的影响，土壤层呈现较湿润状态，另一方面在地形起伏剧烈的山区，河流谷底往往是农业生产的热点地区，较好的土壤改良情况和局部灌溉条件也提升了这些区域土壤墒情水平；而在地形起伏区一方面受陡峭地形影响，土壤间重力空隙水很难蓄存，同时粗质地土壤的田间持水能力也有所不足。在垂直方向上，本地区土壤在 40~60cm 存在一个干化层，在干化层上地下 10~40cm 的土壤湿润情况较好，这种情况体现了在地形起伏的土石山区，植被和人类土壤改良活动是影响土壤水垂直剖面分布特征的核心因素，植被根层的存在及其与表层土壤的交互作用改善了浅层土壤的质地和有机质含量，提升了表层土壤的调蓄能力。而与之相反，下层土壤仍以沙性土壤为主，持水能力差，渗漏剧烈，呈现干化迹象，而 80cm 以下土壤收到河流侧向影响或岩石托水层的补给，较上层表现得又较为湿润。

6.2.6　黑龙港平原玉米成熟期土壤湿度场特征

黑龙港平原位于海河流域东南部，是由海河水系诸支流和黄河长期冲积而成。该地势低平，海拔多在 40m 以下。由于地势低洼，成为河北省河流和客水汇集之处；泄水河道少，地表径流排泄不畅易发生旱、涝、沥、碱等自然灾害。黑龙港地区光、热资源丰富，是国家重要的农业区域，但由于受季风气候和低洼冲积、海积平原地学条件的影响，"春旱、夏涝、秋吊"的规律非常典型，历史上"旱、涝、碱、薄"俱全，耕作粗放，是海河平原旱涝灾害最频繁的地区，也是黄淮海平原盐渍危害最严重的地区之一。本次试验研究选择位于黑龙港地区核心位置的衡水市作为表征海河流域黑龙港平原的典型单元。衡水市地势由西南向东北倾斜，平原中地形变化较大，构成明显的岗、坡、洼等不同地貌类型。

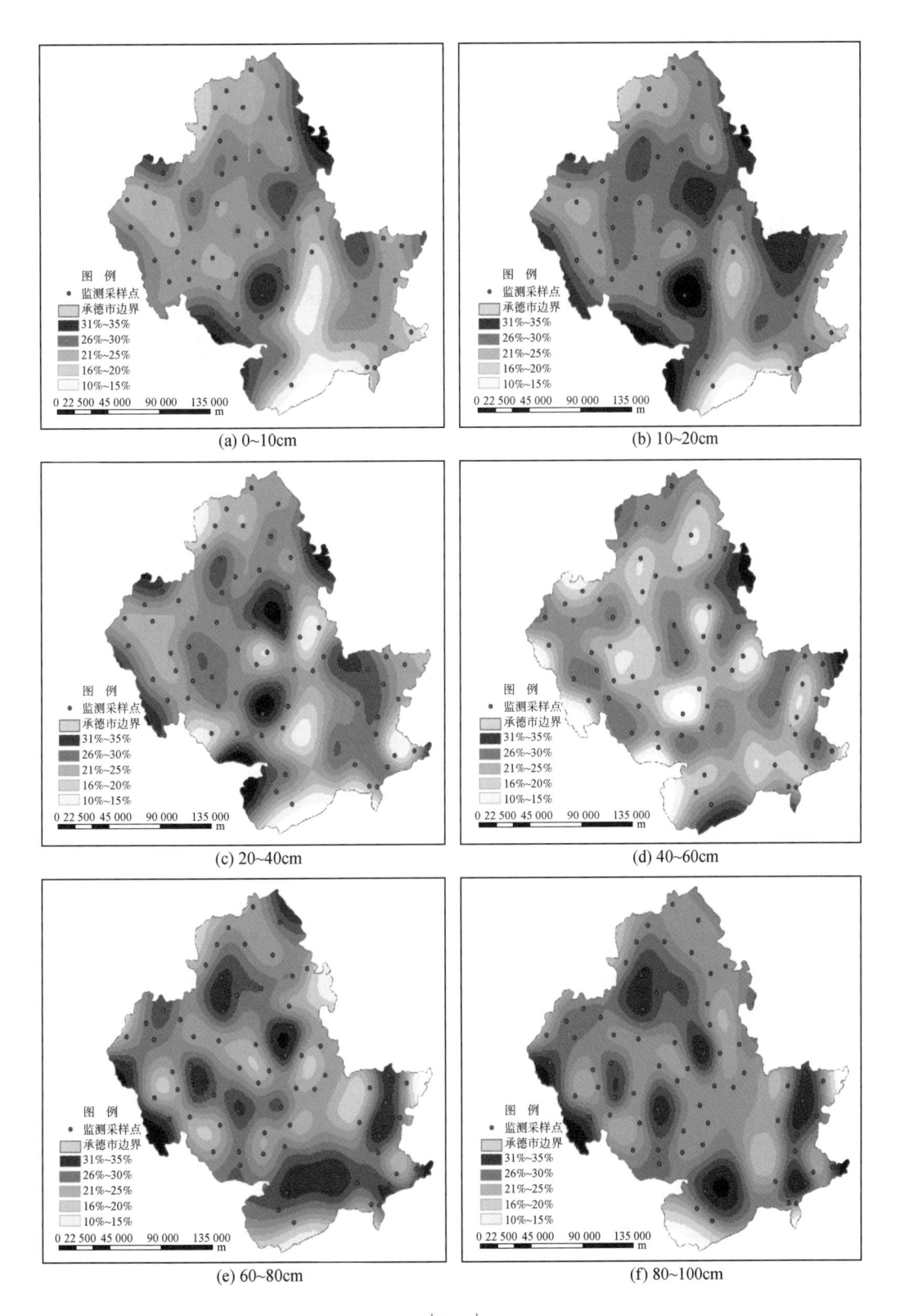

第6章 海河流域大尺度土壤水特征参数监测研究

(a) 0~10cm

(b) 10~20cm

(c) 20~40cm

(d) 40~60cm

(e) 60~80cm

(f) 80~100cm

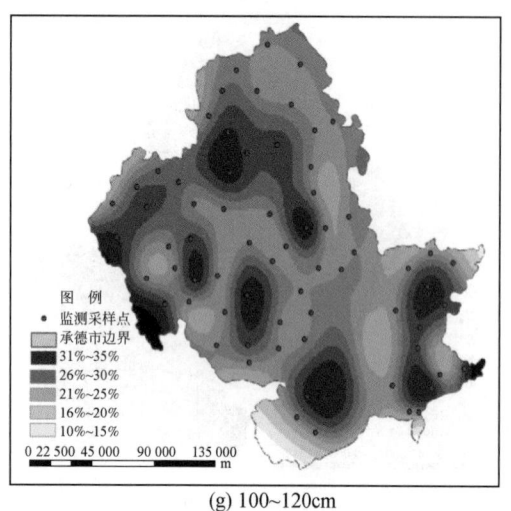

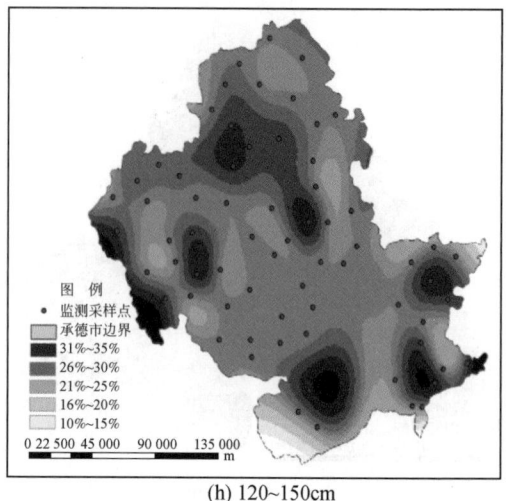

(g) 100~120cm　　　　　　　　(h) 120~150cm

图 6-15　承德地区分层土壤湿度场空间分布图

衡水市土壤类型中潮土面积 43 万 hm²，占土地总面积的 62%，广泛分布于各县市区，是农用土地主要土壤类型。其土层深厚，质地多变，但以轻壤土为主，部分为砂质和黏质。全市土地总面积为 1325.7 万亩，其中耕地占比达到 64.6%，是重要的农业产区。全市多年平均降水量为 522.5mm，多年平均水面蒸发量为 1100~2000 mm。主要作物类型为冬小麦和夏玉米的复种结构，棉花也有较大的种植面积。

衡水土壤湿度采样时间为 2010 年 9 月 13~17 日及 9 月 25~27 日，结合当年农业物候条件和现场调查情况，采样时段主要为棉花和玉米的收获时期，由于衡水地区玉米、棉花生长期与当地夏季降水丰沛期有良好的匹配关系，因此在玉米、棉花主要生长期以雨养灌溉为主，因此绘制的土壤湿度场基本不受人工灌溉的影响，但应当注意的是在采样时段衡水市有较明显的降雨过程，给湿度场绘制带来了一定影响。

图 6-16 为衡水地区在夏玉米成熟期土壤湿度场的水平和垂直分布特征。在水平方向上，除个别测点表现出突变趋势外，衡水市境内土壤墒情的分布基本呈现空间上的均匀性，而个别的极值异常点，一方面是市区范围内缺少测点造成的空间内插异常值，另一方面则受到采样时段降雨的影响。整体上看本时段衡水市整体土壤湿度在 20%~30%（体积含水率）。在垂直方向上，衡水市土壤湿度垂直剖面的最湿润层出现在地下 10~20cm，由此以下随深度变化，土壤湿度整体下降，在地下 80cm 和 120cm 左右分别出现两个相对干化层。

(a) 0~10cm

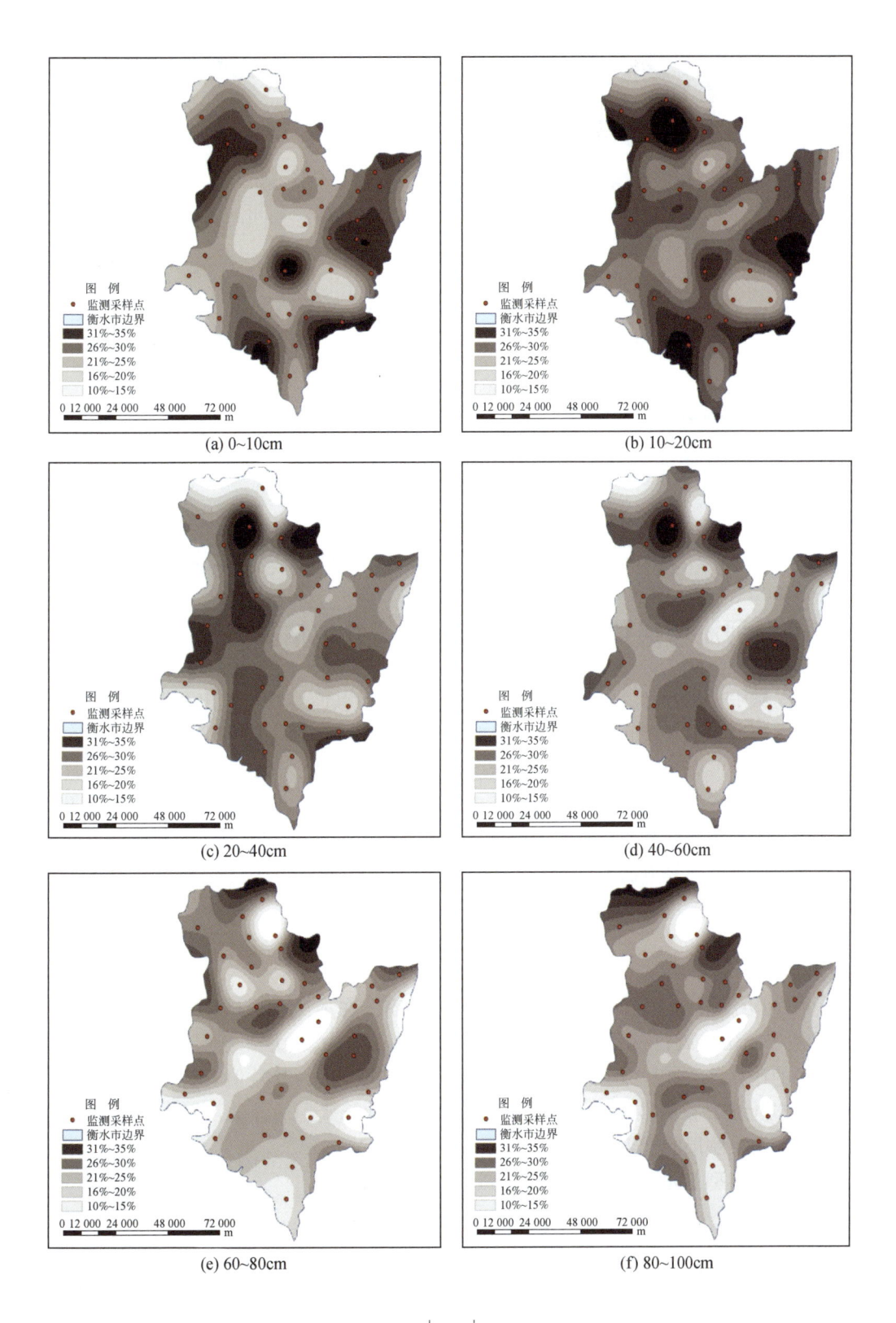

(b) 10~20cm

(c) 20~40cm

(d) 40~60cm

(e) 60~80cm

(f) 80~100cm

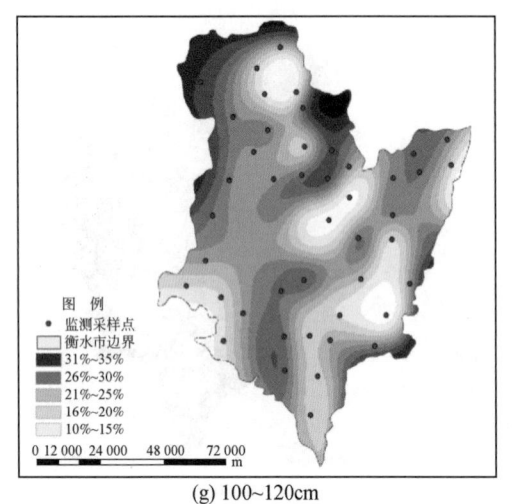

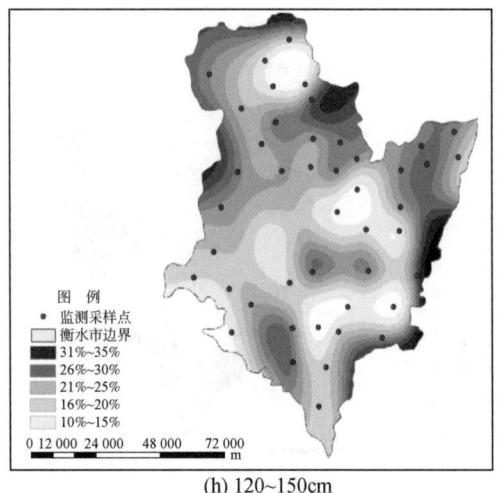

(g) 100~120cm　　　　　　　　　(h) 120~150cm

图 6-16　衡水地区分层土壤湿度场空间分布图

6.3　海河流域典型单元土壤水库特性分析

6.3.1　海河流域典型单元土壤水库特征参数估算方法

在第 3 章中,作者已就农田土壤水库的概念模型及其库容特征作出了简要介绍,类比了土壤水库与地表水水库间的结构特征,移用地表水水库的库容组成结构,定义了农田土壤水库的死库容、有效库容及总库容的定义和理论计算公式,建立了土壤水特征参数与地表水库特征水位线间的对应关系。在实际应用中,由于土壤水特征参数难以直接测得,因此常采用基于土壤岩性和历史资料的间接估算方法。本节所分析的海河流域典型单元土壤水库死库容的具体计算方法如下。

$$W_n = \sum_{i=1}^{n} \theta_{wp}(i) \cdot d(i), \quad n = 8 \tag{6-1}$$

$$\theta_{wp} = 0.4\% C_{0.002} \cdot WV \tag{6-2}$$

式中,W_n 为给定研究土层深度的土壤水库的死库容,在本次采样试验中土壤水库的定义土层深度为 1.5m;$d(i)$ 为第 i 层采样层的厚度;$\theta_{wp}(i)$ 为第 i 层采样层的凋萎含水率,凋萎含水率的计算参考 SWAT 模型提供的经验估算公式,认为其数值上与单位体积内小于 0.002mm 的土壤黏粒的质量呈比例关系,比例系数取 0.4;$C_{0.002}$ 为土壤黏粒含量百分比(%);WV 为土壤层的干容重。

海河流域典型单元土壤水库有效库容计算方法如下:

$$W_p = \sum_{i=1}^{n} [FC(i) - \theta_{wp}(i)] \cdot d(i) \tag{6-3}$$

式中,W_p 为给定研究土层深度的土壤水库的有效库容,其在数值上等于各采样层的田间持水率 FC 与凋萎含水率间差值的代数和。关于田间持水率的估算，本次试验参考了历史研究中对华北地区土壤质地和田间持水率的实测研究成果，首先按照土壤机械组成进行土壤质地分类，并以各土类对应的田间持水率变化范围作为边界，然后以物理性黏粒含量作为依据内插获得各样品所对应的田间持水率。

海河流域典型单元土壤水库总库容计算方法如下：

$$W_v = \sum_{i=1}^{n} \mathrm{SP}(i) \cdot d(i) \tag{6-4}$$

$$\mathrm{SP}(i) = \frac{\mathrm{ds} - \mathrm{rs}}{\mathrm{ds}} \cdot 100 \tag{6-5}$$

式中，W_v 为给定研究土层深度的土壤水库的总库容；$\mathrm{SP}(i)$ 为第 i 层采样层的土壤孔隙度；ds 为土壤颗粒比重，一般取 2.65g/cm³；rs 为土壤容重。

6.3.2　海河流域典型单元土壤水库特征参数估算结果

图 6-17～图 6-21 分别给出了海河流域 5 个典型区域的土壤水库特征分布情况。在以石家庄为典型单元的海河流域山前平原，1.5m 土层土壤水库的总库容均值约为 591mm，其中，死库容均值为 42mm，有效库容均值约为 175mm。在以衡水市为典型单元的海河流域黑龙港平原，1.5m 土层土壤水库的总库容均值约为 702mm，其中死库容均值为 124mm，有效库容均值约为 195mm。在以天津市为典型单元的海河流域沿海低平原，1.5m 土层土壤水库的总库容均值约为 763mm，其中死库容均值为 96mm，有效库容均值约为 163mm。在以承德为典型单元的海河流域北部山地丘陵过渡带地区，1.5m 土层土壤水库的总库容均值约为 616mm，其中死库容均值为 63mm，有效库容均值约为 114mm。在以唐山市为典型单元的滦河中下游地区，1.5m 土层土壤水库的总库容均值约为 613mm，其中死库容均值为 68mm，有效库容均值约为 178mm。

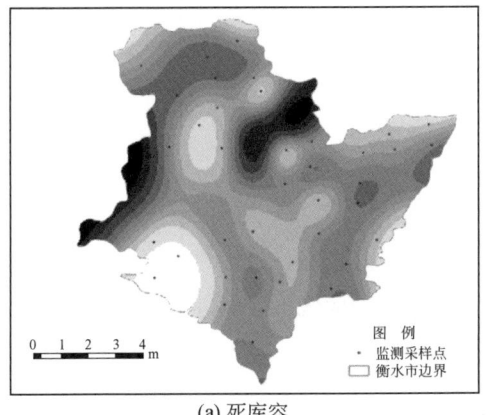

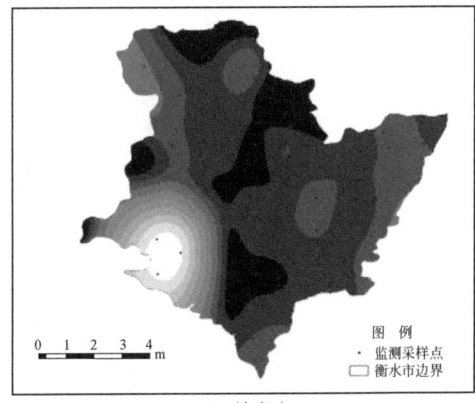

(a) 死库容　　　　　　　　　　(b) 总库容

(c) 有效库容

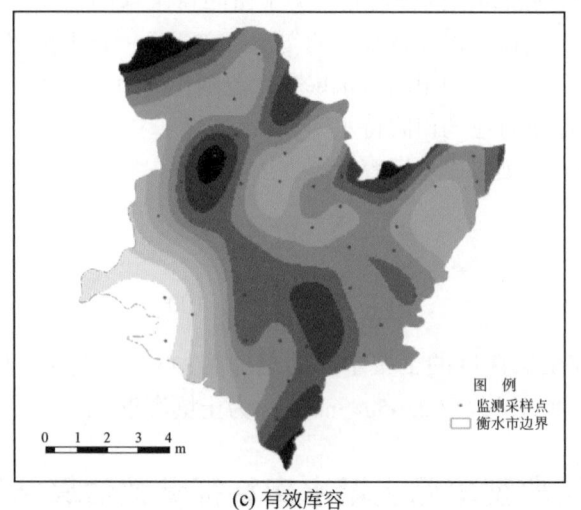

图 6-17　衡水地区土壤水库特征参数分布图

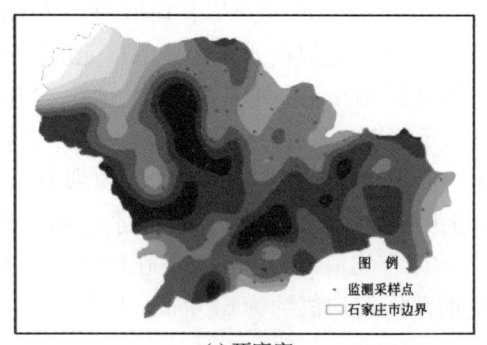

(a) 死库容

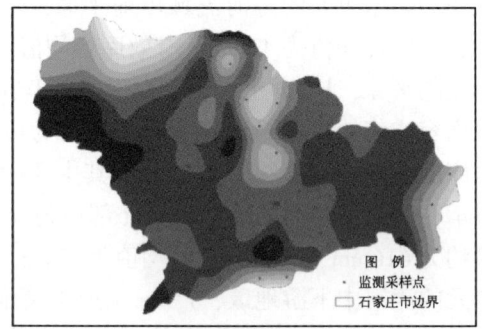

(b) 总库容

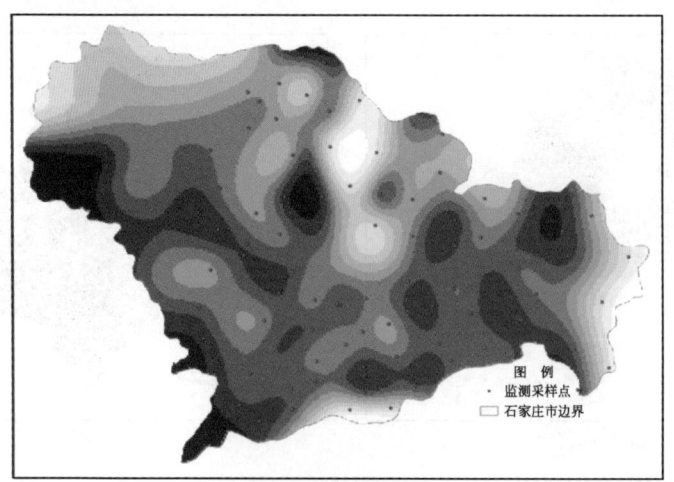

(c) 有效库容

图 6-18　石家庄地区土壤水库特征参数分布图

第 6 章 海河流域大尺度土壤水特征参数监测研究

(a) 死库容

(b) 总库容

(c) 有效库容

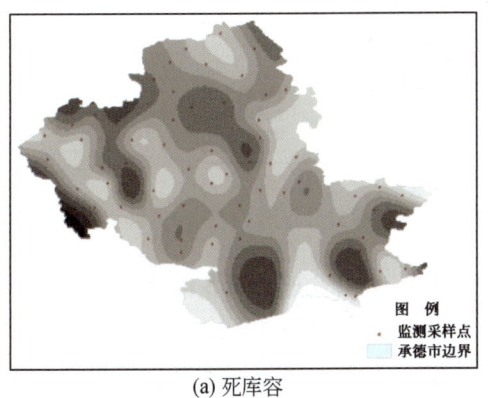

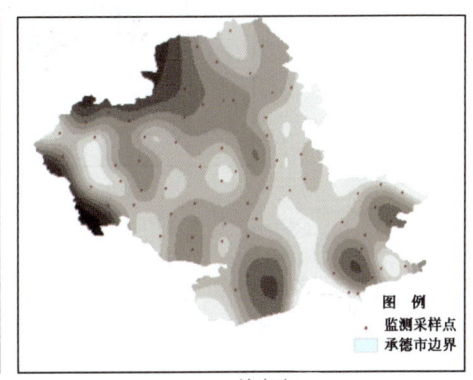

图 6-19 天津地区土壤水库特征参数分布图

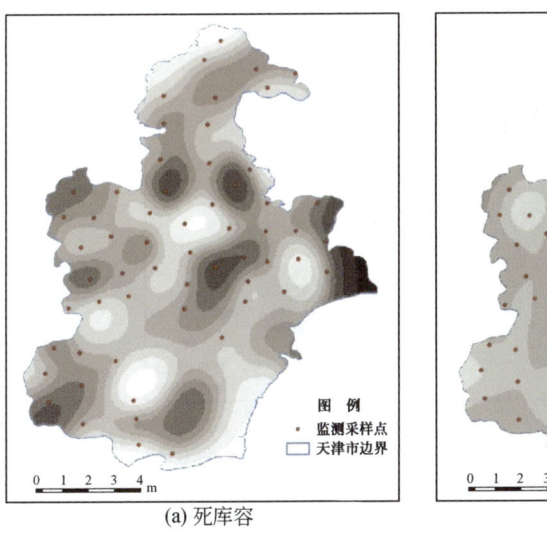

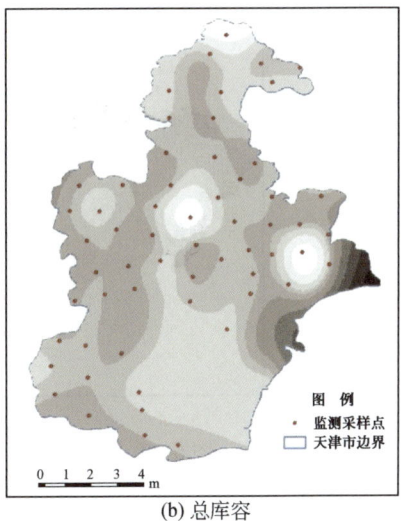

(a) 死库容

(b) 总库容

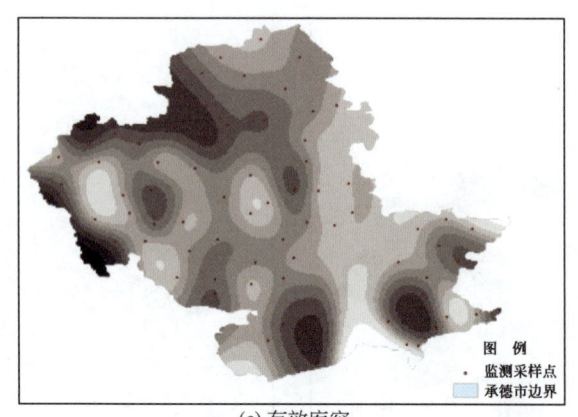

(c) 有效库容

图 6-20 承德地区土壤水库特征参数分布图

(a) 死库容 (b) 总库容

(c) 有效库容

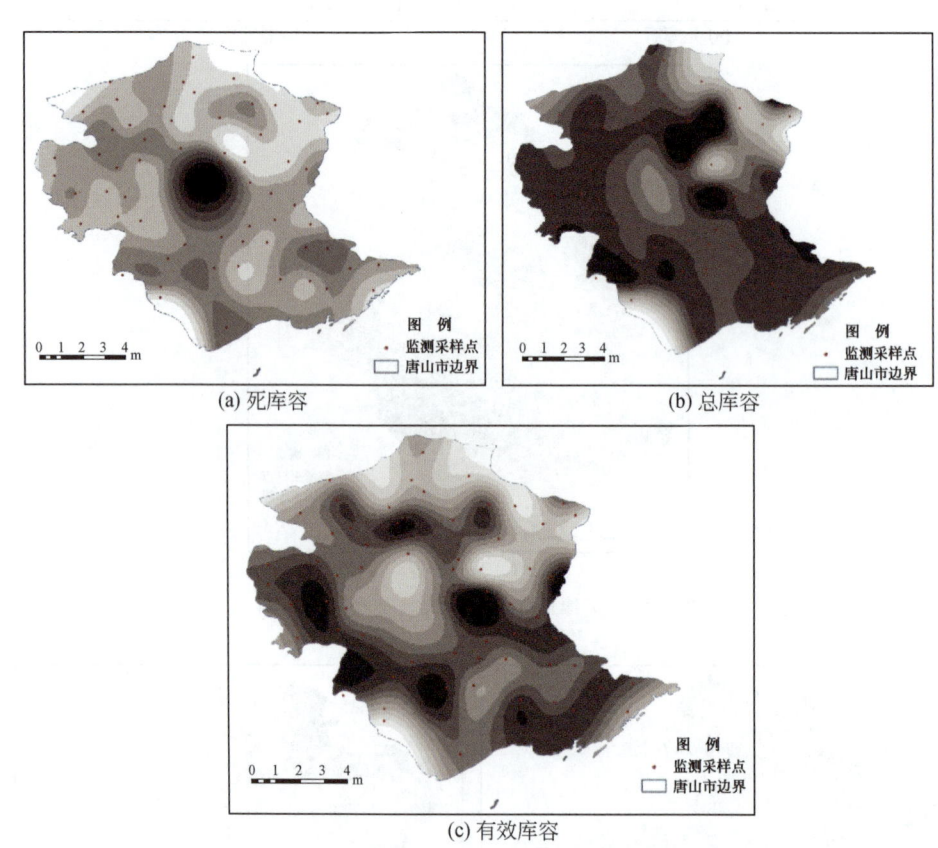

图 6-21 唐山地区土壤水库特征参数分布图

对比海河流域各典型单元的土壤水库特征参数，可以发现，黑龙港地区土壤水库赋存条件最为优越，土壤水库处在饱和情况时可调蓄水量约占土层深度的 47%，同时其 195mm 的土壤水库有效库容为各典型单元间的最高值，降水和灌溉来水可以得到有效存储并被作物利用,但同时其124mm的土壤水库死库容几乎为其他区域的2～3倍,这部分水量难以被作物有效利用,这个问题在本区域农业墒情监测中应该得到相应重视,设定更高的干旱阈值。

在山前平原地区,土壤有效库容较高且分布较为均匀,主要集中在150～250mm,可被作物利用的水量较大。同时本区土壤水库的死库容和总库容均为各典型单元间最低,作物可利用层土壤对降水的整体调蓄能力较低。

在以天津市为典型单元的海河流域沿海低平原地区,土壤总库容表现为全区最高,超过采样土层深度的50%,但由于本区土壤空隙已重力大孔隙为主,土壤层持水能力不足,因此可供作物有效利用的土壤有效库容仅为163mm,为海河流域各平原区的最低值,土壤有效库容不足势必造成降水和灌溉补给很难被土壤层长期涵养和有效利用,开展少量高频的灌溉模式是解决本区土壤有效库容不足问题、提升土壤水资源效用的基本措施。

在以承德市为典型单元的海河流域北部丘陵山地过渡带,土壤有效库容仅为114mm为全区最低,这种情况的出现与丘陵山区和坝上地区土壤耕作层较薄有关,这丘陵山区往往仅有表层0.5～0.8m土层具有较均匀的土壤发育,在土层下为粗颗粒的岩石分化产物,这些风化层虽然具有较大的空隙,但持水能力很差,上层来水很快通过这些空隙进一步下渗或转化为壤中流侧向移动。

处于沿海低平原与北部丘陵山区间的过渡区域,以唐山为典型单元的滦河下游区域其土壤水库也兼具以上两个典型区域的参数特征,其土壤死库容和总库容与北部丘陵山地相近,而土壤有效库容与沿海低平原土壤水库的特征参数保持一致。

6.4 本章小结

海河流域大尺度土壤水特征参数采样实验选择邯郸市、石家庄市、天津市、唐山市、承德市和衡水市作为试验区,形成系统表征海河南部平原、太行山山前平原、近海低平原、滦河中下游、坝上高原丘陵过渡带及黑龙港平原等海河流域典型地理单元的类型集合,开展海河流域主要作物利用层1.5m深度土壤水库的大尺度分层土壤墒情和岩性基础数据的采样工作,共布设采样点427个,并在此基础上点绘并分析了海河流域典型单元在年内特征时段的土壤湿度场垂直和水平分布规律,并初步估算了5个典型单元的1.5m深度土壤水库的死库容、有效库容和总库容等特征参数。

第7章 邯郸市农田土壤连续湿度场的模拟与构建

根据本书第3章的介绍，进行农田土壤水资源效用评价的主要基础是获取研究区农田土壤湿度的时空连续分布场。目前，农田土壤湿度场的获取主要依靠物理接触式（contact based）测定技术和遥感非接触式（contact free）的反演技术。第一类方法能获得精确的土壤湿度点观测数据，并结合适当的空间插值和图化技术生成面尺度土壤湿度观测场数据，其缺点是对于大范围的土壤墒情监测来说，需要监测的样本点会骤然增加，需要投入大量的经费和人力，不适用于区域业务化的土湿度监测实践；第二类是遥感反演手段。遥感技术可以轻松获得大范围空间尺度土壤湿度反演结果，其缺点在于遥感反演的土壤湿度时空分辨率较低，同时遥感反演的土壤墒情深度较浅（一般是100mm深度土层），难以满足评价农田作物整个根系活动层的土壤水资源的要求。

近些年来，随着计算机模拟技术的发展和成熟，利用水文模型从区域"四水"转化过程和机理对土壤湿度进行模拟成为一个重要的研究方向。本章以海河流域典型区邯郸市为研究对象，运用中国水利水电科学研究院基于"二元"水循环概念开发的MODCYCLE模拟工具，并结合研究区土壤岩性采样资料和当地的农田管理特点，构建邯郸市农田土壤湿度过程模拟模型，尝试性地运用水文模拟手段构建农田土壤湿度场，为区域土壤水资源的效用评价提供工具支持。

7.1 研究区概况

7.1.1 地理区位

邯郸市位于我国华北平原南部，地理范围为36°04′N~37°01′N，113°28′E~115°28′E，是我国河北省最南端的地级市。邯郸市东接山东省，南连河南省，西靠太行山，北边与河北省邢台市接壤，南北距离大约为102km，东西距离178km，面积为12 047km²，周长约为631km。邯郸市境内具有山区和平原地形，山区面积4460km²，占总面积的37%；平原面积7587km²，占总面积的63%。

邯郸市行政区下辖武安市一个县级市，以及永年县、涉县、邯郸县、磁县、临漳县、魏县、大名县、馆陶县、邱县、广平县、成安县、肥乡县、曲周县和鸡泽县14个县，另外还有峰峰矿区和邯郸市区。邯郸市的行政区分区见图7-1。

邯郸市属太行山南部山区向河北省平原区南部的过渡地带，地形地貌复杂多变，中低山、丘陵、盆地、平原等地形均有，境内的整体地势是西边高、东边低。邯郸市境内最高

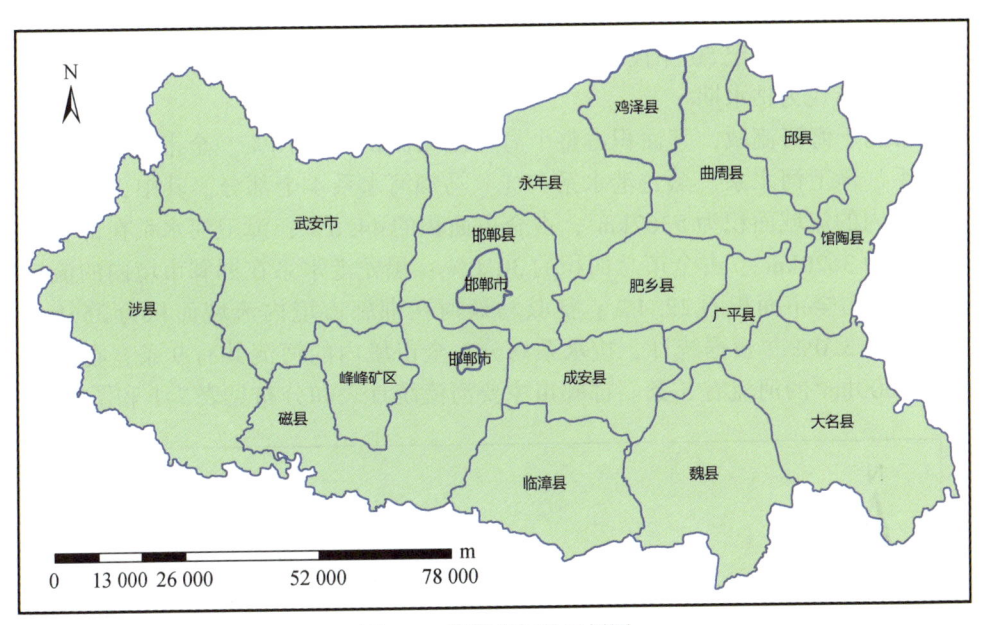

图 7-1 邯郸市行政区划图

峰为青崖寨,位于武安市西北部,是两省(河北与山西)三县(武安市、沙河县和左权县)的交界处,属于太行山的南段。

邯郸市西部以中低山、丘陵和山间盆地为主,包括峰峰矿区、武安市、涉县等区域;东部以平原区为主,包括邯郸市区、临漳县、魏县、大名县、馆陶县、邱县、成安县、广平县、肥乡县、曲周县、鸡泽县等区域,平原区地势平坦,地面坡度为 0.4‰~0.2‰。邯郸市东部平原区总体上可以划分为太行山山前冲积洪积平原和冲积湖积平原区。山前冲积洪积平原沿太行山山麓呈条带状分布,高程相对较高。冲积湖积平原区地势低洼,一般海拔在 50m 以下,邱县是邯郸市最低处,平均海拔在 30m 左右。

7.1.2 气候水文

邯郸市属于暖温带半湿润半干旱大陆性季风气候,年内四季明显,雨热同期。一般来说,该地区春季少雨多风,夏季高温多雨,秋季天高气爽,冬季冰冷少雪。邯郸市多年平均气温为 12.5~14.2℃,每年 12 月、1 月和 2 月气温最低,历史上极端最低温为 −23.6℃,出现在 1971 年 12 月 27 日(大名县);每年的 6~7 月份气温最高,历史上极端最高温度为 42.7℃,出现在 1974 年 6 月 25 日(邱县)。邯郸市无霜期为 194~218d,初霜期一般在 10 月下旬,终霜期一般在 4 月上旬。邯郸市全年日照时数为 2300~2780h,年总辐射量为 1.3 亿~5.4 亿 J/m²。年均相对湿度为 50%~65%。年平均风速为 3~6m/s,瞬时极大风速为 38m/s。根据《河北省邯郸市水资源评价》成果,以 1956~2000 年的降雨数据系列作为分析数据,邯郸市多年平均降雨量为 548.9mm,其中,山丘区多年平均降雨量为 569.9mm,平原区多年平均降雨量为 535.8mm。频率分析结果显示,邯郸市 20%、

50%、75%和95%年份的降雨量分别为：682.0mm、527.1mm、424.1mm和311.5mm。从年代变化上来看，20世纪50年代和60年代邯郸市总体上处于丰水期，70年代和90年代为平水期，80年代为枯水期。

邯郸市属于海河流域，其面积占整个海河流域面积的3.78%。全市的河流可以分为子牙河水系、漳卫河水系、黑龙港水系和徒骇马颊河水系4个部分。其中，子牙河水系在邯郸市境内的流域面积为5367km², 占全市面积的44.6%；漳卫河水系在邯郸市境内的流域面积为3620km², 占全市总面积的30.0%；黑龙港水系在邯郸市境内的流域面积为2695km², 占全市面积的22.4%；徒骇马颊河在邯郸市境内流域面积为356km², 仅占全市面积的3.0%。根据统计，按水系划分，全市境内的河流共有9条，在本市流域面积大于1000km²的河流有5条。邯郸市主要河流统计表和分布见表7-1和图7-2。

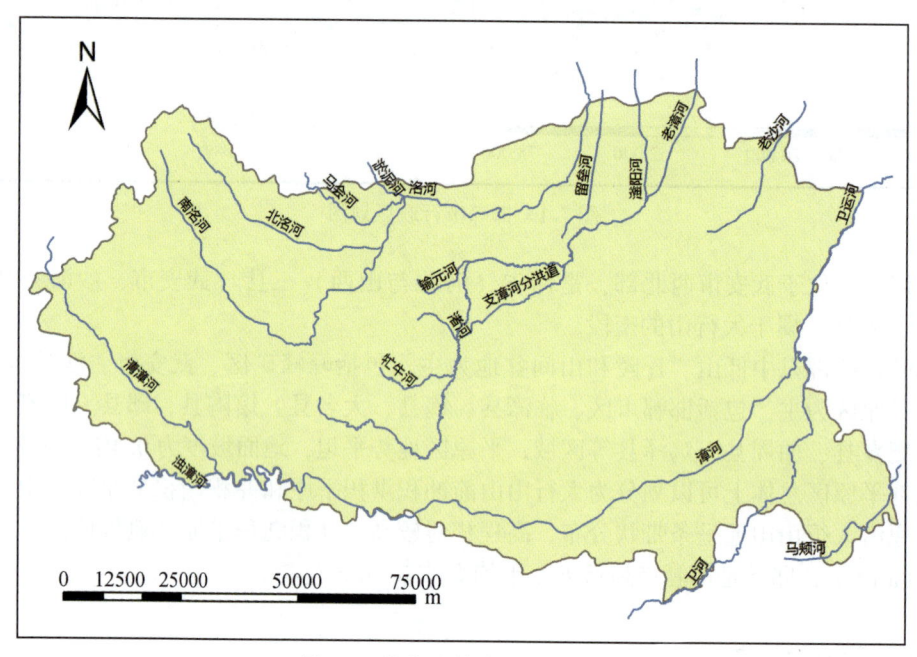

图7-2　邯郸市境内水系分布图

表7-1　邯郸市境内主要河流基本情况统计

水系	河流名称	起点	终点	河道长度/km	流域面积/km²
漳河	清漳河	山西和顺县	涉县合漳村	63	1172
漳河	浊漳河	榆社、武乡等县	涉县合漳村	21	63
漳河	干流	涉县合漳村	馆陶县	192	1583
卫河	干流	河南辉县	馆陶县	70	747
卫运河	干流	馆陶县	山东临清	41	55

续表

水系	河流名称	起点	终点	河道长度/km	流域面积/km²
滏阳河	滏阳河	峰峰矿区和村	邢台阎庄	180	2160
	牤牛河	武安市淑村镇	磁县石桥村	18	275
	渚河	邯郸县岔家河	邯郸市张庄桥	29	84
	沁河	武安市车网口	城区滏阳河口	36	147
	输元河	邯郸县北高峒	邯郸县苏里村	20	82
留垒河	留垒河	永年县借马庄	鸡泽县马坊营	32	2481
洺河	干流	武安市永和村	鸡泽县沙阳村	64	766
	南洺河	武安市摩天岭南	武安市永和村	94	1215
	北洺河	武安市摩天岭北	武安市永和村	59	516
	马会河	沙河市上水头村	武安市南河村	24	187
	淤泥河	沙河市樊下槽村	武安市北河村	5	27
老漳河	老漳河	永年县赵寨	曲周县河南町	55	709
老沙河	老沙河	魏县东风一排支	邱县香城固	75	2002
马颊河	马颊河	河南濮阳金堤闸	大名县冢北	25	365

7.1.3 社会经济与农业生产

邯郸市是国家历史文化名城，中国优秀旅游城市，是河北省三大中心城市之一。经测算，2011年全年邯郸市的生产总值2787.4亿元，比上年增长了12.2%。其中，第一产业总值349.8亿元，第二产业总值1527.4亿元，第三产业910.2亿元，人均国内生产总值达到了2.84万元。

邯郸市是河北省重要的粮食产区，在确定的河北省十大产粮县中，邯郸市就占3个，分别是大名县、临漳县和永年县。根据统计数据，2011年，全市深入推进了"吨粮市"的建设，全市粮食产量528.3万t，占到了当年河北省粮食总产量的17%，比头一年增长11.0%，实现了"八连增"。其中，夏粮产量242.2万t，单产达到了423.2kg；秋粮产量286.1万t，单产475.5kg。畜牧业方面，肉类产量达到67.8万t，占到了河北省当年总产量的27.5%；奶类产量达到23.3万t，占到了河北省当年总产量的5.1%；禽蛋类产量达到103.9万t，占到了河北省当年总产量的30.6%。

7.2 研究区土壤湿度场的模拟与插值

分布式水文模型对水文要素的模拟主要体现在两个空间尺度上，一个是子流域尺度，另一个是水文响应单元尺度，每一个子流域中都划分有若干个水文响应单元。其中，子流域尺度是有明确的地理空间信息，而水文响应单元只是一种概念性的统计单元，并没有明确的地理位置信息。对于子流域尺度，模型可以模拟不同子流域的地表径流过程、地下水埋深变化过程等要素；对于水文响应单元尺度，模型可以模拟不同水文响应单元的蒸散发、分层土壤湿度、作物生长过程等要素。由于水文响应单元没有空间位置信息，因此模型计算的蒸散发、土壤湿度等结果在以图形化输出的时候需要通过加权统计方式折算到某一个子流域的平均值，然后以子流域为单元绘制模拟要素的空间分布图。这样一来，模型模拟得到的水文要素在空间上是以子流域为单元而呈离散的。

为了构建土壤湿度的连续分布场，研究中引入了克里金（Kriging）空间插值方法对模型模拟得到的子流域水文要素进行空间展布，获得研究区范围内连续的水文要素空间分布场。克里金空间插值方法最早是由 D. G. Krige 在 1951 年建立的，之后在 1962 年，由 G. Materon 发展成为地质统计学理论（Materon，1971）。该方法的数学原理是对目标区域化变量提供一种最佳线性无偏估计。在本章中，土壤湿度可视为区域化变量 $Z(x)$。对于普通的克里格方法，土壤水分在待估点的插值计算公式为

$$Z^*(x) = \sum_{i=1}^{n} \lambda_i Z(x_i) \tag{7-1}$$

式中，$Z^*(x)$ 为土壤水分的估计值；n 为估计采样点的序号；$Z(x_i)$ 为在采样点(i)的土壤水分；λ_i 是采样点(i)的权重系数，由以下方程计算得到：

$$\begin{bmatrix} \lambda_1 \\ \lambda_2 \\ \lambda_3 \\ \vdots \\ \lambda_{n-1} \\ \lambda_n \\ \mu \end{bmatrix} = \begin{bmatrix} C_{11} & C_{12} & C_{13} & \cdots & C_{1(n-1)} & C_{1n} & 1 \\ C_{21} & C_{22} & C_{23} & \cdots & C_{2(n-1)} & C_{2n} & 1 \\ C_{31} & C_{32} & C_{33} & \cdots & C_{3(n-1)} & C_{3n} & 1 \\ \vdots & \vdots & \vdots & & \vdots & \vdots & \vdots \\ C_{(n-1)1} & C_{(n-1)2} & C_{(n-1)3} & \cdots & C_{(n-1)(n-1)} & C_{(n-1)n} & 1 \\ C_{n1} & C_{n2} & C_{n3} & \cdots & C_{n(n-1)} & C_{nn} & 1 \\ 1 & 1 & 1 & \cdots & 1 & 1 & 0 \end{bmatrix} \cdot \begin{bmatrix} C_{01} \\ C_{02} \\ C_{03} \\ \vdots \\ C_{0(n-1)} \\ C_{0n} \\ 1 \end{bmatrix} \tag{7-2}$$

式中，μ 为相关系数；$C_{ij}(i, j=1, 2, \cdots, n)$ 是的采样点 i 和采样点 j 之间的土壤水分的插值。$C_{0l}(l=1, 2, \cdots, n)$ 是待估值点和采样点 l 之间的土壤水分的插值值。限于篇幅，具体计算细节请参考相关文献。

7.3 基础数据准备与模型构建

7.3.1 基础数据需求

在邯郸市土壤湿度场模拟构建过程中，模型参数率定和验证使用的是邯郸市 1998～2005 年 8 年的水文气象数据，主要包括研究区地形、土壤类型、植被类型、作物种植结构、气象五要素数据，以及农业生产当中的人工取用水数据。其中，1998～1999 年的数据用来进行模型的预热，消除初始参数的不确定性带来的误差；2000～2002 年的

数据主要用于模型参数的率定；2003~2005年的数据主要用于对模拟结果的有效性进行验证。

模型在构建过程中需要研究区域的地理空间数据和水文循环驱动数据两大类数据。地理空间数据的作用是将研究区离散成若干个子流域和模拟单元，对地表水来说，根据空间数据确定下垫面条件，并建立当地地表水蓄水工程与河道的空间拓扑关系，以便模型进行地表水的产汇流计算。在土壤水方面，模型结合邯郸市土壤岩性的采样数据，对研究区土壤层进行了细致的划分，构建了本地土壤属性数据库，以提高区域土壤水的模拟精度；在地下水方面，根据研究区地形地貌数据将平原区和山区分开，山区采用均衡模型模拟地下水的运动，平原区采用地下水运动的数值方法进行模拟。研究区的地理空间数据主要包括：研究区域的数字地形图（DEM）、研究区的土地利用类型图、研究区的土壤类型图及研究区地下水含水层的分布情况数据。

水循环驱动数据是进行区域土壤水运动模拟及水循环过程研究的重要基础数据，主要包括自然水文过程数据和人工社会取用水数据两类。模型中使用的水文气象数据主要包括临漳县、邱县、涉县和武安市4个气象站点的气象要素数据，同时也包括临漳站、邱县站、涉县站、武安站、刘家庄站、白土站、磁县站、贺进站、大名站、徘徊站以及临洺关站等11个雨量站的数据。人工取用水数据采用了邯郸市1998~2005年逐年的农业用水、工业用水、城市和农村生活用水的统计数据。模型需要的基础数据详见表7-2。

表7-2 模型的主要基础数据情况

数据类型	数据内容	说明
地理空间数据	数字地形图（DEM）	90M网格，国际科学数据服务平台
	土地利用类型分布图	2000年制作（1:10万）
	土壤分布图	1:100万
	山区平原边界	GIS图
	实际数字河道	根据实际河网数字化
水文循环驱动数据	气象要素数据、雨量数据等	邯郸市水利局提供
土壤参数数据	土壤密度、孔隙度、导水率、田持、凋萎系数等	来源《河北省土种志》以及实际采样测定数据
水利工程数据	大、中、小水利工程参数数据	来自《邯郸市水资源评价》
农作物种植管理	生长期、需水量及灌溉定额	邯郸市水利局提供
出入境水量	系列年出入境水量	来自《邯郸市水资源公报》
地下水初始水位	1998年模拟开始时期地下水水位观测数据	邯郸市水利局提供
供水数据	农业灌溉用水、工业及生活用水统计数据	来自《邯郸市水资源公报》
用水数据	各行业用水耗水强度	来自《邯郸市水资源评价》

7.3.2 研究区子流域划分及模拟河道定义

在对研究区域进行分布式水文模拟之前，要根据其地形、河道等水文特性对整个研究区进行空间离散。首先，利用邯郸市的数字地形数据将全市划分成若干个模拟子流域，并结合当地实际的河网分布情况定义每一个子流域对应的河道。模型将全邯郸市划分为337个子流域，见图7-3和图7-4。

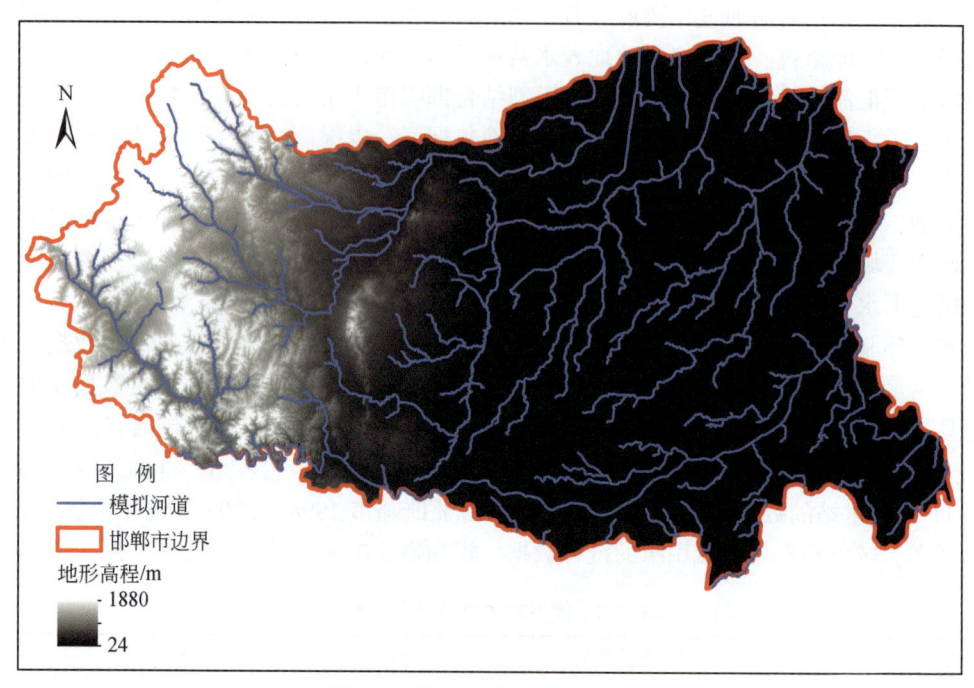

图7-3　邯郸市数字高程地形图

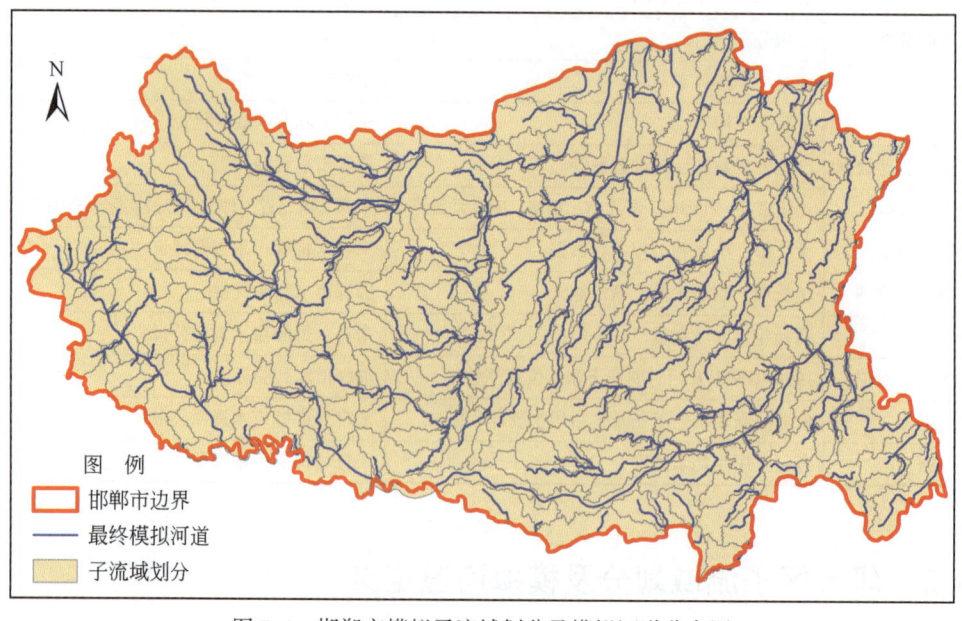

图7-4　邯郸市模拟子流域划分及模拟河道分布图

7.3.3 土壤类型、土地利用及农业种植管理

由于区域下垫面条件对水文过程的影响十分明显，因此，子流域划分完成以后需要根据对子流域内部下垫面水文特性的不同进一步细分模拟单元，这些细分的依据重要是参考研究区土壤类型的分布、土地利用类型的分布及一些农田耕作管理措施。

土壤类型是影响水文过程的一个重要因素，它直接影响着水分在土壤中的垂向运动，对研究农田土壤湿度的变化规律至关重要。邯郸市土壤类型分布见图 7-5。

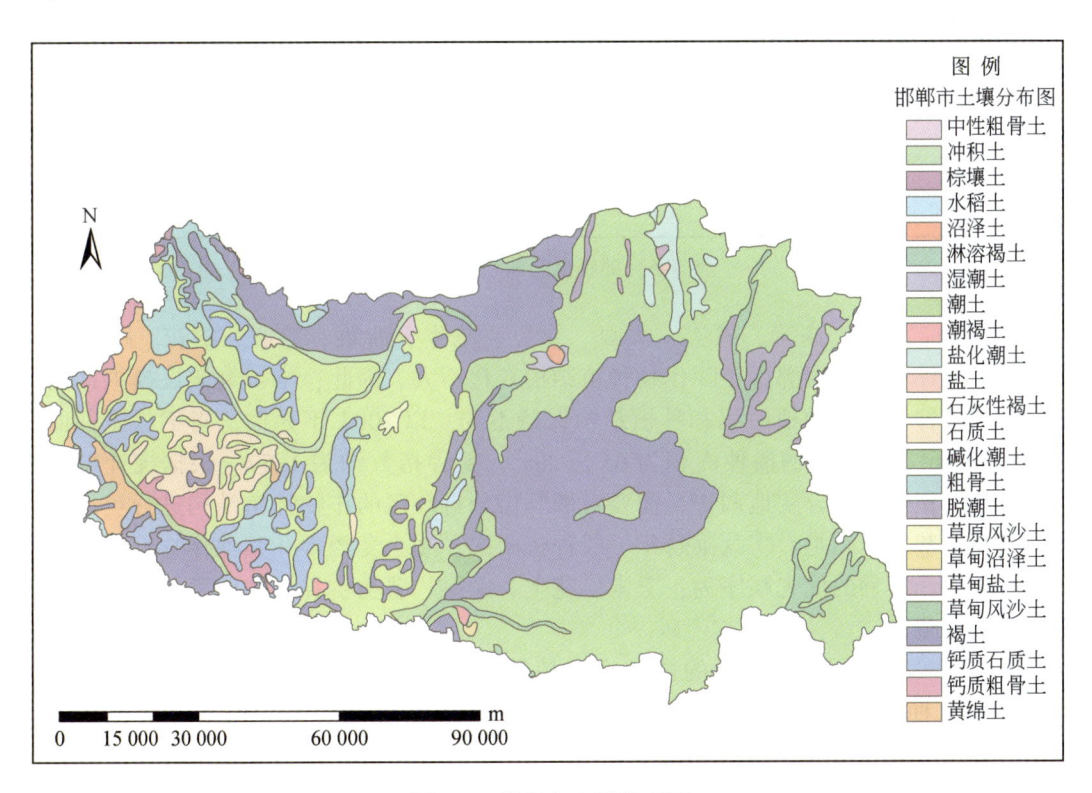

图 7-5　邯郸市土壤类型图

土地利用类型是影响地表水文过程的另一个重要因素。本研究利用 2000 年获取的邯郸市土地利用类型图进行区域下垫面的划分。按照国家标准，土地利用类型共分为 6 大类 31 小类，邯郸市的土地利用类型有其中的 16 小类，见图 7-6。

我国传统的农业种植过程中，为了充分利用土地资源，提高粮食产量，形成了种植结构复杂，复种指数高，灌溉、施肥措施频繁，人们对农田的天然水文过程干预大等特点。为了详细刻画受到自然和人工双重因素影响的农田水循环过程，提高区域农田土壤水的模拟精度，本研究在根据土壤类型和土地利用类型划分的模拟基本单元的基础上，进一步考虑不同农业种植管理措施，进一步将模拟单元划分成更细的水文响应单元。

根据《邯郸市统计年鉴》，邯郸市近些年播种的主要作物有 14 种，分别是冬小麦、

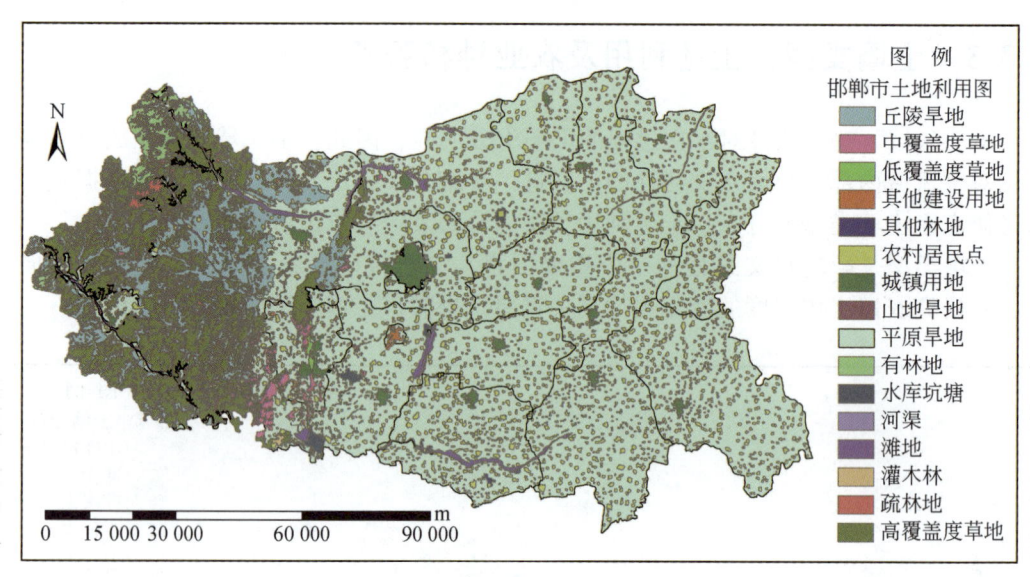

图 7-6 邯郸市土地利用类型图

稻谷、玉米、谷子、高粱、薯类、大豆、绿豆、花生、油菜、芝麻、棉花、蔬菜和瓜果。根据统计资料，邯郸市年际作物种植结构变化不大，因此，本研究假设模拟期内每年邯郸市各种作物的种植面积和种植结构保持不变。以 2003 年为例，当年总播种面积为 102 万 hm^2，而当年的播种面积为 65 万 hm^2，复种指数约为 1.57。根据统计得到的作物种植面积，并结合实地调查，需要对邯郸市分行政区的作物种植结构进行辨识和构建，辨识的基本原则是：①蔬菜每年一般种植两次；②小麦经常和其他作物复种，根据其经济价值，复种的优先顺序为：玉米、花生、大豆、薯类、谷子和油菜；③棉花经常套种瓜类和蔬菜。

根据这一基本原则，辨识的邯郸市种植结构主要由以下 20 种：冬小麦、麦复蔬菜（小麦复种蔬菜，下同）、稻谷、麦复玉米、玉米、麦复谷子、谷子、薯类、麦复薯类、麦复大豆、大豆、麦复花生、花生、油菜复大豆、油菜、棉套西瓜（棉花套种西瓜，下同）、棉套蔬菜、棉花、蔬菜和林果。经整理，分行政区不同种植结构的统计见表 7-3。

表 7-3　邯郸市分行政区不同种植结构的统计表

（单位：hm²）

作物	武安	鸡泽	邱县	永年	曲周	大名	肥乡	馆陶	涉县	广平	成安	魏县	磁县	临漳	邯郸县	峰峰矿区	邯郸市区	全市
冬小麦		2 378			6 271	4 022						3 751	9 519			2 091	546	28 956
麦复蔬菜		5 600					1 518		378		886							8 004
稻谷									539				1 804		858		48	3 249
麦复玉米	12 269	6 015	3 355	29 021	21 029	21 307	18 783	14 622	5 826	11 249	12 603	34 113	15 563	29 717	14 162	4 019		253 653
玉米	11 293		887		1 303		1 035						6 254			945	260	20 056
麦复谷子		1 154								502	2 429			1 663				6 006
谷子	12 668			2 735	1 067	1 981		1 203	3 509	1 169	994	1 332	6 202		3 230	999	124	33 846
麦复薯类						1 435												3 826
薯类	1 901	574							725	926	709	2 041	1 370	1 995	713	240		8 426
麦复大豆				1 540			1 273		4 652			1 473			1 305			15 920
大豆	4 874				2 162					1 502	1 210		1 459	2 477		428	181	9 103
麦复花生			986	2 468		29 650		3 771				3 765			1 009			46 837
花生					1 460	3 946												5 406
油菜复大豆															1 087			1 087
油菜	1 402									442			1 787	1 100		329	67	3 585
棉复西瓜			1 226				8 087				4 134							6 903
棉套蔬菜			2 805					4 953			1 124			5 344				22 313
棉花	4 423	7 916	17 473	2 925	15 234	2 197	4 489	3 321		4 052	10 190	4 814	3 113		2 197			82 343
蔬菜	1 078	1 430		21 080	3 284	5 285	368	1 419	746	1 074	934	2 971	2 606	2 791	1 507	1 054	1 009	48 636
林果	2 000	1 089	6 524	3 824	1 560	4 787	3 214	2 383	619	2 236	1 734	7 183	1 904	6 600	6 582	975	104	53 318

7.3.4 农田土壤分层与土壤属性数据

根据 MODCYCLE 模型对土壤水运动的计算原理，在模型构建过程中需要将模拟包气带土壤进行分层。理论上来说，土壤层划分的越细致，模拟结果的精度就越高。但是，由于划分的土层越多，需要的参数就越多，在实际操作中很难实现，同时土层划分得越多越细致也极大地增加了模型的计算量，降低了计算速度，也会给分析计算带来不便。由此可见，选取合适的土壤层分层数，对农田土壤层进行科学恰当的概化对保证模型的有效性，提高模拟精度至关重要。

对土壤层的分层研究，早在 19 世纪，俄国土壤学家将土壤剖面划分为 3 个发生层，即腐殖质聚集层（A）、过渡层（B）和母质层（C），称其为 ABC 土壤剖面命名法，见图 7-7。

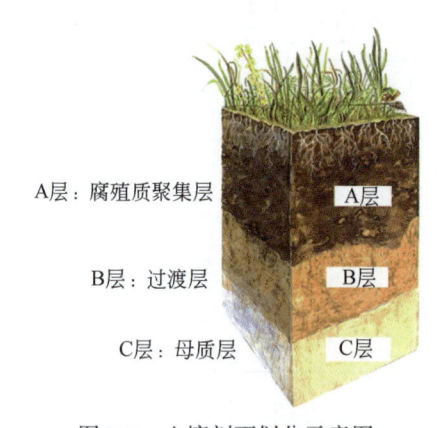

图 7-7 土壤剖面划分示意图

到了 1967 年，国际土壤学会采用 OAEBCR 命名法，将土壤剖面细分成有机层（O）、腐殖质层（A）、淋溶层（E）、淀积层（B）、母质层（C）和母岩层（R）6 个发生层，这是对 ABC 土壤剖面划分方法的更进一步的细化。

对于农田土壤来说，土壤水分运动的活跃带基本上集中在农田的耕作层当中，这一层基本上处于土壤剖面的腐殖质聚集层中。通过对研究区农田剖面的采样观察和调查，农田作物的根系活动层基本上处于地表以下 3m 深的范围内。对于平原区农田来说，基本可将模拟土层分为 3 层；对于西部的山丘区来说，由于林地、草地等土地利用类型较多，可将其模拟土壤层看成 1 层或者 2 层。模型构建过程中，邯郸市土壤层的分层结果见图 7-8。

研究区农田土壤的分层方案确定后，结合课题组前期在海河流域大面积土壤岩性的采样数据，构建邯郸市农田土壤属性数据库。土壤属性的主要表征参数有：土壤颗粒级配、土壤的容重、土壤的水利传导度、土壤的凋萎系数及土壤的田间持水率等。在土壤属性数据库中，每一层土壤对应一整套特征参数，这些参数表征农田土壤对土壤水分的影响特性。

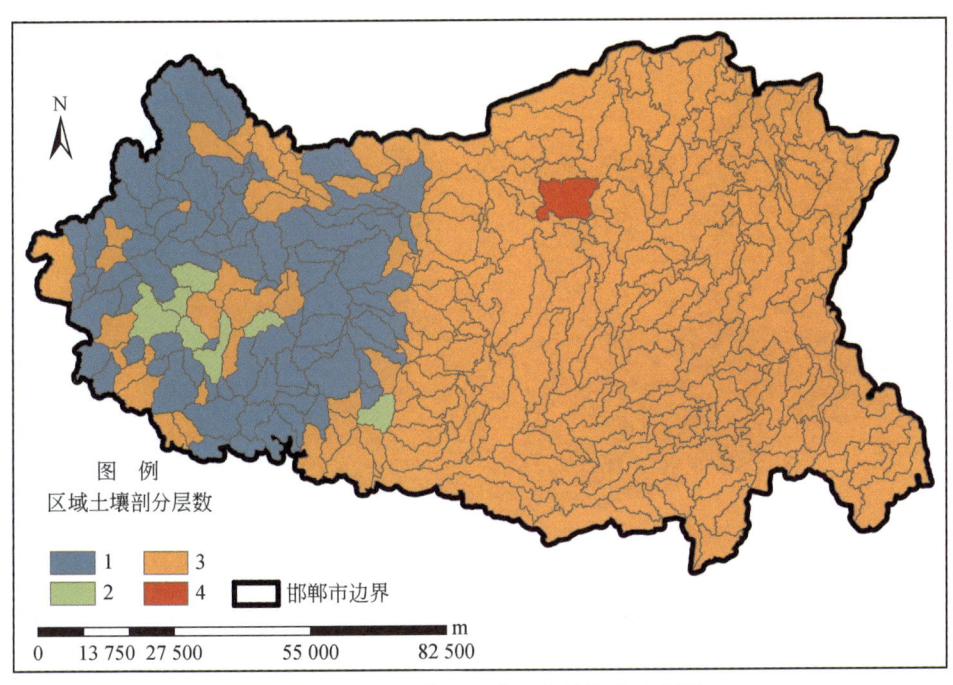

图 7-8　邯郸市模拟土壤层分层情况示意图

7.3.5　基本模拟单元的建立

模型构建过程中，对基本模拟单元的建立和划分分为两个阶段。第一阶段可认为是粗分阶段，该阶段划分模型模拟单元的过程和 SWAT 模型的过程基本一致。首先，根据研究区的数字高程地形图并结合其真实数字河网，将研究区离散成若干个模拟子流域，并建立子流域和模拟主河道之间的正确拓扑关系，使每条模拟河道和每一个模拟子流域一一对应，并称该河道为对应子流域的主河道。其次，将研究区的土壤类型图和土地利用图进行叠加，根据土壤类型和土地利用类型的不同将每一个子流域进一步划分成不同的独立单元，称其为水文响应单元（HRU）。需要指出，水文响应单元没有位置信息，在一个子流域当中用占子流域总面积的比例来刻画该水文响应单元对该子流域水文过程的影响比重。经过粗分，共划分出粗分模拟单元个数 2751 个。图 7-9 为粗分后邯郸市研究区的模拟单元基本情况。

基本模拟单元划分的第二阶段可认为是细分阶段，也是 MODCYCLE 模型为了刻画高强度人类活动对农田产生"二元"效应，描述复杂灌溉耕作管理农田的水文过程而率先提出的方法。MODCYCLE 模型另外开发了单元细分工具 SPLITHRU，专门用于细分阶段的模拟单元划分。SPLITHRU 细分模拟单元的依据一是考虑到区域的行政分区的影响，在一个子流域当中，如果粗分后的一个模拟单元处在不同的行政区内，则该模拟单元将被重新划分，每一个行政区对应一个模拟单元，这样便于模型运算结束后以行政分区为单位进行结

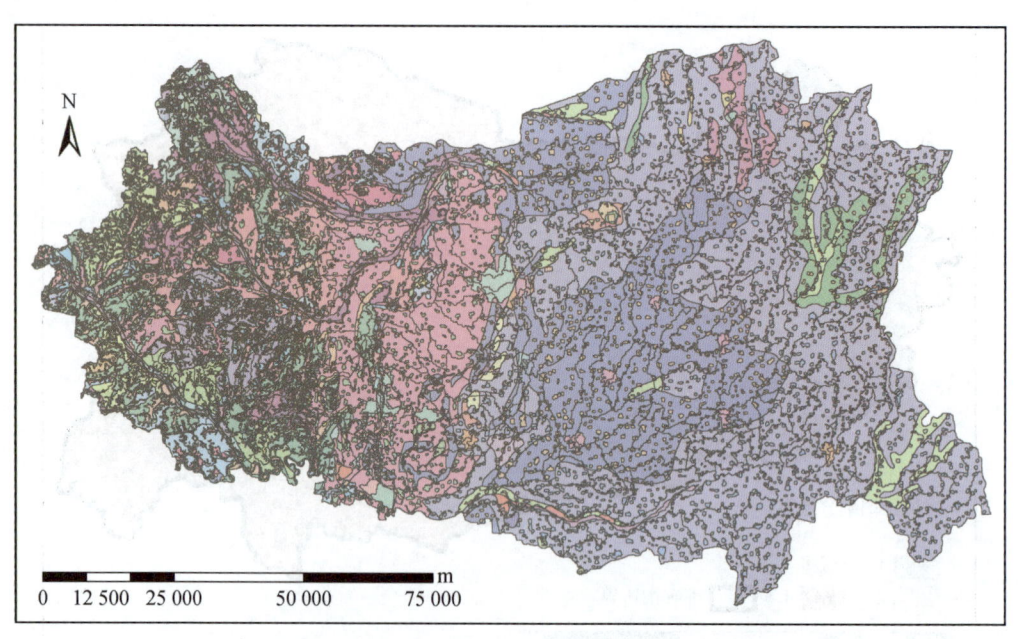

图7-9 粗分阶段后邯郸市模拟单元的基本划分情况

果统计和分析；二是将粗分后的模拟单元按照作物的类型和种植结构的不同进行进一步拆分，拆分后的模拟单元具有更为明确的水文循环过程，便于模型计算，从而提高了模型的模拟精度。细分前模拟单元的总数为2751个，经过第二步的细致划分，细分之后，模拟单元增加到7052个，模拟单元的增加提高了模型对模拟区域的空间分辨精度，也提高了模型的模拟精度。

7.3.6 模型采用的主要数据

7.3.6.1 气象数据

区域气象数据是自然水文过程的主要动力之一，也是进行区域水文循环模拟的基础数据之一。模型中需要的气象数据包括：模拟期内的日降水量、日最高气温、日最低气温、日太阳辐射量（日照时数）、日平均风速、日平均相对空气湿度等要素数据。模拟期1998~2005年，研究区典型气象要素数据变化见图7-10~图7-14。

7.3.6.2 区域入境地表水过程数据

根据《邯郸市水资源评价报告》，并进行合理化计算得到1997~2007年邯郸市各入境河流及对应子流域的年入境水量见表7-4。入境流量是模型计算的一个重要的输入驱动数据，模型中，入境流量是以入境点源流量的形式输入的。

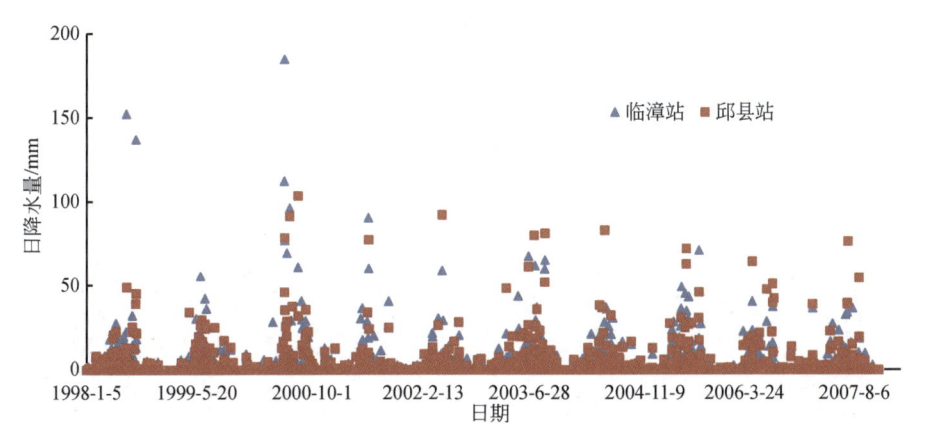

图 7-10　典型雨量站（临漳站和邱县站）模拟期逐日降水量变化图

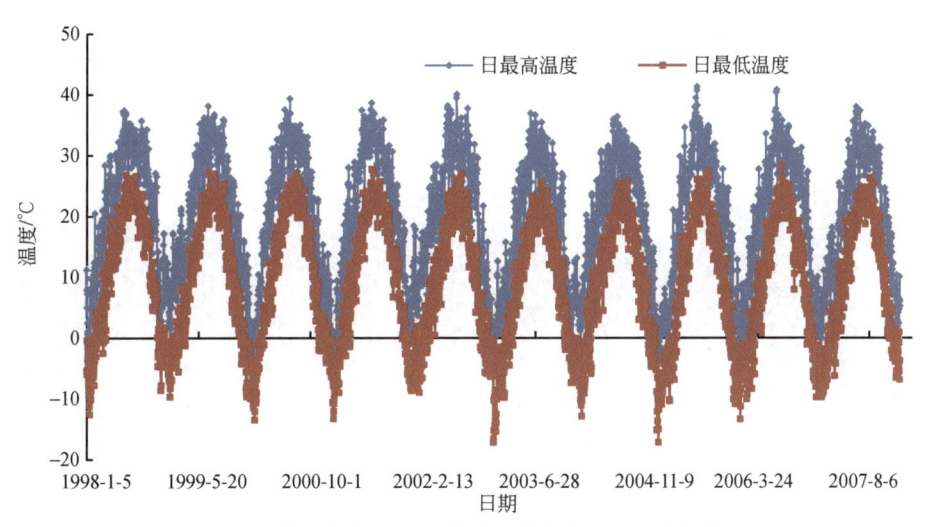

图 7-11　典型气象站（临漳站）模拟期逐日温度变化图

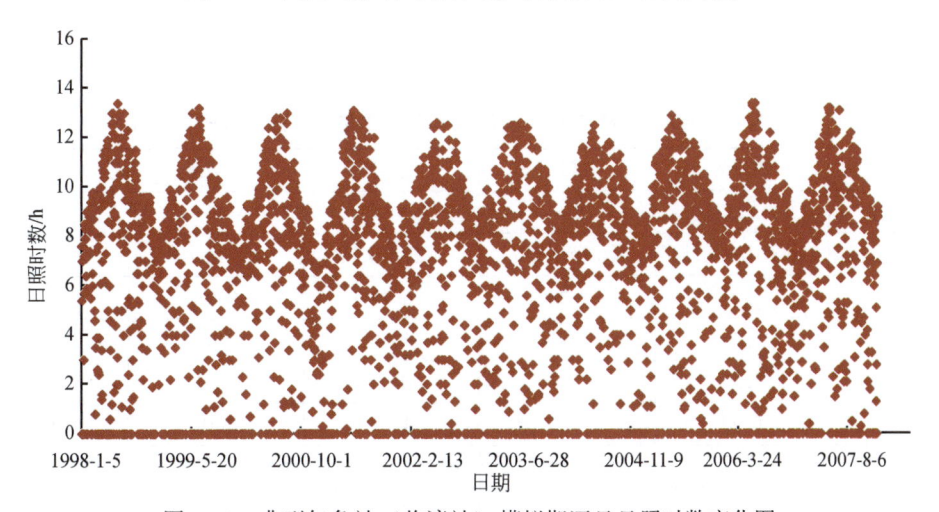

图 7-12　典型气象站（临漳站）模拟期逐日日照时数变化图

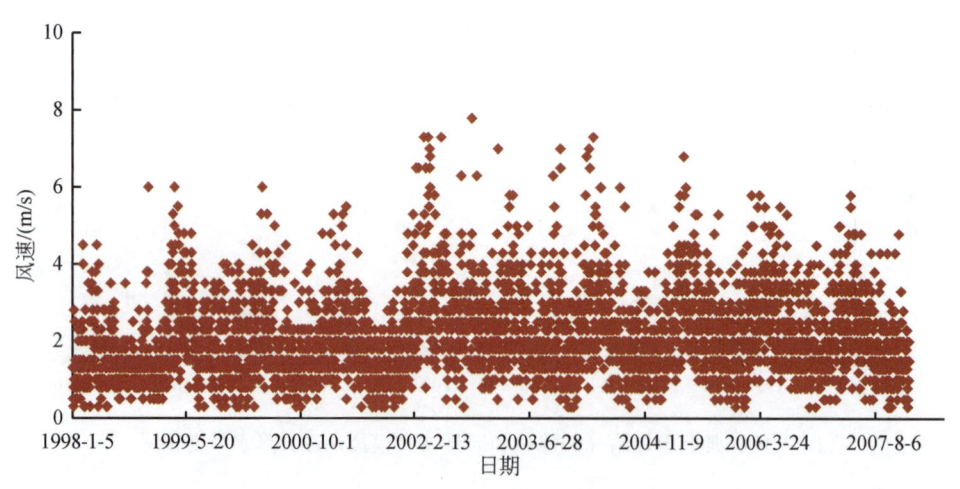

图 7-13　典型气象站（临漳站）模拟期逐日风速变化图

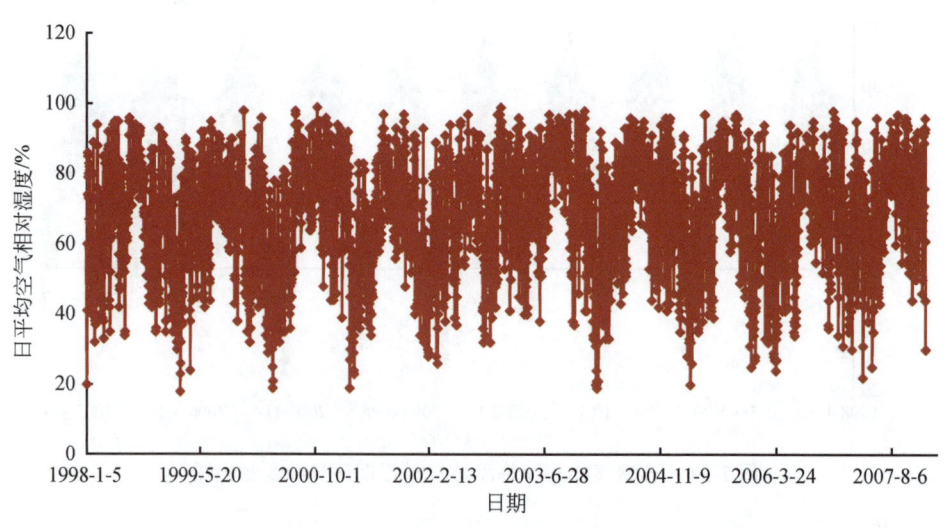

图 7-14　典型气象站（临漳站）模拟期逐日空气湿度变化图

表 7-4　1997~2007 年各入境河流年入境水量及对应入境子流域（单位：亿 m³）

项目	清漳河	浊漳河	卫河	马会河	淤泥河
入境子流域	128	288	319	46	29
数据来源	刘家庄水文站	天桥断水文站	元村水文站	合理化计算	合理化计算
1997 年	1.09	3.28	6.94	0.05	0.03
1998 年	0.56	0.97	5.54	0.04	0.02
1999 年	1.31	1.81	11.12	0.10	0.06
2000 年	0.90	1.03	4.85	0.18	0.10
2001 年	1.31	0.38	2.64	0.23	0.13
2002 年	2.13	5.99	9.81	0.07	0.08

续表

项目	清漳河	浊漳河	卫河	马会河	淤泥河
2003 年	1.52	1.77	12.77	0.04	0.01
2004 年	1.43	0.96	13.79	0.14	0.08
2005 年	1.84	1.32	11.87	0.07	0.04
2006 年	1.58	2.30	8.59	0.06	0.03
2007 年	1.14	1.65	7.33	0.08	0.05
年均	1.37	1.98	8.79	0.10	0.06

7.3.6.3 灌溉管理数据

灌溉事件对区域农田土壤水运移规律的影响十分巨大。为了精确模拟区域土壤水变化过程，需要在模型当中输入研究区真是的灌溉管理数据。一般来说，一个区域形成的灌溉制度与当地的作物种植结构与作物的生育期密切相关。经调查，邯郸市主要作物的关键生育期见表 7-5。

表 7-5　邯郸市重要种植作物的关键生育期

作物	生育期1	生育期2	生育期3	生育期4	生育期5	生育期6	生育期7
冬小麦	播种(0928)	出苗(1005)	越冬(1206)	返青(0312)	拔节(0418)	抽穗(0504)	成熟(0615)
春玉米	播种(0420)	出苗(0504)	拔节(0530)	抽雄(0708)	成熟(0830)		
谷子	播种(0421)	出苗(0510)	拔节(0625)	抽穗(0720)	成熟(0915)		
大豆	播种(0415)	出苗(0425)	旁枝形期(0615)	开花(0627)	结荚(0810)	收获(0905)	
棉花	播种(0425)	出苗(0510)	现蕾(0625)	开花(0722)	吐絮(0901)	收获(0916)	
蔬菜	播种(0310)	出苗(0321)	收获(0610)	再播种(0621)	出苗(0703)	收获(0930)	
麦复玉米	播种(0928)	抽穗(0504)	成熟(0615)	播种(0616)	抽雄(0810)	收获(0926)	
麦复大豆	播种(0928)	抽穗(0504)	成熟(0615)	播种(0616)	开花(0726)	结荚(0815)	收获(0926)
麦复花生	播种(0928)	抽穗(0504)	成熟(0615)	播种(0616)	结荚(0815)	收获(0926)	
棉套蔬菜	播种(0425)	出苗(0510)	现蕾(0625)	开花(0722)	吐絮(0921)	收获(0916)	

注：括号内为日期简写，如 0928 表示 9 月 28 日。

根据不同作物的生育期特点，结合研究区主要灌区灌溉制度的调研成果，获得了全市主要种植作物的灌溉制度成果（表7-6），为模型中对农田灌溉事件的模拟提供了关键的数据支持。

表7-6　邯郸市主要作物预设灌溉制度

作物	播种日期	收获日期	灌水次数	灌溉1	灌溉2	灌溉3	灌溉4
冬小麦	0928	0615	4	0929（播后）	0401（拔节）	0511（灌浆）	0525（抽穗）
玉米	0420	0830	2	0421（播后）	0710（抽雄）		
谷子	0421	0915	2	0422（播后）	0718（抽穗）		
大豆	0415	0905	2	0416（播后）	0710（开花）		
棉花	0425	0916	2	0426（播后）	0828（开花）		
蔬菜	0310	0930	6	0311（播后）	每月一灌		
麦复玉米	0928	0926	6	0929（播后）	0401（拔节）	5月两次	8月两次
麦复大豆	0928	0926	6	0929（播后）	0401（拔节）	5月两次	8月两次
麦复花生	0928	0926	6	0929（播后）	0401（拔节）	5月两次	8、9月各两次

7.3.6.4　其他数据

除了自然水循环的驱动数据和农业的用水过程以外，城市工业和生活的取水退水过程及农村生活的取水退水过程也是重要的水循环驱动数据。MODCYCLE模型是基于土地利用类型划分的基本模拟单元，土地利用类型图中对城镇部分的解释较粗略。由于模型模拟的重点不是城市的工业和生活用水过程，在模拟中将其视为黑箱系统来处理。

模型需要的其他数据还包括：子流域面积和平均坡度、子流域的主河道参数（主河道长度、宽度、平均坡度等）、浅层地下水给水度、深层地下水释水系数等，这些数据结合《河北省土种志》《邯郸市水资源评价》《邯郸市统计年鉴》等资料，以及采样试验等手段得以获取。

7.4　参数率定结果验证

模型参数的率定和验证是模型应用之前的最为关键的一个环节。MODCYCLE模型涉及大量的参数，实际参数选取和率定过程中不可能对所有参数都一一进行优化选取，因此，需要选取对区域水循环影响最为敏感的参数进行率定。

MODCYCLE 模型中对水循环过程影响最敏感的参数有：地表最大积水深度、蒸发/蒸腾因子、土壤水分常数、土壤饱和导水率、主河道及子河道渗漏系数、辐射利用效率等。在参数率定过程中，首先根据参数本身的物理意义和邯郸市实际情况初定取值范围，并在取值范围内选定一个初值；然后运行程序，先检验水量平衡，出境水量与关键水资源量，然后校验浅层地下水位和土壤墒情模拟结果，通过人工多次反复试选得到最优参数值。模型最终选取的主要参数取值见表 7-7。

表 7-7 模型选定的主要参数以及取值

序号	参数名	参数意义	取值
1	MXSP	地表最大积水深度	农田 50~100 mm；城市区 2~15 mm；天然林草地（无作物）2~20 mm
2	ESCO	土壤蒸发补偿系数	0.92
3	EPCO	植被吸水补偿系数	0.99
4	FFCB	初始含水量与对应田间持水量之比	0.3
5	GWEC	潜水蒸发系数	0.8~1.0
6	GWEP	潜水蒸发指数	1.5~2.0
7	SOLK	土壤饱和水力传导度	0.1~135 mm/h
8	SOLA	土壤有效供水能力	0.04~0.12 mm/h
9	SOLW	土壤凋萎系数	0.045~0.112 mm/mm
10	CANM	植被冠层最大截流量	0.5~4 mm
11	BIOE	植物生长辐射利用效率系数	10~90（kg/hm^2）/（MJ/m^2）
12	CHK	主河道和子河道渗透系数	0.5~2 mm/h

对于结果验证来说，海河流域由于人工社会取用水的很大，河道水量逐年减少，甚至河道断流。因此，通过对比河道断面模拟径流量与河道断面实测径流量来校验模型的精确度很难实现。鉴于 MODCYCLE 模型可以模拟整个水循环过程，因此，可以利用水循环过程中各个环节的关键变量来校验模型的模拟精度。具体来说，可以从以下 3 个方面对模型的模拟结果进行验证和评价：①区域/流域的水循环转化的各部分水量必须平衡；②模拟区域的年出境水量及其过程与模拟结果应该接近；③模拟区域土壤湿度与土壤墒情观测站观测值必须接近。

7.4.1 水量平衡验证

水循环水量平衡校验是判断模型的模拟结果是够遵循区域/流域水量平衡原理的重要标准。从水循环整个过程来看，研究区水循环系统涉及众多环节和变量。在自然水循环方面，主要的水文过程包括：大气降水过程、积雪融雪、植被截留、植被截留蒸发、地表的产汇流过程、河道水流过程、湿地湖泊的滞蓄过程、水面蒸发过程、河道湖泊池塘的渗漏、土壤入渗过程、土壤水运动过程、土壤蒸发过程、植被蒸腾过程、壤中流、浅层地下水运动、潜水蒸发、深层越流过程及深层地下水运动等；在人工水循环方面，主要的水循环过程包括：水库的调蓄及用水过程、河道用水过程、地下水开采过程、工业城镇生活用水及退水过程、农业灌溉、工程调水等过程。基于此，本章利用 2003～2005 年模型对全区域的模拟结果作水平衡分析，分析结果见表 7-8。

表 7-8 邯郸市 2003～2005 年验证期年均水量平衡分析表　　（单位：亿 m^3）

序号	补给项 名称	数值	排泄项 名称	数值	蓄变项 名称	数值
1	HRU 总雨量	64.04	HRU 总植被截留蒸发	4.04	HRU 蓄变量	1.35
2	池塘总雨量	0.00	HRU 总积雪升华量	0.02	池塘蓄变量	0.00
3	湿地总雨量	0.02	HRU 总土壤蒸发量	30.89	湿地蓄变量	0.00
4	水库总雨量	0.17	HRU 总植被蒸腾量	30.82	河道蓄变量	2.05
5	入境及城镇退水量	17.46	HRU 总积水蒸发量	0.31	水库蓄变量	0.08
6	其中退水量	1.8	池塘总蒸发量	0.00	浅层地下水蓄变	-5.10
7	其中入境量	15.66	湿地总蒸发量	0.03	深层地下水蓄变	-3.34
8			河道总蒸发量	0.90		
9			水库总蒸发量	0.33		
10			出境地表水量	13.07		
11			工业生活地表用水量	1.82		
12			工业生活浅层地下水用量	1.10		
13			工业生活深层地下水用量	3.31		
合计		81.68		86.64		-4.96
平衡误差	0.00					

由以上分析可以看出，邯郸市三年模拟验证期内，水文循环的各个分项达到了平衡，满足水量平衡原理，说明模型在模拟过程中严格遵循水量平衡原理，这是保证模拟结果可靠性的基本前提。

7.4.2　出境水量验证

出境水量是邯郸市水循环过程中一个重要的表征量。根据统计，邯郸市主要的出境河流有：卫运河、滏阳河、洺河、留垒河、老漳河和老沙河共 6 条。模型模拟期为 1998～2007 年，根据《邯郸市水资源公报》统计的出境流量为 89.44 亿 m^3，见表 7-9。

表 7-9　邯郸市 1998~2007 年出境流量统计表　　（单位：亿 m³）

年份	卫运河	滏阳河	洺河	留垒河	老漳河	老沙河	合计
1998	5.70	1.12	0.08	0.13	0.00	0.00	7.04
1999	4.24	0.34	0.00	0.00	0.00	0.00	4.58
2000	7.47	0.88	0.96	0.54	0.11	0.24	10.20
2001	4.31	0.37	0.00	0.45	0.12	0.00	5.25
2002	0.56	0.15	0.02	0.01	0.00	0.00	0.74
2003	6.35	0.77	0.01	0.25	0.00	0.00	7.38
2004	9.72	0.56	0.29	0.42	3.37	0.00	14.35
2005	14.03	0.47	0.16	1.26	0.00	0.00	15.92
2006	12.90	0.27	0.02	1.23	0.00	0.00	14.41
2007	7.72	1.66	0.04	0.14	0.00	0.00	9.56
平均	7.30	0.66	0.16	0.44	0.36	0.02	8.94

根据模型模拟结果，模拟期 1998~2007 年各出境河流的总出境量为 91.39 亿 m³，计算的各出境河流的出境水量明细见表 7-10。

表 7-10　邯郸市 1998~2007 年出境流量模拟结果　　（单位：亿 m³）

年份	卫运河	滏阳河	洺河	留垒河	老漳河	老沙河	合计
1998	4.81	0.52	0.28	0.00	0.28	0.03	5.92
1999	3.75	0.49	0.06	0.00	0.19	0.00	4.50
2000	8.75	1.15	1.23	0.03	1.34	0.33	12.84
2001	4.42	0.76	0.53	0.01	0.56	0.09	6.37
2002	0.60	0.46	0.37	0.00	0.21	0.03	1.68
2003	7.05	1.05	1.09	0.01	0.85	0.03	10.07
2004	8.85	0.83	0.69	0.01	1.12	0.01	11.5
2005	13.08	0.74	1.08	0.01	1.01	0.09	16.01
2006	11.34	0.64	0.56	0.01	1.39	0.01	13.95
2007	6.26	1.25	0.36	0.01	0.67	0.01	8.56
平均	6.89	0.79	0.63	0.01	0.76	0.06	9.14

经对比分析，从出境总量及年际过程来讲，观测值和模拟值得吻合度较好，总量误差在 5% 以内。但从每条出境河流的观测出境量和模拟出境量来看，有些河流还存在较大误差。例如，留垒河、老漳河和老沙河的观测出境流量和模拟结果的吻合度不是很理想。经过分析，由于留垒河、老漳河和老沙河的年出境量很少，加之人类活动及模型的舍入误差等因素的影响，都会对模拟的效果产生影响。由于上述三条河流的年出境量不大，只占到 1998~2007 年邯郸市总出境量的 9.2%，因此，以上这三条河流出境量的模拟效果对整体模拟结果的影响不大。

7.4.3 土壤湿度验证

土壤湿度的模拟效果验证是本章的重点。模拟得到的土壤湿度场真实结果的吻合的程度直接影响到对农田土壤水利用的有效性评价效果的好坏。本章在研究区收集了 15 个墒情观测站点的土壤湿度观测数据用于模型土壤湿度的验证工作。上述 15 个墒情观测站点的基本信息如表 7-11 所示。

表 7-11 研究区墒情监测站基本信息表

序号	监测站名称	所在县	具体位置	东经/°	北纬/°	子流域编号	HRU
1	小寨	鸡泽	鸡泽县小寨镇小寨	114.90	36.85	8	13
2	曲周	曲周	曲周县城关镇陈庄	114.97	36.78	30	6
3	大马堡	邱县	邱县邱城镇大马堡	115.22	36.68	54	11
4	临洺关	永年	永年县临洺关北街	114.48	36.67	102	6
5	平固店	广平	平固店镇平固店中	115.07	36.57	111	16
6	徘徊	武安	武安市徘徊镇徘徊小学	114.02	36.62	137	6
7	张庄桥	邯郸	邯郸市马庄乡张庄桥	114.48	36.57	151	6
8	辛安镇	肥乡	肥乡县辛安镇乡辛安镇	114.68	36.55	161	2
9	何横城	成安	成安县商城镇何横城	114.57	36.48	172	20
10	匡门口	涉县	涉县西达镇匡门口村	113.78	36.45	241	16
11	临漳	临漳	临漳县城关镇城关	114.62	36.35	248	17
12	蔡小庄	魏县	魏县野胡拐乡蔡小庄	114.93	36.28	264	3
13	龙王庙	大名	大名县龙王庙镇龙王庙	115.22	36.22	275	15
14	观台	磁县	磁县观台镇	114.08	36.33	298	15
15	魏僧寨	馆陶	馆陶县魏僧寨镇魏东村	115.38	36.72	330	3

其中，3 个墒情观测站位于西部山区，其余 12 个墒情观测站位于东部平原区。土壤墒情观测数据时间跨度从 2003 年 1 月 1 日至 2005 年 12 月 31 日，平均每旬发布一次土壤墒情的观测数据，其中个别旬期的土壤墒情监测数据有缺失。上述 15 个墒情监测站采用取样烘干法获取土壤墒情观测数据，墒情监测深度为地面以下 60cm，从土表到深度 60cm 处，均匀布设 4 个取样点分别测定其土壤含水量，最后通过加权平均得到从土表至 60cm 深度处土壤剖面的平均土壤含水率作为最终的观测结果。为了和土壤墒情监测的深度保持一致，根据模型中土壤的分层情况，亦将模型最终模拟的结果按照分层情况折算到地表 60cm 土层的平均值，与监测值进行对比。

经模拟及结果处理，上述 15 个墒情监测站 2003~2005 年土壤表层 60cm 土壤湿度观测值与模拟值得对比如图 7-15~图 7-29 所示。

由图 7-15~图 7-29 的分析，在模拟期 2003~2005 年，15 个墒情监测站土壤表层 60cm 取样的土壤湿度监测结果与模型的模拟值吻合度较好，模拟结果能有效刻画实际土壤湿度的变化规律和变化趋势，具有很好的准确性和精度。

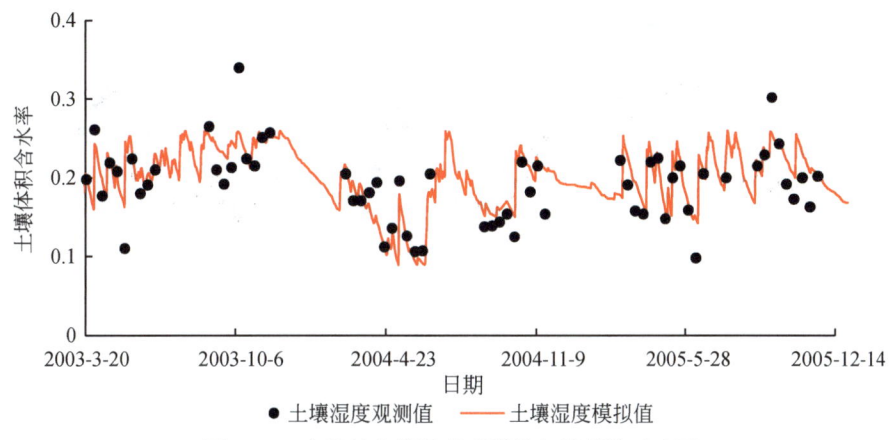

图 7-15　小寨站土壤湿度观测值与模拟值对比图

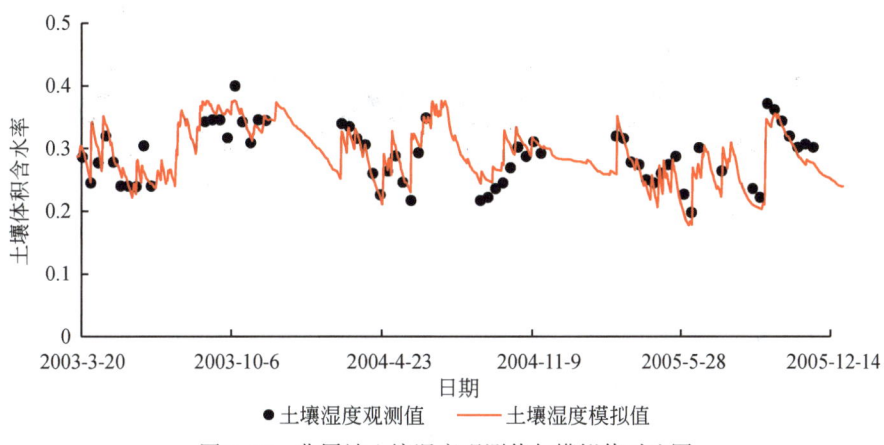

图 7-16　曲周站土壤湿度观测值与模拟值对比图

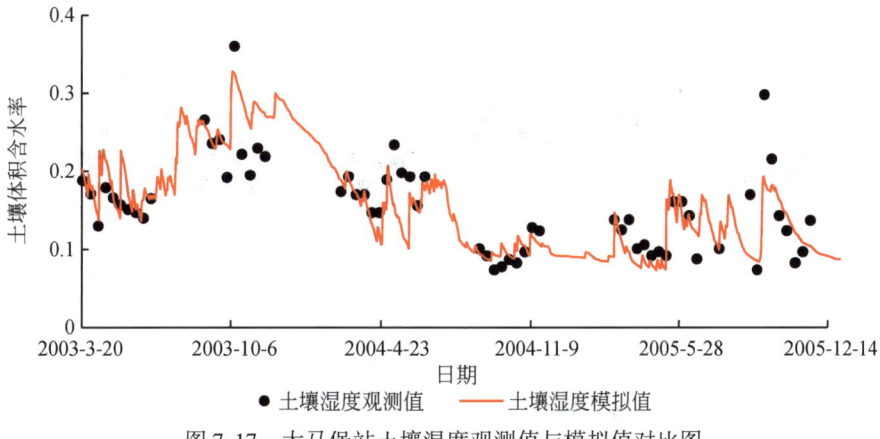

图 7-17　大马堡站土壤湿度观测值与模拟值对比图

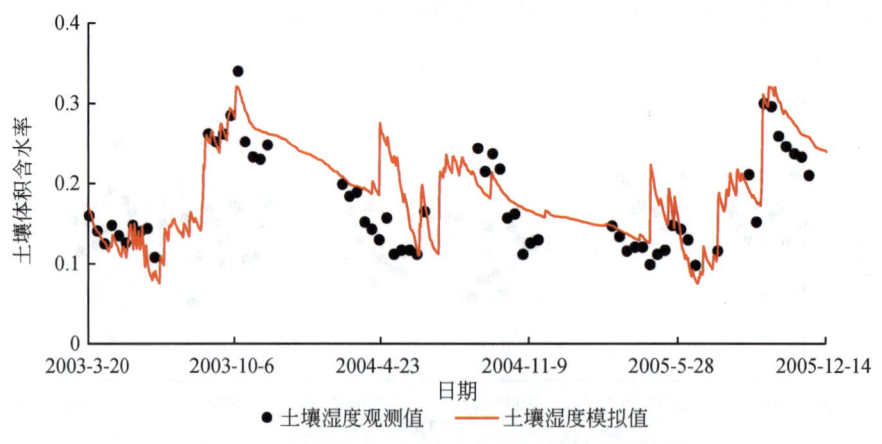

图 7-18 徘徊站土壤湿度观测值与模拟值对比图

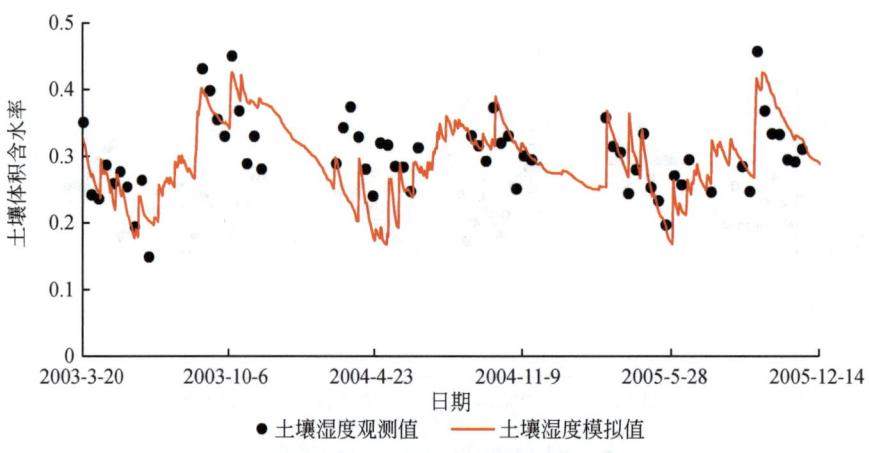

图 7-19 张庄桥站土壤湿度观测值与模拟值对比图

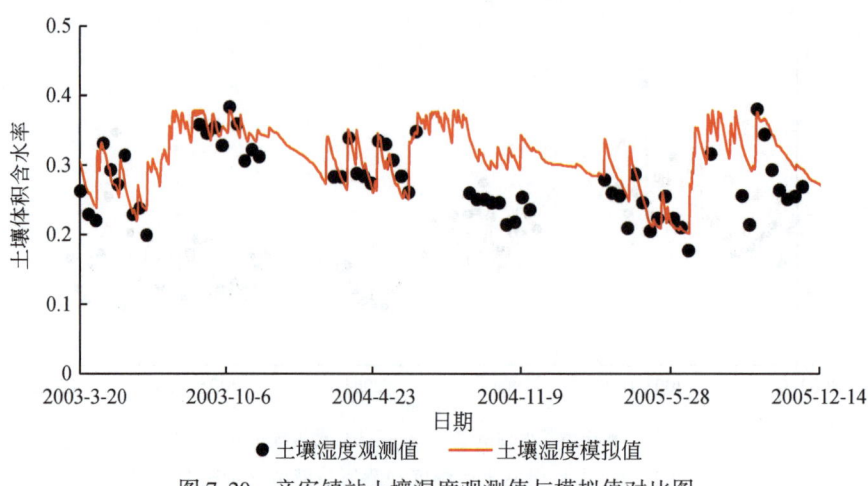

图 7-20 辛安镇站土壤湿度观测值与模拟值对比图

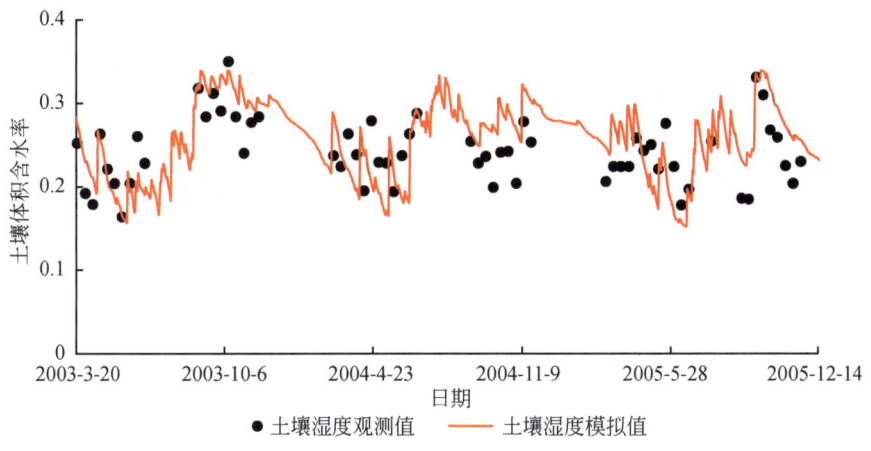

图 7-21　何横城站土壤湿度观测值与模拟值对比图

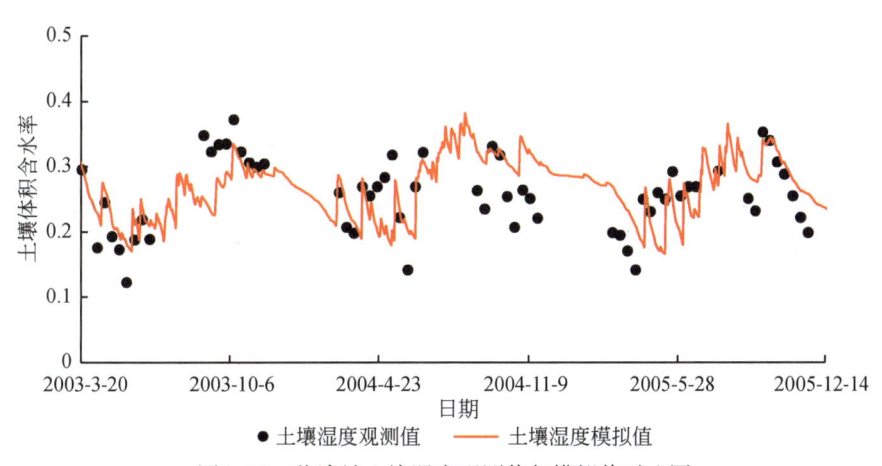

图 7-22　临漳站土壤湿度观测值与模拟值对比图

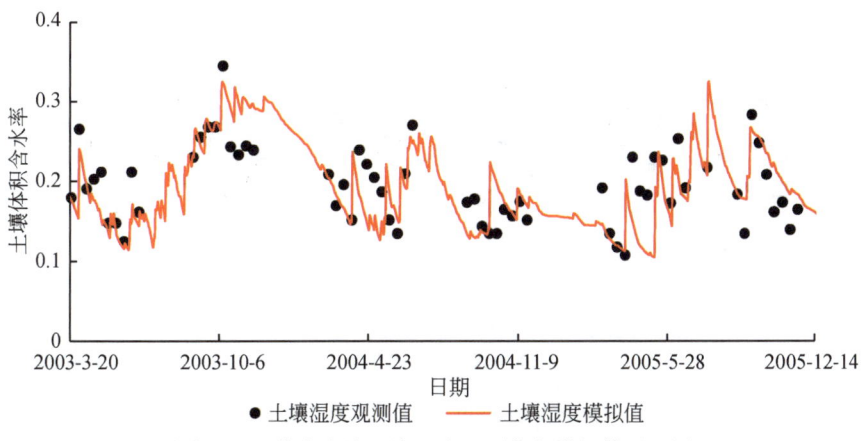

图 7-23　蔡小庄站土壤湿度观测值与模拟值对比图

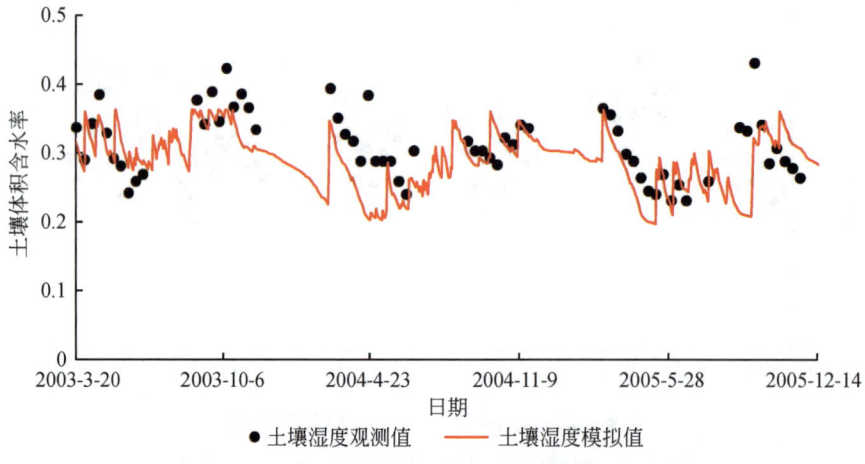

图 7-24 龙王庙站土壤湿度观测值与模拟值对比图

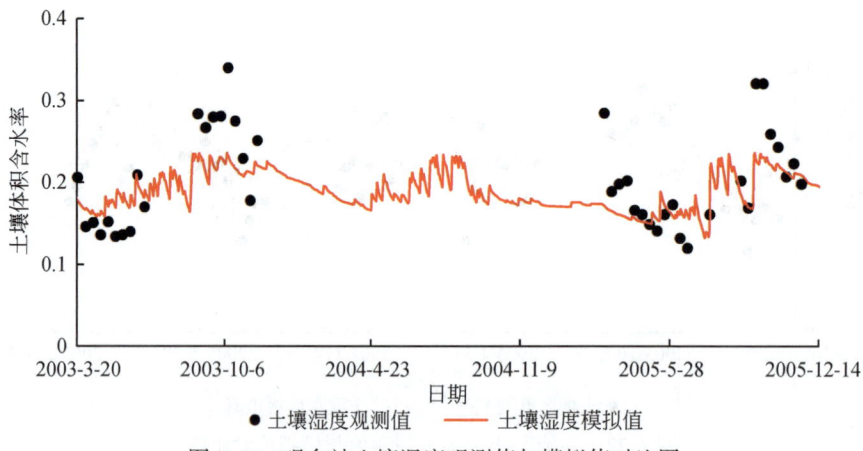

图 7-25 观台站土壤湿度观测值与模拟值对比图

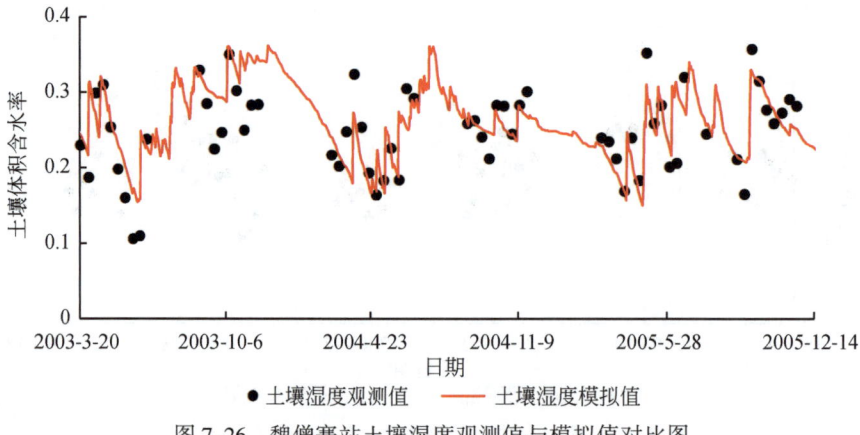

图 7-26 魏僧寨站土壤湿度观测值与模拟值对比图

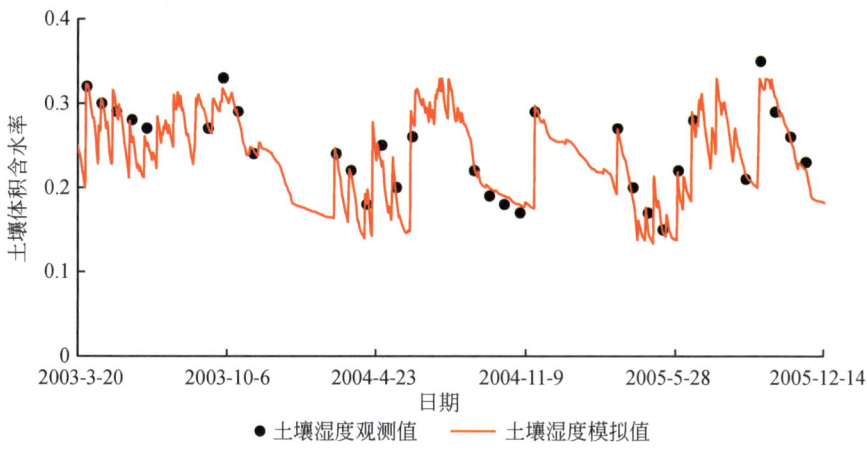

第 7 章 | 邯郸市农田土壤连续湿度场的模拟与构建

图 7-27 临洺关站土壤湿度观测值与模拟值对比图

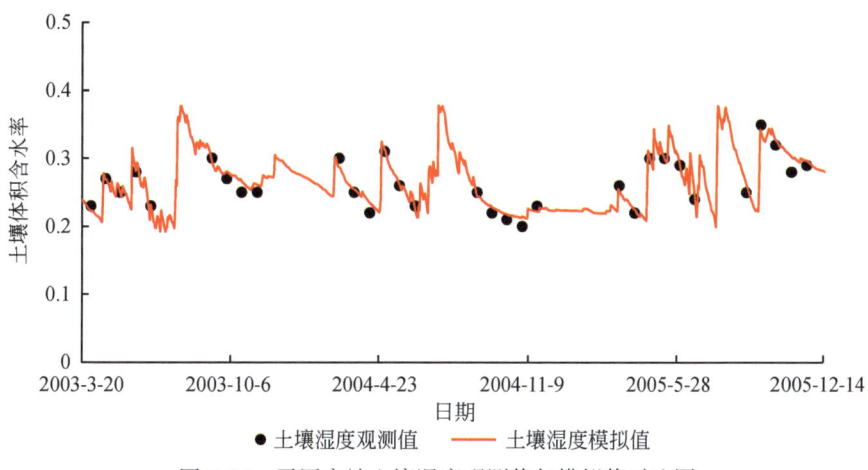

图 7-28 平固店站土壤湿度观测值与模拟值对比图

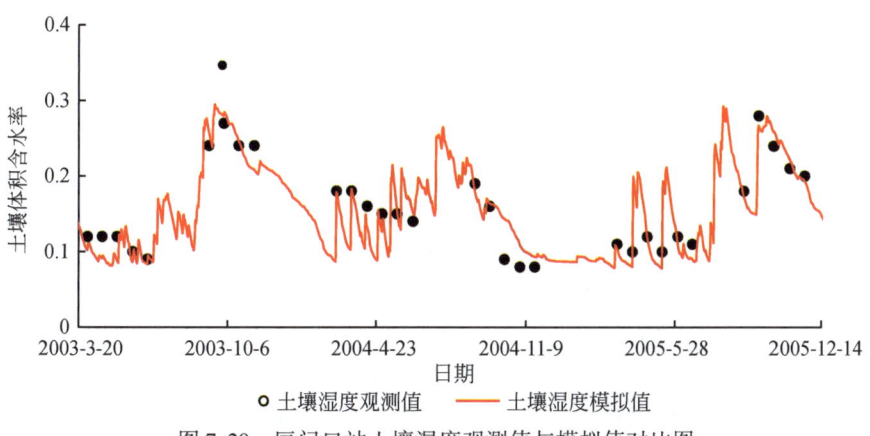

图 7-29 匡门口站土壤湿度观测值与模拟值对比图

为了定量评价模拟结果的可靠性，分别对 15 个墒情监测站分别以同一时刻的土壤湿度监测值和土壤湿度模拟值为横坐标和纵坐标绘制点对，并分析模拟值系列和观测值系列的相关性。图 7-30 ~ 图 7-34 分别为不同墒情站观测值与模拟值的点对分布图。

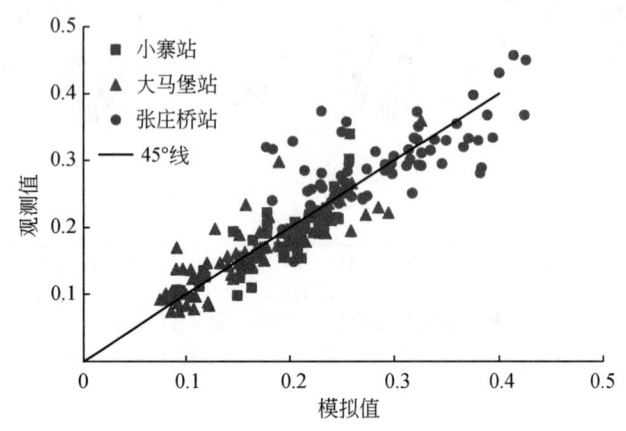

图 7-30　小寨、大马堡及张庄桥站模拟值与观测值点对分布

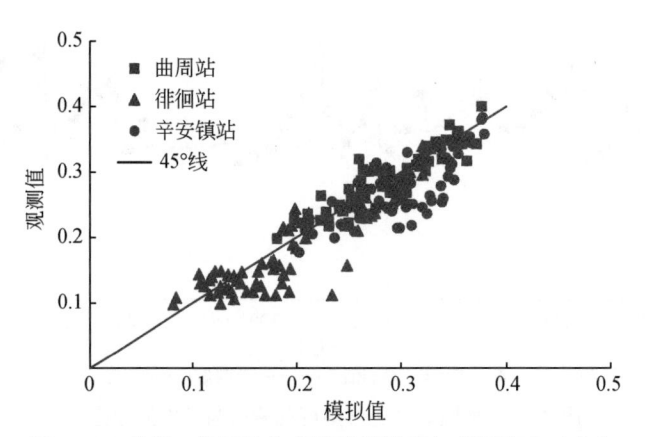

图 7-31　曲周、徘徊及辛安镇站模拟值与观测值点对分布

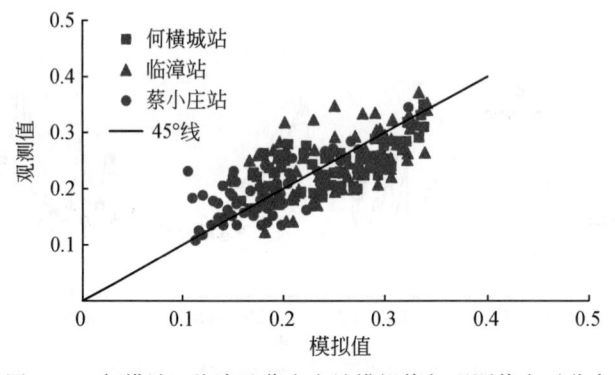

图 7-32　何横城、临漳及蔡小庄站模拟值与观测值点对分布

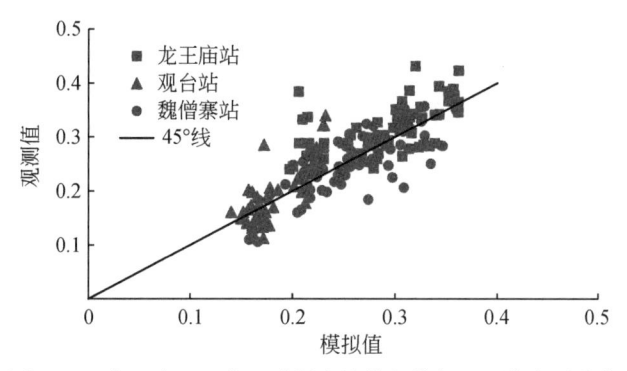

图 7-33 龙王庙、观台及魏僧寨站模拟值与观测值点对分布

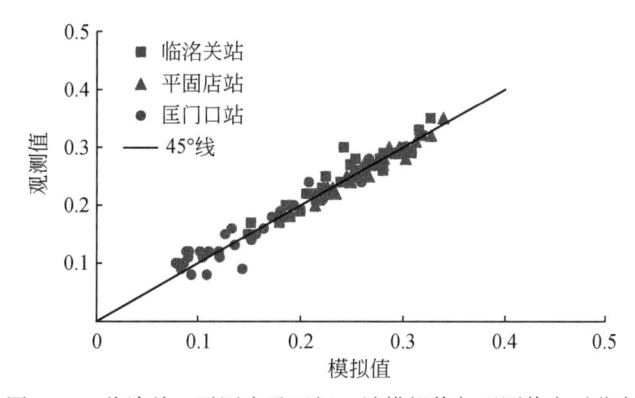

图 7-34 临洺关、平固店及匡门口站模拟值与观测值点对分布

如图 7-30 ~ 图 7-34 所示，上述 15 个墒情监测站的观测结果和模拟结果吻合度很好，以模拟值和观测值分别为横坐标和纵坐标的点基本上分布在 45°线附近，说明模拟结果和观测结果的相似度很高。引入相对误差和相关系数两个指标来定量评价土壤湿度模拟结果的质量。相对误差表达式如式（7-3）所示。

$$K = \left| \frac{R - R_0}{R_0} \right| \times 100\% \qquad (7\text{-}3)$$

式中，K 为观测值与模拟值之间的相对误差(%)；R_0 为在一定时段内土壤湿度的均值(%)；R 为在对应时段内土壤湿度模拟值的均值(%)。

相关系数是表征两个数据系列相关程度的指标，计算方法如式(7-4) 所示。

$$r = \sqrt{\frac{\left(\sum_{i=1}^{n} (O_i - \overline{O})(P_i - \overline{P}) \right)^2}{\sum_{i=1}^{n} (O_i - \overline{O})^2 \sum_{i=1}^{n} (P_i - \overline{P})^2}} \qquad (7\text{-}4)$$

$$r = \sqrt{\frac{\left[\sum_{i=1}^{n}(O_i - \overline{O})(P_i - \overline{P})\right]^2}{\sum_{i=1}^{n}(O_i - \overline{O})^2 \sum_{i=1}^{n}(P_i - \overline{P})^2}} \tag{7-5}$$

式中，r 为相关系数；O_i 为第 i 时段的土壤湿度的观测值；P_i 为第 i 时段土壤湿度的模拟值；$\overline{O}$ 为全时段土壤湿度观测值的平均值；$\overline{P}$ 为全时段土壤湿度模拟值的平均值。经计算，15 个墒情站点土壤湿度模拟值和观测值吻合程度评价结果如表 7-12 所示。

表 7-12 各墒情监测站土壤墒情观测值与模拟值的对比评价结果

序号	监测站名称	观测及模拟值时间跨度	观测值平均/%	模拟值平均/%	相对误差 K/%	相关系数 r
1	小寨	2003～2005 年	19.1	20.0	5.05	0.84
2	曲周	2003～2005 年	28.7	28.7	0.04	0.9
3	大马堡	2003～2005 年	15.6	15.4	1.45	0.84
4	临洺关	2003～2005 年	24.8	24.3	2.02	0.95
5	平固店	2003～2005 年	26.1	26.4	1.15	0.97
6	徘徊	2003～2005 年	17.3	18.9	8.83	0.87
7	张庄桥	2003～2005 年	30.1	29.2	2.88	0.66
8	辛安镇	2003～2005 年	27.5	30.1	9.33	0.76
9	何横城	2003～2005 年	24.1	25.3	4.75	0.62
10	匡门口	2003～2005 年	15.5	15.2	1.79	0.95
11	临漳	2003～2005 年	25.7	26.0	1.47	0.52
12	蔡小庄	2003～2005 年	19.5	18.7	3.93	0.72
13	龙王庙	2003～2005 年	31.3	28.9	7.45	0.6
14	观台	2003～2005 年	20.1	18.7	6.94	0.82
15	魏僧寨	2003～2005 年	24.8	25.5	2.82	0.77

根据表 7-12 的分析结果，上述 15 个墒情监测站在 2003～2005 年模拟时期内，模拟值与观测值系列的平均相对误差较小，均在 10% 以内；相关系数基本上均在 0.6 以上，只有临漳站的观测值与模拟值序列相关系数为 0.52。总的来看，模型对区域土壤湿度的模拟效果可靠有效。

7.5 土壤墒情连续场的生成

根据 7.2 节介绍的方法，模型模拟得到研究区不同子流域的土壤湿度结果后，将土壤湿度结果赋予给每一个子流域所在的形心点，然后以这些形心点为样本点（sampling point），运用克里金空间插值方法绘制研究区土壤湿度的空间连续分布场。图 7-35 为研究区 2003~2005 年研究区农田表层 60cm 土壤层土壤湿度的平均值空间分布场。参考作物关键生育期情况，每年选取 3 月下旬、6 月中旬和 9 月下旬共三期的绘制土壤湿度分布场。

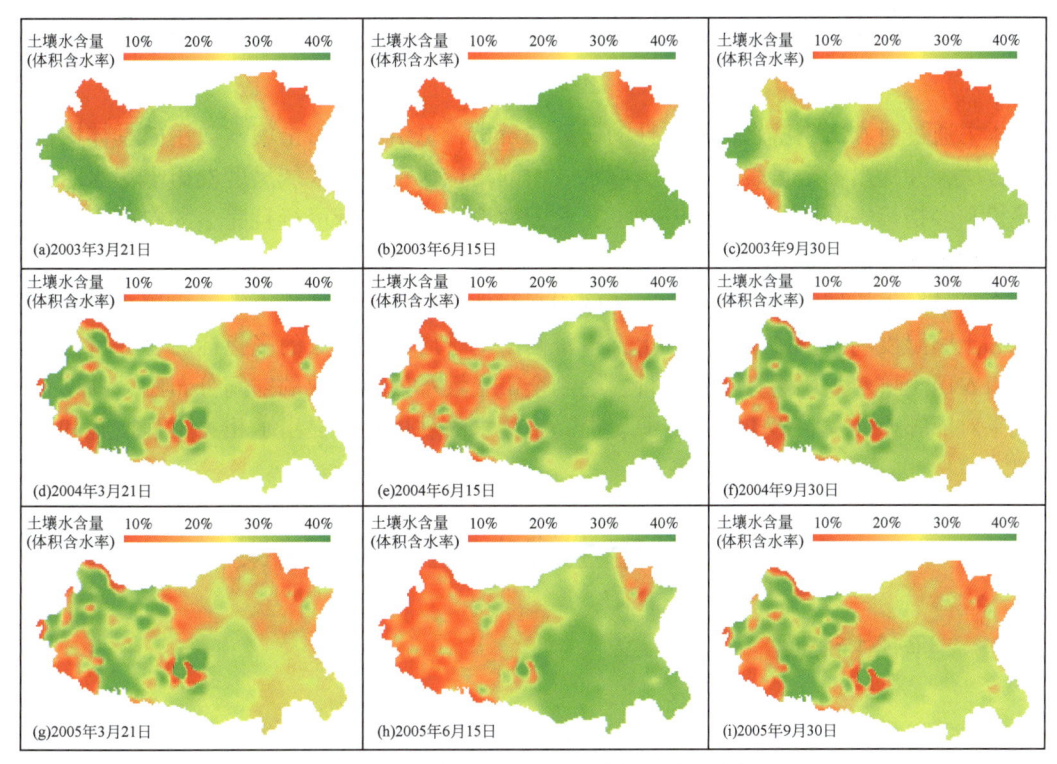

图 7-35 邯郸市作物关键生育期土壤湿度场

7.6 本章小结

本章主要介绍邯郸市农田土壤连续湿度场模拟和构建过程。首先，简要介绍邯郸市基本概况，提供研究背景条件。其次，详细描述了数据的获取与处理、模拟单元的建立、模型的选择及参数率定结果的验证。结果表明各监测站在 2003~2005 年模拟时期内，模拟值与观测值系列的平均相对误差较小。总的来看，模型对区域土壤湿度的模拟效果可靠有效。最后，根据模拟结果绘制了邯郸市土壤湿度分布场。

第8章 邯郸市农田土壤水效用评价

本书通过对农田土壤水资源属性的研究和辨析，总结出农田土壤水效用的具体内涵和表征方法，并提出了定量表达农田土壤水效用的指标体系。在区域尺度农田土壤水时空过程建模和多指标综合评价方法的基础上，开创性地构建了一套可行且完整的农田土壤水效用评价理论和方法体系。

本章是对上述理论方法的一个实例应用和验证。在第7章邯郸市农田土壤水循环过程模拟和土壤湿度场模拟结果的基础上，本章借助基于层次分析法的多指标综合评价手段对邯郸市农田土壤水效用进行定量评价，绘制全市土壤水效用指数的空间分布图，并结合评价成果对邯郸市开发农田土壤水资源、提高土壤水的利用效率提出了相关工程措施和方法建议。

8.1 邯郸市土壤水效用评价结果

8.1.1 评价指标

本书第3章已作过介绍，表征土壤水有效利用的指标包括农田根区土壤水库的有效库容、土壤水库空库容变化指标（包括空库容均值和空库容年内变差）、土壤水库的运行效率指标（包括土壤水补给效率和土壤水有效利用效率）和土壤水供需时空匹配度指标（包括土壤水供需时间匹配指数和空间匹配指数）。这些指标的隶属关系见表8-1。

表8-1 邯郸市土壤水利用综合评价指标

总指标	一级指标	二级指标	邯郸地区取值范围	特征描述
农田土壤水利用有效性（A）	有效库容（C_1）	无	0~350	作物根土壤层可储存水量的深度（mm）
	空库容变化指标（C_2）	空库容均值（C_{21}）	0~300	表征年内土壤根区缺水程度的指标（mm）
		空库容变差（C_{22}）	0.1~0.6	表征年内土壤根区缺水量波动的大小
	土壤水库运行效率指标（C_3）	补给效率（C_{31}）	70~95	表征其他水源转化为土壤水的效率的高低（%）
		有效利用率（C_{32}）	30~80	表征土壤水被作物有效利用程度的高低（%）

续表

总指标	一级指标	二级指标	邯郸地区取值范围	特征描述
农田土壤水利用有效性（A）	土壤水供需时空匹配度（C_4）	时间匹配度（C_{41}）	0.0~1.0	表征作物需水量与土壤水供水量的时间协调程度
		空间匹配度（C_{42}）	0.0~1.0	表征作物需水与土壤水供水的空间协调程度

根据表 8-1 的介绍，表征农田土壤水效用的一级指标有 4 个，除有效库容指标外，其他一级指标都分别具有 2 个二级指标。这些指标对土壤水效用的影响情况如下：农田作物根区土壤水库的有效库容（C_1）越大，土壤水效用指数就会越高；农田作物根区土壤水库空库容的年内均值（C_{21}）越小，且空库容的年内变差（C_{22}）越小，土壤水效用指数就会越高；土壤水的补给效率（C_{31}）越高，土壤水效用程度就会越高；土壤水的有效利用率（C_{32}）越高，土壤水效用程度就会越高；土壤水供需时间匹配度（C_{41}）越高，土壤水效用程度就会越高；土壤水供需空间匹配度（C_{42}）越高，土壤水效用程度就会越高。

8.1.2 基于层次分析法的指标权重计算

8.1.2.1 专家打分法构建判断矩阵

本研究在确定上述指标的基础上，通过参考相关成果并进行专家咨询，确定了土壤水效用表征的一级指标两两之间的重要程度的比值，并以此为依据生成一级指标的判断矩阵，见表 8-2。

表 8-2 农田土壤水有效性评价一级指标判断矩阵

一级指标	C_1	C_2	C_3	C_4
C_1	1	0.25	0.125	0.5
C_2	4	1	0.333	0.5
C_3	8	3	1	2
C_4	2	2	0.5	1

8.1.2.2 判断矩阵的运算及一致性检验

首先利用 Matlab 求解工具对对判断矩阵进行运算，得到的判断矩阵特征值分别为：4.17，0.042，$-0.106+0.842i$ 和 $-0.106+0.842i$。根据分析，根据专家打分得到的判断矩阵的一致性是可以接受的。

8.1.2.3 指标权重的确定

如果能证明判断矩阵是一致阵，那么就可以取其最大特征值的对应的归一化特征向量作各个指标的最终权重。上文已经对判断矩阵的一致性进行验证，因此，土壤效用4个一级表征指标的权重向量为该判断矩阵最大特征值对应的归一化特征向量，其结果为：$w = (0.072, 0.183, 0.505, 0.240)^T$。需要指出，除指标$C_1$以外，其余3个一级指标都具有二级指标，因此需要确定二级指标对一级指标影响的权重。二级指标对一级指标影响的权重理论上同样需要通过层次分析法来确定。但是在本研究中每个一级指标对应的二级指标只有2个，因此，可以简化上述步骤，直接通过二级指标影响程度之比来确定其对一级指标的权重。

基于以上计算结果，农田土壤水利用综合评价指标与各个分项指标的基本关系如式（8-1）所示。

$$A = 0.072C_1 + 0.183C_2 + 0.505C_3 + 0.240C_4 \tag{8-1}$$

$$C_2 = 0.7C_{21} + 0.3C_{22} \tag{8-2}$$

$$C_3 = 0.2C_{31} + 0.8C_{32} \tag{8-3}$$

$$C_4 = 0.5C_{41} + 0.5C_{42} \tag{8-4}$$

式中，A为农田土壤水效用指数，取值0~1；C_1为农田作物根区土壤水库有效库容指标；C_2为农田作物根区土壤水库空库容变化指标；C_3为农田作物根区土壤水库运行效率指标；C_4为农田作物根区土壤供水与作物需水时空匹配程度指标；C_{21}和C_{22}是C_2的二级指标，分别代表农田作物根区土壤水库空库容年内均值和年内变差指标；C_{31}和C_{32}是C_3的二级指标，分别代表农田作物根区土壤水的补给效率和有效利用率指标；C_{41}和C_{42}是C_4的二级指标，分别代表农田作物根系层土壤供水与作物需水的时间匹配程度和空间匹配程度指标。

8.1.2.4 指标标准化

由于土壤水效用的不同，表征指标具有不同的物理单位，代表不同的意义，直接利用层次分析法获得权重进行线性加权计算会带来错误结果。为了消除指标量纲以及指标的正逆向性对评价目标的影响，需要对评价的指标进行标准化。本研究选取极差变换法对上述的指标进行标准化变换，对于正向指标来说，即指标越大，评价目标越优，其标准化变换由式（8-5）计算。

$$X_n = \frac{X - X_{\min}}{X_{\max} - X_{\min}} \tag{8-5}$$

式中，X_n为标准化后的指标值；X为指标原值；$X_{\max}$为指标原值中的最大值；$X_{\min}$为指标原值中的最大值。

对于逆向指标来说，即指标越小，评价目标越优，其标准化变换由式（8-6）计算。

$$X_n = \frac{X_{\max} - X}{X_{\max} - X_{\min}} \tag{8-6}$$

式中，各项的意义同式（8-5）。

将标准化指标值代入式（8-1）中即可计算得到评价区域总体土壤水效用指数。评价结果的优劣需要给定土壤水效用评价的对比情景，对比情景的设置及指标值在8.2节中详述。

8.2 邯郸市农田土壤水效用评价结果

8.2.1 对比情景的设置

本研究设置两个土壤水利用有效性的对比情景，一个是土壤水效用指数低情景，即各指标的取值均为研究区计算中得到的最不利情景；另一个是土壤水效用指数高情景，即各指标的取值均为研究区计算中得到的最有利情景。如表 8-3 所示，分别是两种对比情景下表征土壤水效用程度的各个指标的原始取值及标准化后取值。

表 8-3 效用指数高低对比情景下各表征指标取值

情景	一级指标	取值 原始	取值 标准化	二级指标	取值 原始	取值 标准化
低情景 （综合指标值 0.322）	C_1	0	0	无	无	无
	C_2	无	0.12	C_{21} C_{22}	300 mm 0.6	0 0.4
	C_3	无	0.38	C_{31} C_{32}	70% 30%	0.7 0.3
	C_4	无	0.45	C_{41} C_{42}	50% 40%	0.5 0.4
高情景 （综合指标值 0.909）	C_1	350 mm	1	无	无	无
	C_2	无	0.97	C_{21} C_{22}	0 0.1	1 0.9
	C_3	无	0.83	C_{31} C_{32}	95% 80%	0.95 0.8
	C_4	无	1.0	C_{41} C_{42}	100% 100%	1.0 1.0

8.2.2 平水年全市农田土壤水效用评价

根据邯郸市天然降雨的频率分析结果，选取平水年的典型年的气象数据，构建邯郸市农田土壤水过程模拟模型。根据本书第 3 章的方法结合平水年区域农田土壤水过程模拟结果，计算不同土壤水效用表征指标的定量的数值。除土壤水供需时间匹配度指标以外，其他指标均能以行政单元为单位进行统计计算。因此，分别计算平水年邯郸市各个行政区的农田土壤水效用的各个表征指标，进而计算评价土壤水综合效用指数。

农田作物根区土壤水库的有效库容（C_1）是和土壤性质有关的属性指标，不受来水水平年的影响。根据模型成果,以作物根区土壤层厚度3m计,邯郸市不同行政区土壤水库有效库容的原始计算值和标准化之后的值见表8-4。

表8-4 作物根区土壤水库有效库容指标原始值与标准化值

行政区	有效库容指标原始值/mm	标准化值
武安市	145.5	0.416
鸡泽县	314.6	0.899
邱县	344.2	0.983
永年县	296.9	0.848
曲周县	343.5	0.981
邯郸县	253.1	0.723
肥乡县	319.8	0.914
馆陶县	313.2	0.895
涉县	35.0	0.100
广平县	322.3	0.921
成安县	321.7	0.919
魏县	307.6	0.879
磁县	200.4	0.573
临漳县	312.6	0.893
大名县	269.7	0.771
邯郸市	98.4	0.281
峰峰矿区	124.4	0.355
全区域平均	254.3	0.727

农田作物根系层土壤水库的空库容年内均值指标(C_{21})和空库容年内变差指标(C_{22})在不同来水水平年份是不一样的。根据模型计算成果,平水年(典型年2006年)邯郸市各行政区农田作物根区土壤水库空库容均值及年内变差系数指标的原始计算值和标准化值见表8-5。

表8-5 土壤水库空库容均值及变差系数指标原始值与标准化值

行政区	空库容均值指标		空库容年内变差	
	计算值/mm	标准化值	计算值/mm	标准化值
武安市	49.2	0.836	0.194	0.806
鸡泽县	81.1	0.730	0.246	0.754
邱县	186.8	0.377	0.136	0.864

续表

行政区	空库容均值指标 计算值/mm	空库容均值指标 标准化值	空库容年内变差 计算值/mm	空库容年内变差 标准化值
永年县	79.3	0.736	0.290	0.710
曲周县	115.0	0.617	0.164	0.836
邯郸县	95.9	0.680	0.161	0.839
肥乡县	128.5	0.572	0.160	0.840
馆陶县	87.3	0.709	0.194	0.806
涉县	7.3	0.976	0.277	0.723
广平县	111.3	0.629	0.160	0.840
成安县	152.2	0.493	0.156	0.844
魏县	111.3	0.629	0.187	0.813
磁县	64.6	0.785	0.200	0.800
临漳县	145.0	0.517	0.158	0.842
大名县	77.8	0.741	0.266	0.734
邯郸市	33.4	0.889	0.129	0.871
峰峰矿区	31.3	0.896	0.298	0.702
全区域平均	98.4	0.672	0.202	0.798

土壤水补给效率和有效利用效率指标随不同水平年的变化是很大的。根据模拟成果，平水年（典型年2006年）邯郸市各行政区农田土壤水补给效率和有效利用效率指标原始计算值和标准化值见表8-6。

表8-6 土壤水补给效率和有效利用效率指标原始值与标准化值

行政区	补给效率 计算值/%	补给效率 标准化值	有效利用效率 计算值/%	有效利用效率 标准化值
武安市	91.5	0.915	51.3	0.513
鸡泽县	90.0	0.900	61.1	0.611
邱县	94.3	0.943	52.5	0.525
永年县	85.9	0.859	60.6	0.606
曲周县	91.0	0.910	57.9	0.579
邯郸县	91.3	0.913	62.5	0.625
肥乡县	93.1	0.931	68.9	0.689
馆陶县	91.7	0.917	65.9	0.659

续表

行政区	补给效率 计算值/%	补给效率 标准化值	有效利用效率 计算值/%	有效利用效率 标准化值
涉县	87.2	0.872	69.8	0.698
广平县	92.2	0.922	68.6	0.686
成安县	93.3	0.933	68.5	0.685
魏县	93.2	0.932	69.1	0.691
磁县	87.7	0.877	51.1	0.511
临漳县	92.2	0.922	70.4	0.704
大名县	92.1	0.921	66.8	0.668
邯郸市	89.1	0.891	52.9	0.529
峰峰矿区	86.9	0.869	54.1	0.541
区域平均	91.0	0.910	62.3	0.623

土壤水供给和作物需水时间和空间匹配度指标亦随不同水平年的变化而变化。需要指出，土壤水供给与作物需水时间匹配度指标是以作物的种植结构为单元计算的，而本节以研究区内的行政区划为单位进行土壤水利用的综合评价。为了使评价的尺度达到统一先需要对研究区每一个行政单元的种植结构进行解析，将主要作物种植结构的土壤水供给与作物需水时间匹配指数作为该行政区单元的土壤水供需时间匹配指数。土壤水供给与作物需水的空间匹配度指标可以根据模拟结果直接以行政单元为单位进行统计。表8-7为平水年（典型年2006年）邯郸市各行政区农田土壤水供需时间匹配指数和空间匹配指数原始值和标准化值。

表8-7 土壤水供需时间匹配指数和空间匹配指数指标原始值与标准化值

行政区	时间匹配指数 计算值/%	时间匹配指数 标准化值	空间匹配指数 计算值/%	空间匹配指数 标准化值
武安市	100	1.00	82	0.82
鸡泽县	83	0.83	55	0.55
邱县	93	0.93	96	0.96
永年县	83	0.83	63	0.63
曲周县	83	0.83	56	0.56
邯郸县	95	0.95	58	0.58
肥乡县	83	0.83	51	0.51
馆陶县	83	0.83	52	0.52
涉县	94	0.94	90	0.90

续表

行政区	时间匹配度 计算值/%	时间匹配度 标准化值	空间匹配度 计算值/%	空间匹配度 标准化值
广平县	83	0.83	51	0.51
成安县	83	0.83	53	0.53
魏县	83	0.83	49	0.49
磁县	83	0.83	71	0.71
临漳县	83	0.83	53	0.53
大名县	94	0.94	100	1.00
邯郸市	95	0.95	75	0.75
峰峰矿区	100	1.00	61	0.61
区域平均	87	0.87	66	0.66

以上表格分别将全区域以行政区为单位对平水年农田土壤水利用的各项表征指标值进行计算，并通过极差变换法得到了各个指标的标准化值。根据式（8-1）~式（8-4）计算邯郸市土壤水综合效用指数评价成果，见表8-8和图8-1。

表8-8 平水年各行政区土壤水效用总体评价

行政区	综合指标值	评价结论	行政区	综合指标值	评价结论
武安市	0.699	偏低	广平县	0.782	较高
鸡泽县	0.756	中	成安县	0.765	较高
邱县	0.692	偏低	魏县	0.780	较高
永年县	0.744	中	磁县	0.699	偏低
曲周县	0.740	中	临漳县	0.773	较高
邯郸县	0.748	中	大名县	0.772	较高
肥乡县	0.776	较高	邯郸市	0.704	中
馆陶县	0.777	较高	峰峰矿区	0.704	中
涉县	0.760	较高	全区域	0.744	中

注：以对比情景的土壤水效用指数（A）结果为依据，$0.3<A<0.5$，为很低；$0.5<A<0.6$，为低；$0.6<A<0.7$，为偏低；$0.7<A<0.75$，为中；$0.75<A<0.8$，为偏高；$0.8<A<0.85$，为高；$0.85<A<0.9$，为很高

8.2.3 丰水年及枯水年全市农田土壤水效用评价

按照8.2.2节的计算方法，还定量计算了邯郸市丰水年和枯水年农田土壤水效用的各项表征指标。由于作物根区土壤水库有效库容指标不随水平年的变化而变化，因此，丰水

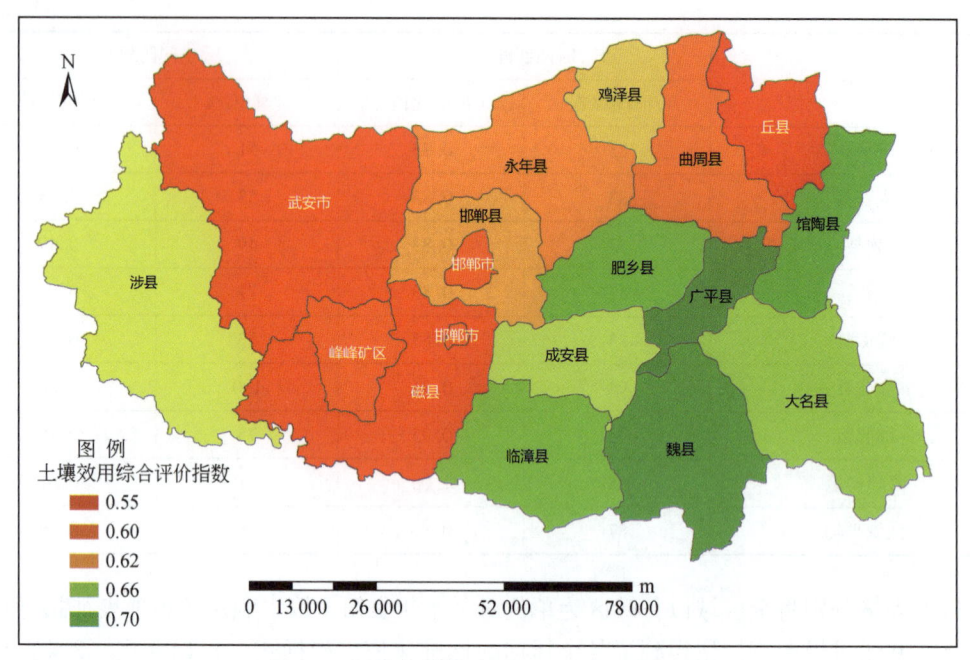

图 8-1 平水年邯郸市农田土壤水效用指数

年和枯水年作物根区土壤水库有效库容指标（C_1）仍然采用表 8-4 的计算成果。其他指标的定量计算结果见表 8-9～表 8-11。

表 8-9 土壤水库空库容均值及变差系数指标原始值与标准化值

行政区	空库容均值指标				空库容年内变差			
	原始值/mm		标准化值		原始值/mm		标准化值	
	丰水	枯水	丰水	枯水	丰水	枯水	丰水	枯水
武安市	64.7	102.2	0.784	0.659	0.392	0.263	0.608	0.737
鸡泽县	81.7	209.4	0.728	0.302	0.316	0.245	0.684	0.755
邱县	192.5	263.7	0.358	0.121	0.126	0.139	0.874	0.861
永年县	81.4	225.5	0.729	0.248	0.289	0.224	0.711	0.776
曲周县	107.7	246.5	0.641	0.178	0.226	0.209	0.774	0.791
邯郸县	94.3	185.8	0.686	0.381	0.297	0.282	0.703	0.718
肥乡县	81.8	198.4	0.727	0.339	0.329	0.419	0.671	0.581
馆陶县	81.5	198.5	0.728	0.338	0.337	0.248	0.663	0.752
涉县	7.5	23.2	0.975	0.923	0.509	0.342	0.491	0.658
广平县	88.9	210.5	0.704	0.298	0.399	0.317	0.601	0.683
成安县	79	201	0.737	0.330	0.348	0.482	0.652	0.518

续表

行政区	空库容均值指标				空库容年内变差			
	原始值/mm		标准化值		原始值/mm		标准化值	
	丰水	枯水	丰水	枯水	丰水	枯水	丰水	枯水
魏县	88.9	194.7	0.704	0.351	0.457	0.397	0.543	0.603
磁县	72.9	167.9	0.757	0.440	0.34	0.192	0.66	0.808
临漳县	95.4	210.5	0.682	0.298	0.327	0.413	0.673	0.587
大名县	66.7	171.8	0.778	0.427	0.565	0.388	0.435	0.612
邯郸市	35.4	83.5	0.882	0.722	0.235	0.215	0.765	0.785
峰峰矿区	35.6	86.4	0.881	0.712	0.466	0.287	0.534	0.713
全区域平均	85.3	189.1	0.716	0.370	0.36	0.306	0.64	0.694

表8-10 土壤水补给效率和有效利用效率指标原始值与标准化值

行政区	补给效率				有效利用效率			
	原始值/%		标准化值		原始值/%		标准化值	
	丰水	枯水	丰水	枯水	丰水	枯水	丰水	枯水
武安市	87.3	92.4	0.873	0.924	41.4	46.8	0.414	0.468
鸡泽县	84.9	94	0.849	0.940	55.1	58.8	0.551	0.588
邱县	92.1	94.5	0.921	0.945	52.9	48.4	0.529	0.484
永年县	83.9	93.3	0.839	0.933	56	62.9	0.560	0.629
曲周县	89.4	94.2	0.894	0.942	56.8	55.6	0.568	0.556
邯郸县	86.5	92.9	0.865	0.929	54.2	57.3	0.542	0.573
肥乡县	85.7	92.2	0.857	0.922	56.2	59.9	0.562	0.599
馆陶县	89.2	93.7	0.892	0.937	61.8	61.3	0.618	0.613
涉县	70.8	87.5	0.708	0.875	52.6	65	0.526	0.650
广平县	85.6	93.1	0.856	0.931	58.1	63.3	0.581	0.633
成安县	86.6	92.8	0.866	0.928	53.1	59.3	0.531	0.593
魏县	84.2	93.2	0.842	0.932	56.6	63.5	0.566	0.635
磁县	74.1	93.1	0.741	0.931	39.4	52	0.394	0.520
临漳县	84.5	93.5	0.845	0.935	57.2	62.6	0.572	0.626
大名县	77	92.7	0.770	0.927	50.1	63.9	0.501	0.639
邯郸市	80.7	94.2	0.807	0.942	39.2	49.2	0.392	0.492
峰峰矿区	72.4	93.1	0.724	0.931	39.6	54.5	0.396	0.545
区域平均	83.8	93.1	0.838	0.931	52.5	58.5	0.525	0.585

表 8-11　土壤水供需时间匹配指数和空间匹配指数原始值与标准化值

行政区	时间匹配指数 计算值/% 丰水	时间匹配指数 计算值/% 枯水	时间匹配指数 标准化值 丰水	时间匹配指数 标准化值 枯水	空间匹配指数 计算值/% 丰水	空间匹配指数 计算值/% 枯水	空间匹配指数 标准化值 丰水	空间匹配指数 标准化值 枯水
武安市	89	82	0.89	0.82	84	45	0.84	0.45
鸡泽县	77	65	0.77	0.65	57	43	0.57	0.43
邱县	81	71	0.81	0.71	100	45	1.00	0.45
永年县	77	65	0.77	0.65	52	48	0.52	0.48
曲周县	77	65	0.77	0.65	63	47	0.63	0.47
邯郸县	77	65	0.77	0.65	52	54	0.52	0.54
肥乡县	77	65	0.77	0.65	54	50	0.54	0.50
馆陶县	77	65	0.77	0.65	57	46	0.57	0.46
涉县	90	60	0.9	0.6	72	60	0.72	0.60
广平县	77	65	0.77	0.65	55	47	0.55	0.47
成安县	77	65	0.77	0.65	54	53	0.54	0.53
魏县	77	65	0.77	0.65	57	88	0.57	0.88
磁县	87	59	0.87	0.59	50	73	0.5	0.73
临漳县	77	65	0.77	0.65	55	90	0.55	0.90
大名县	89	61	0.89	0.61	100	74	1.00	0.74
邯郸市	87	59	0.87	0.59	76	52	0.76	0.52
峰峰矿区	77	65	0.77	0.65	53	61	0.53	0.61
区域平均	81	66	0.81	0.66	65	60	0.65	0.60

根据上述诸表的计算成果，根据式（8-1）～式（8-4）得到丰水年和枯水年邯郸市各行政区土壤水效用指数的评价成果，见表8-12和表8-13及图8-2和图8-3所示。

表 8-12　丰水年各行政区土壤水效用总体评价

行政区	综合指标值	评价结论	行政区	综合指标值	评价结论
武安市	0.627	偏低	广平县	0.669	偏低
鸡泽县	0.665	偏低	成安县	0.656	偏低
邱县	0.689	偏低	魏县	0.658	偏低
永年县	0.659	偏低	磁县	0.573	低
曲周县	0.683	偏低	临漳县	0.663	偏低
邯郸县	0.640	偏低	大名县	0.686	偏低

续表

行政区	综合指标值	评价结论	行政区	综合指标值	评价结论
肥乡县	0.667	偏低	邯郸市	0.611	偏低
馆陶县	0.695	偏低	峰峰矿区	0.557	低
涉县	0.637	偏低	全区域	0.651	偏低

注：以对比情景的综合指标值（A）计算结果为依据，0.3<A<0.5，为很低；0.5<A<0.6，为低；0.6<A<0.7，为偏低；0.7<A<0.75，为中；0.75<A<0.8，为偏高；0.8<A<0.85，为高；0.85<A<0.9，为很高

表 8-13　枯水年各行政区土壤水效用总体评价

行政区	综合指标值	评价结论	行政区	综合指标值	评价结论
武安市	0.590	低	广平县	0.626	偏低
鸡泽县	0.607	偏低	成安县	0.612	偏低
邱县	0.564	低	魏县	0.676	偏低
永年县	0.619	偏低	磁县	0.604	偏低
曲周县	0.591	低	临漳县	0.668	偏低
邯郸县	0.608	偏低	大名县	0.658	偏低
肥乡县	0.614	偏低	邯郸市	0.583	低
馆陶县	0.625	偏低	峰峰矿区	0.621	偏低
涉县	0.657	偏低	全区域	0.619	偏低

注：以对比情景的综合指标值（A）计算结果为依据，0.3<A<0.5，为很低；0.5<A<0.6，为低；0.6<A<0.7，为偏低；0.7<A<0.75，为中；0.75<A<0.8，为偏高；0.8<A<0.85，为高；0.85<A<0.9，为很高

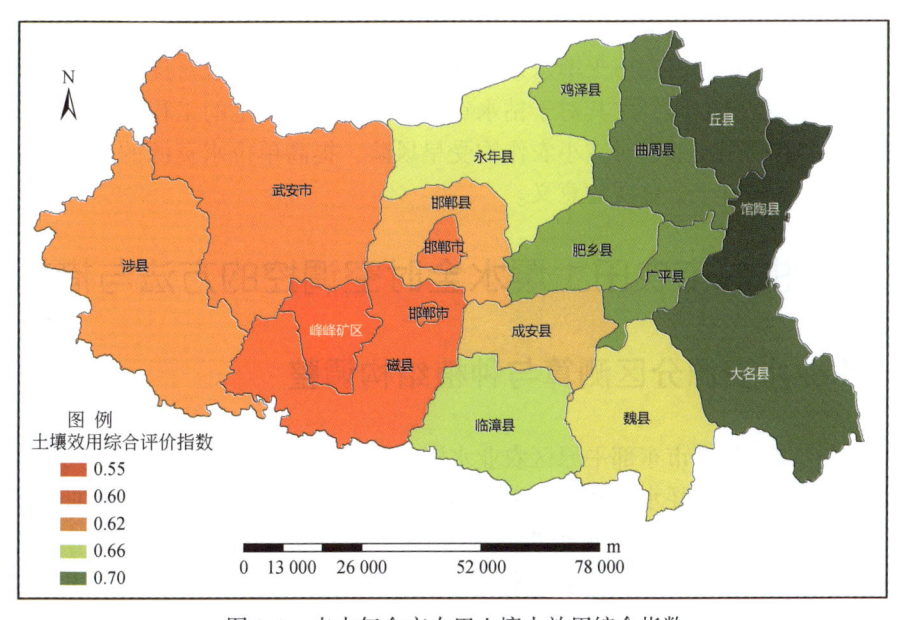

图 8-2　丰水年全市农田土壤水效用综合指数

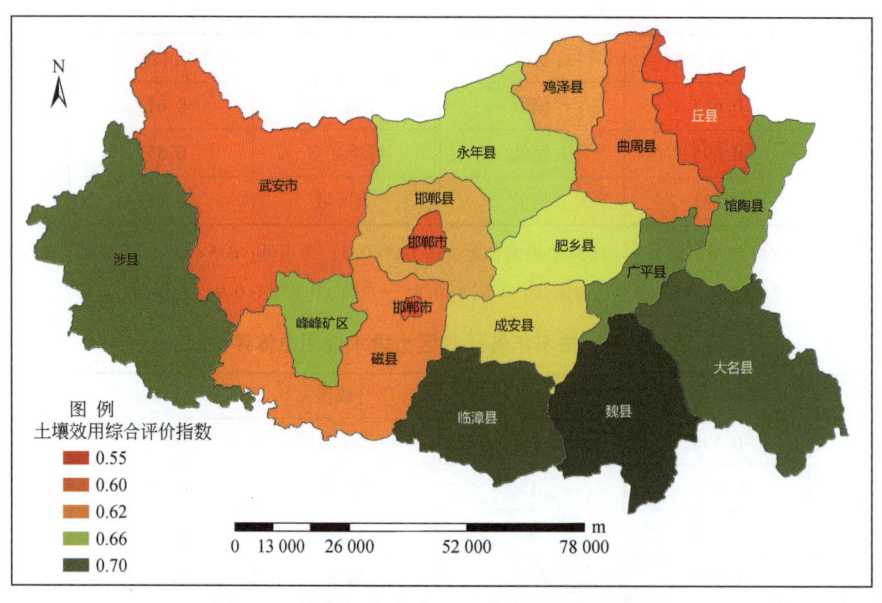

图 8-3　枯水年全市农田土壤水效用综合指数

　　根据表 8-8、表 8-12 和表 8-13 的评价结果，邯郸市农田土壤水综合效用指数在平水年为 0.744，在丰水年为 0.651，在枯水年为 0.619。总体上，邯郸市农田土壤水效用指数偏低，平水年土壤水效用指数高于丰水年和枯水年。从各分项指标的计算结果来看，平水年的土壤水库运行效率指标和土壤水供需时空匹配度指标明显高于丰水年和枯水年，而枯水年的土壤水库运行效率指标却高于丰水年。由此可见，年内天然水资源过多或者过少都不利于农田土壤水分的高效利用，只有区域的来水量与来水的时空规律与作物的生长需水规律相协调，与区域农田作物根系层土壤水库对水分的蓄存能力相适应，才能最大限度地有效利用土壤水资源。邯郸市农田土壤水效用评价结果表明，该地区对提高农田土壤水的利用效率还有很大的提升空间，尤其对于枯水年和丰水年通过一定的工程措施和耕作管理措施，提高土壤水的利用效率，对减小农作物受旱风险，提高单位水资源的生产效率，保障区域粮食生产安全具有十分重要的意义。

8.3　邯郸市农田土壤水全时空调控的方法与措施

8.3.1　农业水资源分区测算与种植结构调整

　　根据评价结果，邯郸市东部平原区农业水资源量偏少，而这些地区农田大多数种植冬小麦。由于冬小麦生育期耗水量较大，并且其耗水强度最大的 3~5 月正是邯郸市天然来水最少的枯水季节，区域水资源量很难支撑冬小麦的正常生长，发生农田干旱的风险较大。基于此，可以考虑削减邯郸市东部平原区冬小麦的种植面积，而在西部山前地区可以考虑适当提高冬小麦的种植面积。同时，邯郸市东北部（邱县、曲周县、馆陶县）和东南部（大名县、魏县）地区有丰富的地表河流，水资源量相应充裕，可以考虑该地区增加冬小麦的种植面积。

8.3.2 提高土壤储水能力

从土壤水的补给和排泄过程来看，每年的6～10月份汛期，是土壤水补给时期，此时土壤水补给量大于排泄量，农田作物根层水分通过天然降雨得到大量的补充；而11月到第二年的4月是土壤水排泄时期，储存在农田作物根层的土壤水分在该时期将大大消耗用于作物的生长。由此可见，提高作物根层土壤水的储存能力将提高土壤水对作物的供水能力。根据评价成果，邯郸市中部及东北部的农田土壤储水能力较大，而在南部及西部山区的土壤储水能力还很低，因此，可以通过改良土壤，种植深耕作物，增施有机肥料等措施，着重提高这些地区农田作物根层土壤的储水能力。

8.3.3 实施区域测墒灌溉管理制度

测墒灌溉是通过了解农田土壤墒情来决定灌溉事件。和传统的灌溉相比，测墒管理可灵活决策灌溉制度，实施非充分灌溉，达到节水高效的目的。随着现代卫星遥感技术、计算机模拟技术的发展，大尺度农田墒情监测已经变得越来越容易，业务化程度也越来越高，为未来实施区域测墒灌溉管理制度提供了坚实的工具支撑和技术保障。

8.3.4 大力普及节水农业技术

节水农业是以提高农业水资源有效性为目的，综合开发水、土、肥及作物资源的综合技术措施。未来，邯郸市应主要以节水灌溉技术为基础，结合相关工程或者管理措施，最大限度地减小水分在输移转化过程中的无效损失。在灌溉系统方面，通过渠道衬砌、采取微灌、滴管等措施减小水分低效耗散；在田间措施方面，应用地膜覆盖技术、秸秆覆盖技术，合理作物密植，减小棵间蒸发和土壤蒸发；在作物水分新陈代谢方面，控制作物营养生长，促进作物生殖生长和生产生长，提高水分生产率。

8.4 本章小结

本章利用基于层次分析法的多指标综合评价手段，结合区域农田土壤水过程模拟模型，对邯郸市农田土壤水效用进行综合评价，并提出了土壤水高效利用的调控措施和方法。结果表明，邯郸市不同水平年农田土壤水效用处于中等水平，土壤水综合效用程度还有很大的提高空间。本章最后对全时空调控的概念和意义进行了论述，针对邯郸市农田耕作管理的现状，提出从改善作物种植结构、提高耕作层土壤的储水性能、合理灌溉及普及农业节水技术四个方面的具体措施。

第9章 结论与展望

9.1 结 论

伴随着全球性的水资源危机和径流性水资源的衰减趋势，土壤水的资源价值和属性逐渐被学界重视和认可。从区域水循环的角度来看，土壤水是地表水和地下水相互联系的纽带，是水文过程中最活跃的要素之一，在水循环过程当中土壤水的补给和排泄过程十分复杂，在水资源的形成、转化和消耗过程中具有不可替代的重要作用；从农业和生态角度来说，土壤水是多中国陆地生物和植物生长和活动的必须要素，任何形式的水资源只有转化为土壤水才能被作物或植物吸收，土壤水的数量和质量直接影响到作物或植物的生长发育，对粮食安全和农业生产具有十分重要的意义。

鉴于土壤水在区域水资源循环转化、农业生产及生态环境领域的重要作用，为应对高强度人类活动地区日益突出的水资源供需矛盾，本书以我国水资源供需矛盾极为突出的海河流域为研究对象，在总结已有成果的基础上，通过解析土壤水的资源属性，开创性提出了土壤水资源效用的概念和内涵，构建了基于农田土壤水过程模拟和多目标综合评价的土壤水效用评价方法体系。在研究内容上，本书围绕土壤水的监测、单元田块土壤水运移转化机理、大尺度区域土壤水库特性分析以及农田土壤水时空过程模拟等问题开展了大量卓有成效的文献调研、试验研究和理论探讨。概括起来，本书所取得主要成果主要如下。

9.1.1 理论方法层面

9.1.1.1 提出了土壤水效用的概念和内涵

农田土壤水效用是指土壤水在开发利用过程的各个环节中，其资源可利用属性、时空过程属性及利用效率属性所处的综合定量状态。其中，土壤水资源可利用属性可由区域土壤水的调蓄能力来表征，主要取决于区域土壤水库的有效库容的大小。可利用性是水资源的本质属性之一，同样，评价和挖掘土壤水的可利用性是土壤水资源开发利用环节中的主要前提；土壤水时空过程属性主要体现在土壤水的时空过程分布与植物用水需求时空格局的匹配性，和地表水资源开发利用一样，土壤水资源的时空合理配置是保证其高效利用的重要途径；土壤水资源利用效率属性是指其他形式的水源转化为土壤水资源的效率和土壤水被植物利用过程中转化为有效蒸腾的效率，是衡量土壤水运移、转化和消耗环节中的重要指标。

9.1.1.2 构建了一套土壤水效用定量评价的技术方法

本书以农田土壤水库为研究核心，从土壤水库对土壤水的调蓄作用、土壤水库的补给和排泄过程，以及土壤水库的供水时空过程与作物需水的时空格局匹配度来表征土壤水效用的大小。基于此，提出了土壤水效用综合评价指标体系，其中一级指标包括4个，分别是土壤水调蓄能力指标、土壤水库空库容特征指标、土壤水供需时空匹配度指标及土壤水补给和供水效率指标。针对土壤水库空库容指标、土壤水供需时空匹配度指标及土壤水补给和供水效率指标还分别设置了2个二级指标。其中，土壤水库空库容的二级指标有：土壤水库空库容均值指标和空库容变差指标；土壤水供需时空匹配度指标的二级指标有：土壤水供需的时间匹配度指标和空间匹配度指标；土壤水补给和供水效率指标的二级指标有：其他水源转换为土壤水效率指标和土壤水转化为作物有效蒸腾的效率指标。

为了定量计算上述表征指标，本书系统地提出利用分布式水文模型对农田以土壤水为核心的水循环过程进行模拟的方法途径。随着水文模拟技术的发展，分布式水文模型逐渐成为模拟区域"四水"转化过程的有效工具。本研究利用中国水利水电科学研究院自主开发的分布式 MODCYCLE 水文模型，并在此基础上结合海河流域农业管理特点和农田水分运移的特性对模型进行了适应性改进。初步应用结果显示，模型对研究区土壤水分时空过程的模拟具有较高精度，证明了模型工具的有效性。

此外，本书运用基于层次分析法的多目标评价手段构建了土壤水效用评价指数的计算方法，借助 GIS 平台可以直观显示研究区不同行政分区的土壤水效用指数的空间分布情况，为不同区域采取土壤水高效利用调控手段，制定有针对性的措施和政策提供了重要的参考依据。

9.1.2 试验研究层面

9.1.2.1 海河流域典型田块尺度土壤水过程转化试验观测

本书选取地处河北省衡水市的河北省农林科学院试验基地为典型单元，试验地具有较好的试验监测条件。同时，试验基地对海河流域平原区具有良好的代表性和典型性。田块尺度土壤水过程转化试验研究主要包括两部分内容：一是土壤水变化过程的观测实验；二是田块尺度下土壤水时空过程的模拟计算。

通过对试验田块土壤水分监测，本书获得了不同来水条件下（灌溉与雨养）试验田块土壤水分变化数据。试验监测时间持续一年，覆盖整个种植周期，包括玉米和小麦的全生育期。试验监测密度较大，尤其是降雨/灌溉后要加密观测。土壤水监测试验获得了典型田块单元土壤水分变化过程的一手数据。

田块尺度土壤水时空过程模拟借助分布式水文模型 MODCYCLE 进行，模拟了典型单元土壤水迁移、转化过程，模型模拟结果可靠。以模拟结果为基础，开展了土壤水分通量变化规律研究，对土壤水循环通量、降雨/灌溉量与土壤含水率响应关系、作物生育期蒸散发量及降雨入渗补给量等土壤水转换规律作了详细分析。此外,还利用了传统的水平衡方法,计算了作物生育期内蒸散发量。试验区土壤水转换规律的分析研究,为海河流域典型区域农田土壤水运移过程模拟和土壤水效用评价提供了重要基础。

9.1.2.2 海河流域大尺度土壤岩性采样与土壤湿度观测

本书针对当前海河流域土壤水研究领域适应和支撑大尺度土壤湿度场和土壤水库特性研究需求的基础性数据缺失问题,开展了海河流域大尺度土壤水研究关键参数野外采样试验专题研究,研究组历时近一年,选择邯郸市、石家庄市、天津市、唐山市、承德市和衡水市作为试验区,形成系统表征海河南部平原、太行山山前平原、近海低平原、滦河中下游、坝上高原丘陵过渡带及黑龙港平原等海河流域典型地理单元的类型集合,开展大尺度土壤墒情和土壤岩性基础数据的采样工作,采样试验总行程超过2万km,覆盖面积达到10万km²,共布设试验采样点427个,采集土壤水分和土壤岩性数据近2万组,收集土壤标本2952个。在试验过程中,研究组采用烘干法、环刀法及沉降法等物理机制最为清晰的传统方法开展分层土壤分层含水率、分层土壤干容重及加密的分层土壤机械组成等关键指标参数的测定工作,从而保证了这批实验数据的客观性和基础参考性,使这批数据可以作为未来其他研究的校验基础。

基于以上试验数据,本书给出了海河流域典型单元年内特征时期1.5m土层分层土壤湿度场的水平和垂直分布图,并分别描述了海河南部平原小麦返青期、山前平原灌溉前期、沿海低平原灌溉间隔期、滦河中下游小麦成熟期、北部丘陵山地过渡带高植被覆盖期和黑龙港平原玉米成熟期间1.5m深度的土壤水水平和垂直分布特征,结合现场调查资料,提出了海河流域不同典型单元土壤水赋存结构变异的主要规律和影响因子。

本次试验的总体规模和工作量决定了在未来一段时间内相近的试验很难被复制开展,因此这批基于现场采集和基础性物理测定手段的试验成果数据为未来进一步推进海河流域土壤水特性研究、强化海河流域土壤水资源高效利用提供了基础的资料支撑,未来大尺度土壤水遥感及水资源模型研究中的宝贵资产。

9.1.3 成果应用层面

9.1.3.1 海河流域典型区域土壤水库特征参数初步分析

本研究通过试验采样,系统地获取了黑龙港平原、太行山山前平原、沿海低平原、坝上高原丘陵过渡带以及滦河中下游地区等海河流域典型地貌单元的土壤水库特征参数。分析表明,黑龙港地区土壤水库赋存条件是最为优越的,土壤水库的总调蓄水量约占土层体积的47%,土壤水库的有效库容可达195mm,占到了土壤水库总库容的28%,表明该地区土壤水的可利用性较好,但是该地区土壤水库的死库容较高,占到了土壤总库容的18%,因此,在该地区农业干旱预警当中应该设定较高的土壤墒情预警值;在山前平原地区,土壤有效库容在150~250mm,约占到土壤水总库容的29.6%,表明该地区土壤水可利用性亦较好；在海河流域沿海低平原地区，土壤水库的总库容达到了793mm，超过了土层体积的50%，但由于本区土壤空隙已重力大孔隙为主，土壤层持水能力不足，可供作物有效利用的土壤有效库容为163mm，仅占到土壤水库总库容的20.6%，为海河流域各平原区的最低值，土壤有效库容不足势必造成降水和灌溉补给很难被土壤层长期涵养和有效利用，少量多次灌溉模式对提升该地区土壤水资源效用具有重要意义。在海河流域北部丘陵山地过渡带，土壤有效库容仅为114mm 为全区最低，这种情况的出现的原因与丘陵山区和坝上地区土壤耕作层较薄有关，在丘陵山区往往仅有表层0.5～0.8m土层具有较均匀的土壤发育。滦河下游地区其土壤水库的死库容和总库容与北部丘陵山地特征相近，而土壤有效库容与沿海低平原土壤水库的特征参数保持一致。

9.1.3.2　土壤水效用评价理论方法在邯郸市的应用

通过对邯郸市农田土壤水库的特征参数分析和农田土壤水时空过程的模拟，结果表明，邯郸市农田土壤水库的平均有效库容深度达到254.3 mm，全市土壤水库的有效库容总量达到28亿m^3左右，是区域农业用水总量的3倍之多，由此说明邯郸市土壤水库的调蓄能力较强。

土壤水库空库容指标计算显示，不同水平年邯郸市全区域年内空库容均值偏大，空库容变差系数亦偏大，说明区域农田土壤水分的供给量较低，区域农田缺水风险较大。

土壤水供给与作物需水的时间匹配指数计算表明，在冬小麦生育期内，农田土壤水的实际供水量难以满足冬小麦用水需求，尤其在主要生长期4～6月，土壤水的供需匹配指数仅为0.3左右（远低于1），冬小麦的受旱风险十分显著。对玉米来说，由于其生育期内天然降雨丰沛，土壤水供需匹配性指数较高，作物受旱风险较小。土壤水供给与作物需水的空间匹配指数计算表明，总体上邯郸市东部平原区土壤水分的供需形势严峻，主要集中在馆陶县、永年县、鸡泽县和曲周县、广平县等地，这些地区主要种植冬小麦等高耗水作物。

土壤水补给效率指标计算结果显示，邯郸市各行政区农田年均土壤水补给效率均较高，在0.7以上，说明在其他水源向土壤水补给的环节中水量的无效损耗不大。土壤水有效利用率分析结果显示，邯郸市各行政区年均土壤水有效利用率均较低，在50%左右。未来，邯郸市应重点降低土壤无效损耗，提高土壤水的蒸腾效率，挖掘土壤水资源潜力。

总体来看，邯郸市农田土壤水综合效用指数在不同水平年介于0.62～0.74，土壤水效用指数总体偏低。从表征土壤水效用的各个分指标的计算结果来看，平水年的土壤水有效利用率指标和土壤水供需时空匹配度指标明显高于丰水年和枯水年，而枯水年的上述指标值却高于丰水年。由此可见，天然来水的过多或者过少均不利于农田土壤水的高效利用，只有设法加强区域土壤水资源调配和管理，促使来水量与来水的时空规律与作物的生长需水规律相协调，与区域农田作物根系层土壤水库对水分的蓄存能力相适应，才能最大限度地有效利用土壤水资源。邯郸市农田土壤水效用评价表明，该地区的农田土壤水效用还有很大的提升空间，尤其对于枯水年和丰水年通过一定的工程措施和耕作管理措施，提高土壤水的利用效率，对减小农作物受旱风险，提高单位水资源的生产效率，保障区域粮食生产安全具有十分重要的意义。

9.2 研究展望

本书针对土壤水资源的高效利用，系统地开展了土壤岩性调查试验、农田尺度土壤水的运移转化观测与模拟和区域尺度农田土壤湿度场的模拟验证等工作，并提出了农田土壤水效用评价的方法理论。尽管土壤水领域的相关研究很多，但土壤水资源的高效利用和调控研究还处于起步阶段。综合当前研究现状和本研究的探索，有待进一步开展的研究内容如下。

(1) 大尺度土壤湿度的监测与土壤参数获取

目前，农田土壤湿度的获取主要依靠点尺度的试验观测和面上遥感手段。点尺度观测方法费时费力，不适用于大面积土壤墒情监测的业务化运行；遥感手段的主要缺陷是空间分辨率较低，并且遥感监测的土壤深度较浅，难以满足监测农田作物整个根系活动层的土壤水变化特征的要求。随着现代化农业和信息技术的发展，今后应加强农田土壤墒情监测站网建设，重视多源数据融合分析，将传统的地面观测和空间遥感数据相结合，建立全国范围内的农田土壤墒情数据共享数据库，服务于农业抗旱、水资源保护等科研实践。

随着计算机技术和水文模拟技术的发展，利用水文模型从区域"四水"转化角度模拟土壤水分的变化过程成为一个重要研究方向。土壤水运动过程模拟的关键是获取区域土壤参数。本书通过大尺度土壤岩性的采样试验，获取了海河南部平原、太行山山前平原、近海低平原、滦河中下游、坝上高原丘陵过渡带及黑龙港平原等区域的土壤岩性数据，为构建海河流域土壤水模拟模型提供了重要的参数支撑。未来，随着水文模型在区域土壤水运动模拟中的应用和发展，应重视大尺度土壤参数的提取，建立区域土壤岩性和特征参数数据共享机制。

(2) 基于水循环模型的农田土壤湿度的模拟技术

分布式水文模型逐渐成为区域"四水"转化过程模拟的重要工具。利用模拟手段开展区域土壤水运动预测是获取区域土壤湿度场时空变化的重要途径。由于我国农田受灌溉和农艺管理措施的影响很大，形成了复种指数高、套种间种耕作制度复杂、田间水文过程复杂等特点，不同地区的农田种植模式、水文特性又不尽相同。为了提高水文模型对我国农田土壤水过程模拟的精度，下一步工作需要扩大研究范围，选取黄土高原沟壑区、南方山地丘陵区、东北冻土平原区等典型地区进行模型应用，结合不同区域的实际特点对模型进行适应性修改，进一步验证基于水循环模型的土壤湿度模拟方法的适用性。

(3) 土壤水效用评价理论和高效利用调控方法

本书从农田土壤水资源开发利用的诸环节入手，从土壤水的可利用属性、时空过程属性以及利用效率角度提出了土壤水效用的概念和内涵，并利用土壤水库的调蓄能力、土壤水供水过程与作物需水过程的匹配指数和土壤水的转化效率等综合指标来评价土壤水效用的大小。由于农田土壤水分循环过程十分复杂，土壤水效用的表征指标仅仅利用本书建立的指标体系可能还不充分或不尽合理。因此，土壤水效用评价的指标体系的科学性还需要在今后的深入工作中进一步讨论和改进。同时，应根据不同研究区域的特点，有针对性地开展土壤水利用调控手段研究，提出土壤水高效利用的调控方案集，促进本书的理论方法推广应用。

参 考 文 献

薄会娟，董晓华，等．2010．新安江模型参数的局部灵敏度分析．人民黄河，41（1）：25-28.
才杰．1995．春季只浇一次水亩产达 400 斤北农大攻下小麦节水高产技术．北京农业，10：23-25.
陈建耀，刘昌明，吴凯．1999．利用大型蒸渗仪模拟土壤—植物—大气连续体水分蒸散．应用生态学报，10（1）：45-48.
程先军．1995．根据 TDR 原理测量土壤含水量．水利水电技术，（11）：36-38.
董勤各，许迪，章少辉，等．2013．基于高精度数值解法的畦灌一维土壤水动力学模型．灌溉排水学报，32（5）：1-6.
董勤各，许迪，章少辉，等．2013．一维畦灌地表水流-土壤水动力学耦合模型Ⅰ：建模．水利学报，（5）：012.
董勤各，许迪，章少辉，等．2013．一维畦灌地表水流-土壤水动力学耦合模型Ⅱ：验证．水利学报，（6）：017.
董艳慧，周维博，杨路华，等．2008．平原区土壤水资源计算模型研究．干旱地区农业研究，26（6）：236-240.
高峰，王介民，孙成权等．2001．微波遥感土壤湿度研究进展．遥感技术与应用，16（2）：97-102.
高学睿．2013．基于水循环模拟的农田土壤水效用评价方法与应用．中国水利水电科学研究院博士学位论文．
高照全，张显川，王小伟．2006．桃树冠层蒸腾动态的数学模拟．生态学报，26（2）：489-495.
郭凤台．1996．土壤水库及其调控．华北水利水电学院学报，17（2）：72-80.
郭庆荣，张秉刚．1995．土壤水分有效性研究综述．土壤与环境，（2）：119-124.
郭英，沈彦俊，赵超．2011．主被动微波遥感在农区土壤水分监测中的应用初探．中国生态农业学报，19（5）：1162-1167.
郝芳华，陈利群，刘昌明，等．2004．土地利用变化对产流和产沙的影响分析．水土保持学报，18（3）：5-8.
郝芳华，任希岩，等．2004．洛河流域非点源污染负荷不确定性的影响因素．中国环境科学，24（3）：270-274.
黄金良，杜鹏飞，等．2007．城市降雨径流模型的参数局部灵敏度分析．中国环境科学，27（4）：549-553.
黄志宏，王旭，周光益，等．2008．不同理论方程模拟华南桉树人工林蒸散量的比较．生态环境，17（3）：1107-1111.
姜良美．2012．基于微波遥感农田土壤水分反演研究．湖南科技大学硕士学位论文．
靳孟贵．2006．土壤水资源及其有效利用——以华北平原为例．北京：中国地质大学出版社．
靳孟贵，张人权，孙连发，等．1998．土壤水全时空调控的初步探讨．水文地质与工程地质，27（1）：47-50.
靳孟贵，张人权，方连玉，等．1999．土壤水资源评价研究．水利学报，（2）：30-34.
康绍忠．1990．土壤水分动态随机模拟研究．土壤学报，（1）：17-24.
康绍忠，蔡焕杰，梁银丽，等．1997．大气 CO_2 浓度增加对春小麦冠层温度、蒸发蒸腾与土壤剖面水分动态影响的试验研究．生态学报，17（4）：412-417.

雷志栋，胡和平，杨诗秀．1999．土壤水研究进展与评述．水科学进展，10（3）：311-318．

李博．2010．多指标综合评价方法应用中存在的问题与对策．沈阳工程学院学报（社会科学版），6（2）：200-202，236．

李国志，郑世泽．2009．土壤水资源量分析在确定作物灌溉定额中的具体应用．节水灌溉，(10)：41-44．

李明星，马柱国，杜继稳．2010．区域土壤湿度模拟检验和趋势分析——以陕西省为例．中国科学：D辑，(3)：363-379．

李思恩，康绍忠，朱治林，等．2008．应用涡度相关技术监测地表蒸发蒸腾量的研究进展．中国农业科学，41（9）：2720-2720．

李锡录．1999．节水农业中土壤水研究有关问题的探讨．节水灌溉，(1)：13-17．

李亚春，王志华．1999．我国干旱热红外遥感监测方法的研究进展．干旱地区农业研究，17（2）：98-102．

梁冰，王永波，赵颖，等．2009．降雨入渗和再分布对边坡土壤水分运移的数值模拟研究．系统仿真学报，(1)：43-45．

刘昌明．1986．中国水量平衡与水资源储量的分析//中国地理学会水文专业委员会．中国地理学会第三次全国水文学术会议论文集．北京：科学出版社．

刘昌明．2004．水温水资源研究理论与实践——刘昌明文选．北京：科学出版社．

刘昌明，任鸿遵．1988．水量转换实验与计算分析．北京：科学出版社．

刘昌明，张喜英，由懋正．1998．大型蒸渗仪与小型棵间蒸发器结合测定冬小麦蒸发蒸腾的研究，水利学报，(10)：36-39．

刘春国，卢晓峰，高晓峰．2011．Lansat-7 ETM+热红外波段高低增益状态数据反演亮度温度比较研究．河南理工大学学报（自然科学版），30（5）：561-566．

刘娜娜，刘钰，蔡甲冰．2009．夏玉米生育期叶面蒸腾与棵间蒸发比例试验研究．灌溉排水学报，28（2）：5-8．

刘群昌，谢森传．1998．华北地区夏玉米田间水分转化规律研究．水利学报，(1)：62-68．

刘万侠，王娟，刘凯，等．2007．植被覆盖地表主动微波遥感反演土壤水分算法研究．热带地理，27（5）：411-415．

刘新仁，杨海舰．2008．土壤水动力学在平原水文模拟中的应用．河海大学学报（自然科学版），(4)．

卢俐，刘绍民，孙敏章，等．2005．大孔径闪烁仪研究区域地表通量的进展．地球科学进展，20（9）：932-938．

孟春红．2005．土壤水资源评价的理论与方法研究．武汉大学博士学位论文．

孟春红，夏军．2004．"土壤水库"储水量研究．节水灌溉，(4)：8-10．

裴冬，张喜英，李坤．2000．华北平原作物棵间蒸发占蒸散比例及减少棵间蒸发的措施．中国农业气象，21（4）：33-37．

裴浩，乌日娜．1997．利用气象卫星监测土壤墒情方法的改进．内蒙古气象，(3)：27-29．

强小嫚，蔡焕杰．王健．2009．波文比仪与蒸渗仪测定作物蒸发蒸腾量对比．农业工程学报，25（2）：12-17．

秦大庸，吕金燕，刘家宏，等．2008．区域目标ET的理论与计算方法．科学通报，53（19）：2384-2390．

冉琼．2005．全国土壤湿度及其变化的遥感反演与分析．北京：中国科学研究生院硕士学位论文．

芮孝芳．2004．水文学原理．北京：中国水利水电出版社．

申慧娟，严昌荣，戴亚萍．2003．农田土壤水分预测模型的研究进展及应用．生态科学，22（4）：366-370．

沈荣开．2009 土壤水资源及其计算方法浅议．水利学报，39（12）：1395-1400.
施成熙，粟宗嵩，曹万金．1984．农业水文学．北京：农业出版社．
田昌玉，孙文彦，林治安，等．2011．中子仪测定土壤水分方法的研究进展．中国农学通报，27（18）：7-11.
汪耀富，高华军，邵孝侯．2005．蒸渗仪控制下烤烟土壤水分的时空动态研究．水土保持学报，19（3）：152-155.
王安志，裴铁璠．2002．长白山阔叶红松林蒸散量的测算．应用生态学报，13（12）：1547-1550.
王浩，陈敏建，秦大庸，等．2003．西北地区水资源合理配置和承载能力研究．郑州：黄河水利出版社．
王浩，秦大庸，陈晓军，等．2004．水资源评价准则及其计算口径．水利水电技术，35（2）：1-4.
王浩，杨贵羽，贾仰文，等．2006．土壤水资源的内涵及评价指标体系．水利学报，37（4）：389-394.
王健．2008．陕北黄土高原土壤水库动态特征的评价与模拟．西北农林科技大学博士学位论文．
王健，蔡焕杰，陈凤，等．2004．夏玉米田蒸发蒸腾量与棵间蒸发的试验研究．水利学报，（11）：108-113.
王振龙，高建峰．2006．实用土壤墒情监测预报技术．北京：中国水利水电出版社．
王忠静，杨芬，赵建士，等．2008．基于分布式水文模型的水资源评价新方法．水利学报，（12）：1275-1285.
乌拉比 F T，穆尔 R K，冯健超，等．1987．微波遥感（第二卷：雷达遥感和面目标的散射、辐射理论）．北京：科学出版社．
乌日娜，李兴华，韩芳，等．2006．遥感技术在土壤墒情监测中的应用．内蒙古气象，（2）：29-30.
吴普特，等．2011．中国旱区农业高效用水技术研究与实践．北京：科学出版社．
夏自强．2001．土壤水资源特性分析．河海大学学报：自然科学版，29（4）：23-26.
萧复兴，晋凡生，张彦芹．1996．旱地玉米农田棵间蒸发研究．激光生物学，5（4）：938-941.
徐军，蒋建军，张春耀，等．2012．基于热红外辐射特征的土壤水分含量估算模型研究．安徽农业科学，40（28）：1409-1410.
杨贵羽，王浩，贾仰文，等．2014．土壤水资源定量评价理论与实践．北京：科学出版社．
杨诗秀，何长德．1996．林带耗水条件下的土壤水动力学模型．北京林业大学学报，18（3）：8-13.
姚凡凡，马亚龙，孙明．2009．基于主客观组合赋权法的整体评估模型研究．全国仿真技术学术会议论文集．205-207.
易秀，李现勇．2007．区域土壤水资源评价及其研究进展．水资源保护，23（1）：1-5.
由懋正，王会肖．1996．农田土壤水资源评价．北京：气象出版社．
于贵瑞，伏玉林，孙晓敏，等．2006．中国陆地生态系统通量观测研究网络（ChinaFLUX）的研究进展及其发展思路．中国科学 D 辑，36（增刊2）：1-21.
虞晓芬，傅玳．2004．多指标综合评价方法综述．统计与决策，11：119-121.
袁锋明，赖世龙，Wies Vullings，等．2000．非均匀土壤区域 SVAT 模型中土壤水动力学参数的整合研究．植物营养与肥料学报，6（3）：323-333.
张光辉，费玉红，申建梅，等．2007．降水补给地下水过程中包气带变化对入渗的影响．水利学报，38（5）：611-617.
张红梅，沙晋明．2005．遥感监测土壤湿度方法综述．中国农学通报，21（2）：307-311.
张俊娥．2011．强人类活动地区"四水"转化定量研究——以天津市为例．北京：中国水利水电科学研究院博士学位论文．
张俊娥，陆垂裕，秦大庸．2011．基于 MODCYCLE 分布式水文模型的区域产流规律．农业工程学报，

27（4）：65-71．

张俊鹏，孙景生，等．2009. 不同麦秸覆盖量对夏玉米田棵间土壤蒸发和地温的影响．干旱地区农业研究，27（1）：95-100．

张俊荣，王丽巍，张德海．1995. 植被和土壤的微波介电常数．遥感技术与应用，10（3）：40-50．

张利茹，管仪庆，叶彬，等．2008. 新安江模型参数敏感性分析的实证研究．水电能源科学，26（5）：16-17．

张志才，陈喜．2007. 土壤水运移的数值模拟研究．工程勘察，（8）：27-31．

赵梅芳，项文化，田大伦，等．2008. 基于3-PG模型的湖南会同杉木人工林蒸发散估算．湖南农业科学，（3）：158-162．

赵少华，秦其明，沈心一，等．2010. 微波遥感技术监测土壤湿度的研究．微波学报，26（2）：90-96．

赵玉金．1994. 试用极轨气象卫星遥感监测土壤墒情．气象，20（4）：37-40．

郑连生．2009. 广义水资源与适水发展．北京：中国水利水电出版社．

朱建军．2005. 层次分析法的若干问题研究及应用．沈阳：东北大学博士学位论文．

朱建强．2008. 热渗耦合作用下土壤源热泵地理管换热器的数值模拟．哈尔滨：哈尔滨工程大学硕士学位论文．

庄季屏．1989. 四十年来的中国土壤水分研究．土壤学报，26（3）：241-247．

邹春辉，陈怀亮，薛龙琴，等．2005. 基于遥感与GIS集成的土壤墒情监测服务系统．气象科技，（S1）：161-164，180．

Baldocchi D D, Falge E, Gu L, et al. 2001. Fluxnet: a new tool to study the temporal and spatial variability of ecosystem-scale carbon dioxide, water vapor, and energy flux densities. Bulletin of the American Meteorological Society, 82: 2415-2434.

Buckingham E. 1907. Studies on the movement of soil moisture. Department of Agricalture.

Budagovskll A I, Busarova O E. 1991. Basis of methods to evaluate changes in soil water resources and river runoff for different climate change scenarios. Water Resources, 4: 28-32.

Chan Z Y A. 1993. Basic soil surf ace charact eristics derived from active microw ave remote sensing. Remote Sensing Review, 7: 303-320.

Denmead O T, Shaw R H. 1962. Availability of soil water to plants as affected by soil moisture content and meteorological conditions. Agronomy Journal, 54 (5): 385-390.

Easton Z M, Fuka D R, Walter M T, et al. 2008. Re-conceptualizing the soil and water assessment tool (SWAT) model to predict runoff from variable source areas. Journal of Hydrology, 348 (3): 279-291.

Falkenmark M. 1995. Coping with water scarcity under rapid population growth. Conference of SADC Minister Pretoria, November 23-24.

Feddes R A, Kabat P, Van Bakel P J T, et al. 1988. Modelling soil water dynamics in the unsaturated zone—state of the art. Journal of Hydrology, 100 (1): 69-111.

Feddes R A, Kowalik P J, Zaradny H. 1978. Simulation of field water use and crop yield. Centre for Agricultural Publishing and Documentation.

Federer C A. 1979. A soil-plant-atmosphere model for transpiration and availability of soil water. Water Resources Research, 15 (3): 555-562.

Fontaine T A, Cruickshank T S, Arnold J G, et al. 2002. Development of a snowfall-snowmelt routine for mountainous terrain for the soil water assessment tool (SWAT). Journal of Hydrology, 262 (1): 209-223.

Gardner W R. 1958. Some steady-state solutions of the unsaturated moisture flow equation with application to evaporation from a water table. Soil Science, 85 (4): 228-232.

Gillies R R, Carlson T N. 1995. Thermal remote sensing of surface soil water content with partial vegetation cover for incorporation into climate models. Journal of Applied Meteorology, 34 (4): 745-756.

Greacen E L. 1981. Soil water assessment by the neutron method. CSIRO, Adelaide.

Hart W E, Skogerboe G V, Peri Gideon. 1979. Irrigation performance: An evaluation. Journal of Irrigation and Drainage Division, 105 (3): 275-288.

Hillel D. 1971. Soil and Water Physical Principles and Processes. New York: Academic Press.

Hillel D. 1977. Computer Simulation of Soil Water Dynamics. New York: Academic Press.

Hillel D. 1980. Application of Soil Physics. New York: Academic Press.

Klute A. 1952. A numerical method for solving the flow equation for water in unsaturated materials. Soil Science, 73 (2): 105-116.

Kramer P J. 1969. Plant and soil water relationships: a modern synthesis. Plant and soil water relationships: a modern synthesis. New York: McGrew-Hill Book Co.

Kutilek M, Nielsen D R. 1994. Soil Hydrology. Geo-ecology Textbook, Catena Verlag Germany.

Marinus G. 1979. Standards for irrigation efficiencies of ICID. Journal of Irrigation and Drainage Division, 105 (1): 37-43.

Materon G. 1971. The Theory of Regionalized Variables and Its Applications. Paris: École national supérieure des mines.

McAneney K J, Green A E, Astill M S. 1995. Large aperture scintillometry: the homogeneous case. Agricultural and Forest Meteorology, 76: 1492162.

Nielsen, D R Jackson, et al. 1972. Soil Water. American Society of Agronomy and Soil Science Society of America, 220.

Nimah M N, Hanks R J. 1973. Model for estimating soil water, plant, and atmospheric interrelations: I. Description and sensitivity. Soil Science Society of America Journal, 37 (4): 522-527.

Njoku E G, Entekhabi D. 1996. Passive microwave remote sensing of soil moisture. Journal of Hydrology, 184 (1): 101-129.

Perry C. 2007. Efficient irrigation, inefficient communication, flawed recommendations. Irrigation and Drainage, 56 (4): 367-378.

Philip J R. 1966. Plant water relations: Some physical aspects. Annual Review of Plant Physiology. (17): 245-268.

Pratt A, Ellyett C D. 1979. The thermal inertia approach to mapping of soil moisture and geology. Remote Sens Environ, 8: 151-168.

Price J C. 1985. On the Analysis of Thermal Infared Imagery, the Limited Utility of Apparent Thermal Inertia. Remote Sensing of Environment, 18 (1): 59-73.

Richards L A. 2004. Capillary conduction of liquids through porous mediums. Journal of Applied Physics, 1 (5): 318-333.

Ritchie J T. 1998. Soil water balance and plant stress//Tsuji G Y. Cultural Production. Dordrecht: Kluwer Academic Publishers.

Robinson J M, Hubbard K G. 1990. Soil water assessment model for several crops in the High Plains. Agronomy Journal, 82 (6): 1141-1148.

Schmugge T J, O'Neill P E, Wang J R. 1986. Passive microwave soil moisture research. IEEE Trans Geosci

Remote Sensing, 24: 12-22.

Sinclair T R, Ludlow M M. 1986. Influence of soil water supply on the plant water balance of four tropical grain legumes. Functional Plant Biology, 13 (3): 329-341.

Swinbank W C. 1951. Measurement of vertical transfer of heat and water vapor by eddies in the lower atmosphere. Journal of Meteorology, 8: 135-145.

Ulaby F T, Dubois P C, van Zyl J. 1996. Radar mapping of surface soil moisture. Journal of Hydrology, 184 (1-2): 57-84.

Wang J R, Choudhury B J. 1981. Remote sensing of soil moisture content, over bare field at 1.4 GHz frequency. Journal of Geophysical Research: Oceans, 96 (3): 5277-5282.

Wang T, Ochs G R, Clifford S F. 1978. A saturation resistant optical scintillometer to measure. Journal of Optical Society of America, 68 (3): 334-338.

Watson K, Rowen L C, Offield T W. 1971. Application of thermal modeling in the geologic interpretation of IR images. Remote Sens Environ, 3: 2017-2041.

Weseley M L. 1976. The combined effect of temperature and humidity fluctuations on refractive index. Journal of Applied Meteorology, 15: 43-49.

Willardson L S, Allen R G, Frederiksen H, et al. 1994. Universal fractions and elimination of irrigation efficiencies. Paper presented at the 13th Technical Conference of the US Committee on Irrigation and Drainage. Denver: Colorado.

索 引

A
ACCESS 数据库　　33

B
坝上高原丘陵区　　84
饱和含水量　　2

C
测熵管理　　153
层次分析法　　41
产流入渗　　35
次降雨　　4

D
大尺度土壤采样　　85
大孔径闪烁雷达　　54
大气湍流特征监测法　　53
电解质分子传感器　　8
凋萎系数　　2

G
高分子水分传感器　　8
灌溉制度　　126
广义水资源　　4

H
海河南部平原　　84
黑龙港平原　　84
华北平原　　45

J
基本模拟单元　　121
极差变换法　　147
降水过程　　34
节水农业　　153
近海低平原　　84
径流水资源　　1

K
可控性　　3
可再生性　　3
克里金空间插值　　114

M
MODCYCLE 模型　　5
毛管断裂含水量　　2
毛管势　　8

N
NASH 效率系数　　71
能态学　　8

P
频域反射仪　　8

Q
气候变化　　1

取样烘干法	8	土壤水效用	18
		土壤水效用评价	18
R		土壤水运动过程模拟	11
γ 射线法	8	土壤水转换	73
壤中流	41	土壤水资源	3
人类活动	1	土壤水资源评价	13
		土壤属性数据	120
S			
		W	
湿度场	5		
时域反射仪	8	微波遥感法	59
束缚水	1	涡度相关	54
水平衡法	53		
水平衡法 ET	79	**X**	
水循环模型	158	吸湿系数	2
		狭义水资源	4
T		形态学	8
太行山山前平原	84		
特征库容	20	**Y**	
田间持水量	2	遥感监测	9
土地利用	118	一维土柱模型	27
土壤调蓄能力	22	有效性	3
土壤分层下渗	29		
土壤分层蒸发	29	**Z**	
土壤剖面	72	张力仪法	8
土壤水补给及有效利用效率	24	中子仪法	8
土壤水高效利用	16	种植结构	125
土壤水供需时空匹配度	23	专家打分法	141
土壤水库	20	综合评价	41
土壤水全时空调控	1	最大分子持水量	2